U0011896

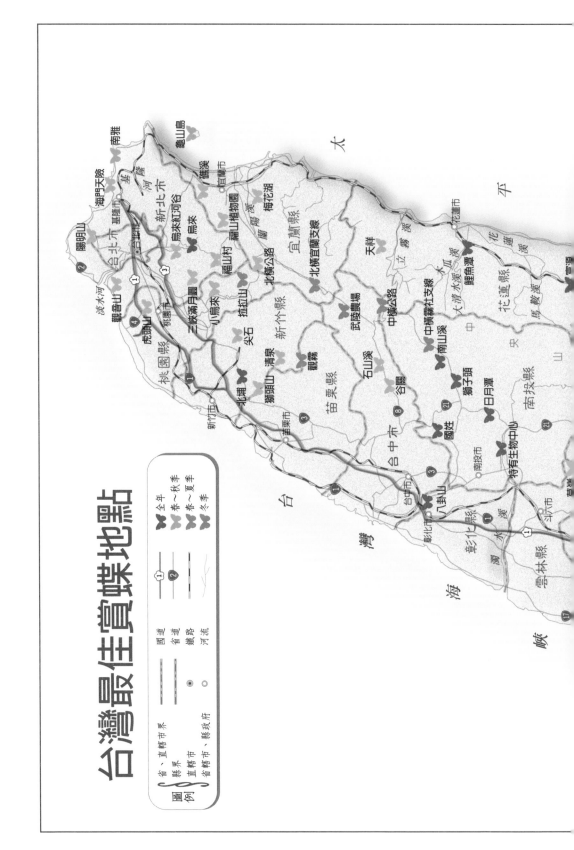

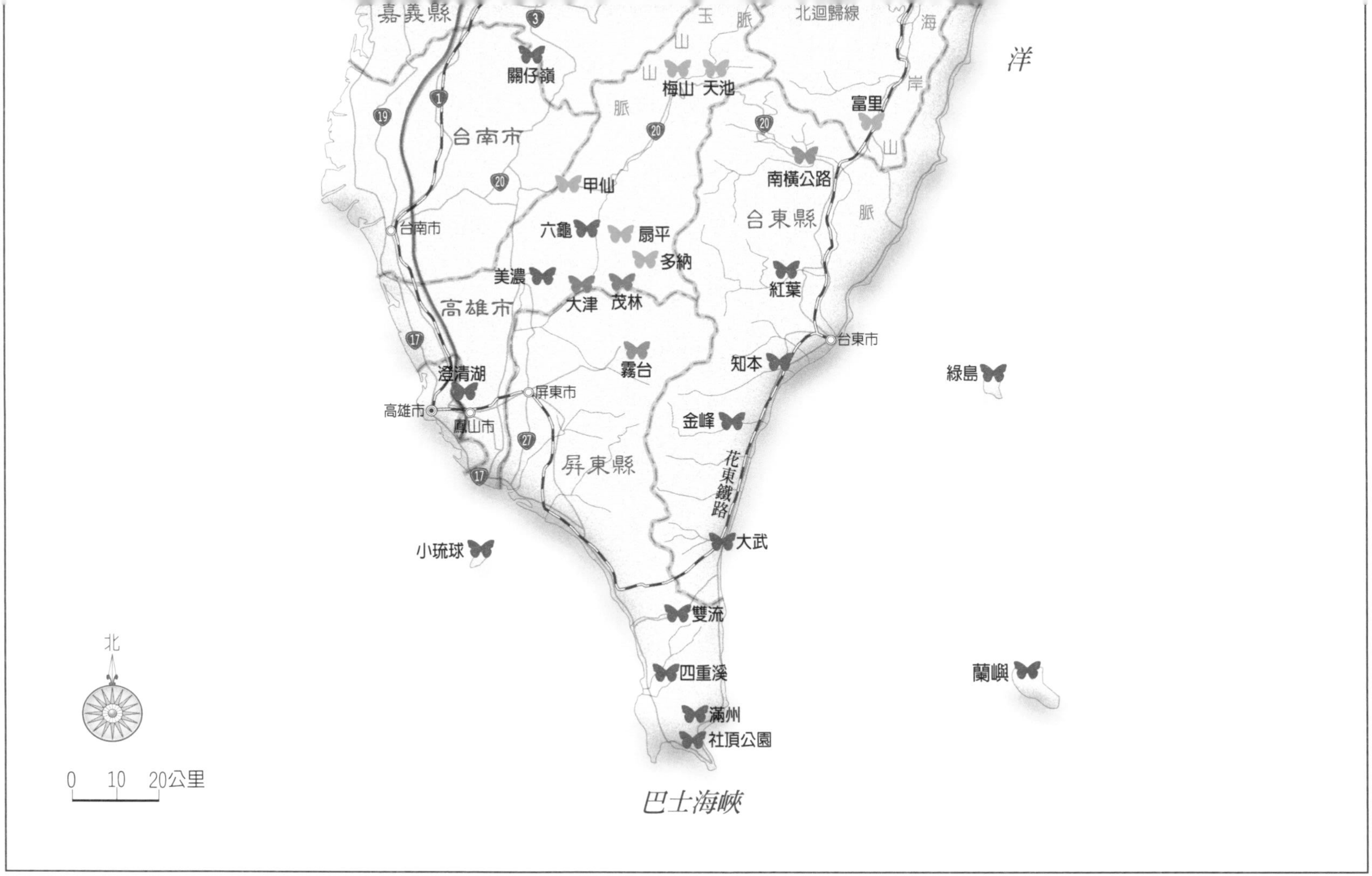

版面合成／繪製 二和蓁地圖工作室

洋

蘭嶼

綠島

海岸山脈

富里

北迴歸線

台東市

南橫公路

台東縣

紅葉

知本

梅山 天池

玉山山脈

金峰

花東鐵路

大武

扇平

多納

六龜

甲仙

大津

茂林

霧台

雙流

四重溪

滿州

墾丁國家公園

關仔嶺

嘉義縣

台南市

台南縣

美濃

高雄市

屏東縣

屏東市

鳳山市

澄清湖

小琉球

巴士海峽

北

0 10 20公里

台灣蝴蝶圖鑑
Butterflies of Formosa

全台首度收錄3種新發現種，與全部66種台灣特有種
附四季賞蝶地圖

貓頭鷹

台灣蝴蝶圖鑑
全台首度收錄3種新發現種，與全部66種台灣特有種，
附四季賞蝶地圖

YN7011

作　　　者	李俊延、王效岳
責任主編	李季鴻
協力編輯	王雅慧、林明月、林毓茹、胡嘉穎、陳妍妏、黃俊源、鄭雅玲、羅敏心
繪　　　圖	陳正堃、楊嘉齊
校　　　對	李季鴻、胡嘉穎
版面構成	張曉君
影像協力	許盈茹、廖于婷
封面設計	林敏煌
行銷統籌	張瑞芳
行銷專員	何郁庭
總編輯	謝宜英
出版者	貓頭鷹出版

發 行 人　涂玉雲
榮譽社長　陳穎青
發　　　行　英屬蓋曼群島商家庭傳媒股份有限公司城邦分公司
　　　　　　104台北市中山區民生東路二段141號11樓
城邦讀書花園：www.cite.com.tw／　購書服務信箱：service@readingclub.com.tw
購書服務專線：02-25007718～9（週一至週五09:30-12:00；13:30-17:00）
24小時傳真專線：02-25001990～1
香港發行所　城邦（香港）出版集團／電話：852-28778606／傳真：852-25789337
馬新發行所　城邦（馬新）出版集團／電話：603-90563833／傳真：603-90576622
印 製 廠　中原造像股份有限公司
初　　　版　2021年2月
定　　　價　新台幣930元／港幣310元
ISBN　978-986-262-454-8
有著作權·侵害必究
缺頁或破損請寄回更換

貓頭鷹
讀者意見信箱　owl@cph.com.tw
投稿信箱　owl.book@gmail.com
貓頭鷹臉書　facebook.com/owlpublishing/
【大量採購，請洽專線】　(02)2500～1919

國家圖書館出版品預行編目(CIP)資料

台灣蝴蝶圖鑑：全台首度收錄3種新發現種，
與全部66種台灣特有種,附四季賞蝶地圖/李
俊延, 王效岳著. -- 初版. -- 臺北市：貓頭鷹
出版：英屬蓋曼群島商家庭傳媒股份有限公
司城邦分公司發行, 2021.02
344面 ; 16.8×23公分
ISBN 978-986-262-454-8（平裝）

1.蝴蝶 2.動物圖鑑 3.臺灣

387.793025　　　　　　　　110000581

目次

壹、緒論

貳、台灣的蝴蝶

參、附錄

蝴蝶，豐富的台灣自然珍藏

　　自人類有歷史以來，蝴蝶宛若飛動花朵般的美妙身影，即深為人們所喜愛，為眾多自然資源中美麗而引人注目的一群。在科學、文化、藝術、經濟及娛樂等各方面蝴蝶一直都是重要的自然資源；尤其台灣素有「蝴蝶王國」之美稱，台灣各地潛藏著豐富多樣的蝴蝶資源，如此珍貴的本土自然資源理應受到國人特別重視與保育。

　　本書的出版內容取材上豐富實用且方便閱讀，載明了各蝶種之基本形態、分布、生態及幼生期等等詳盡資料，並在圖片上直接標示重點來指明形態特徵與種間差異，有助於一般民眾對周遭的蝴蝶進一步地探索和瞭解；是一本適合引導讀者進行賞蝶活動時按圖索驥的入門指南。尤其是書中完整搜羅了台灣產特有種蝴蝶，不但具有開創性，也頗為實用，相信會受到喜愛蝴蝶和大自然朋友們的歡迎。

　　李俊延和王效岳兩位先生常年致力於鱗翅目昆蟲研究，兩人均勤於筆耕而在國內鱗翅目昆蟲學界中頗負盛名，更由於蝴蝶是台灣本土自然資源中深具代表性且和人們最親近的一群，兩位專家此次與貓頭鷹出版社共同策畫出版了《台灣蝴蝶圖鑑》，除了展現作者們對台灣產蝴蝶歷年來知識與經驗所累積的豐碩成果，也希望貓頭鷹出版社能繼續滿足廣大昆蟲愛好者的需求，未來在本系列圖鑑中介紹更多其他種類昆蟲，這將有助於國人認識台灣本土的昆蟲，加速昆蟲知識的傳播，也可以藉此推廣自然保育的觀念。

國立台灣大學昆蟲學系教授　楊平世

蝴蝶情緣

　　孩提時自家庭院裡栽種了許多花兒，經常可吸引到各形各色小動物前來造訪，每天下課後即和鄰居小孩三五成群地追逐蝴蝶、捕蟬、養蝌蚪和挖蚯蚓等饒富童趣的活動，其中尤以蝴蝶美麗身影最吸引我的目光，每每還忍不住地徒手想捕捉牠們。直到小學二年級暑假參觀成功昆蟲館，終於買到期盼許久的蝴蝶書籍和採集用具，那年暑假還特地與家人造訪書上一再提及之蝴蝶勝地——埔里，猶今還記得車子沿著蜿蜒小路行駛了很久才到埔里，那時候的埔里鎮內就車水馬龍十分熱鬧，蝴蝶加工廠和山產行多不勝數，我毫不猶豫以200元買了一盒100種台灣產蝴蝶標本，當時還天真以為台灣產400種蝴蝶大概只值800元吧！只是在這些年來，探求蝴蝶知識的樂趣早已取代了購買或網捕牠們，前往野外親近蝴蝶成為生活裡的重要部分，自家甚至還蓋間蝴蝶網室來方便就近觀察研究。在長期觀察與飼育蝴蝶過程中，不知不覺中累積下豐富的蝴蝶資料及標本，這些心得經驗筆者正依各別專題陸續發表中，也由於一般研究專刊其定位與流通對象的普及性仍有不足，適逢有機會與貓頭鷹出版社合作，筆者決心將歷來之研究心得進行全新的綴結整理，讓讀者們對於台灣蝴蝶全貌能有較完整的認識。

　　值得一提的是，貓頭鷹出版社多年來由英國DK出版社有系統地引入了許多高水準的入門圖鑑，因其內容豐富、敘述簡潔且介紹不同領域的許多知識而廣獲好評。近來更憑藉著常年所充實累積的圖鑑出版經驗，致力於推動催生一系列本土精緻的自然圖鑑。而由於蝴蝶為台灣眾多自然資源中深具代表性且美麗而引人注目的一群，所以本圖鑑的出版導向上，不僅是引領讀者們以輕鬆的心情進行賞蝶活動時所擁有的一本入門指南，也希望能滿足蝶類愛好者急欲與蝴蝶貼近距離的心情，內容取材上以豐富實用和方便閱讀為主，以有助於大家對周遭的蝴蝶進一步地探索和瞭解。

　　歷時多年以來,本書經過不斷地溝通與修訂,並透過美編群精心地圖解和文字編輯整合後,整體架構上以適合鑑識台灣地區之蝴蝶為目標,主要以圖解方式選介了300種台灣產蝴蝶。內文依序有緒論、圖鑑及卷末附錄名詞釋義等三大單元。緒論部分介紹蝴蝶相關基礎知識,可提供剛入門讀者有效的快速導讀。圖鑑部分載明了各蝶種之形態、發生期、分布地點、寄主植物及幼生期等等詳細資料,並在標本圖片上標示簡顯的重點來指出形態特徵與種間差異。本書在蝴蝶名稱方面是依循「福爾摩沙彩蝶鑑賞」,以簡明及類緣關係為基準的中名配合上最新修訂之學名,並另附註有俗名以便於讀者對照參考。卷末附錄名詞釋義則針對圖鑑中所提到的專業性術語,提供讀者瞭解其原意的簡明註釋,惟此簡明註釋僅適用於本書之範疇。

　　蝴蝶方面的研究為台灣產眾多昆蟲中萌芽較早,且資料最完備的學門,本書所撰寫的定位取向上即屬於簡便鑑定之工具書類型,風格有別於常見的心情手扎或導覽等報導性質書籍,而承襲圖鑑所該具備的精簡、速查及知識性等層面來表達,希望舒適且便於查尋的編排風格和包含了台灣蝴蝶現況的參考資料,必能充分發揮工具書的基本功能與特質,每當讀者們在戶外驚豔於這群美麗動物時,可立即地進行查閱比對和認識牠們。此外,台灣各地蝶相依季節變換而多所不同,地圖頁有重要賞蝶地點可供參閱,無論與書中提及之分布地點相對照,或是想按圖索驥前往尋覓蝶蹤,書中更直接提供了明確的指引。

　　最後特別感謝國立台灣大學農學院院長楊平世教授的大力推薦,以及貓頭鷹出版社的編輯群與諸多同好協助本書推動工作,筆者謹致上萬分感謝。

徐塔延　王效岳　謹識

如何使用本書

　　本書在編排上分別各以單元介紹蝴蝶的基礎知識，以及選介了300種台灣產蝶類進行深入解說，目的是為了讓讀者們有系統的瞭解蝴蝶形態特徵和重點資料。並藉由蝴蝶速查檢索表的導引，協助剛入門者依據蝴蝶的外形和特徵，也能夠在野外快速翻閱到該科蝶種名稱和相關資料，迅速地辨識與鑑定蝴蝶，方便讀者認識牠們。

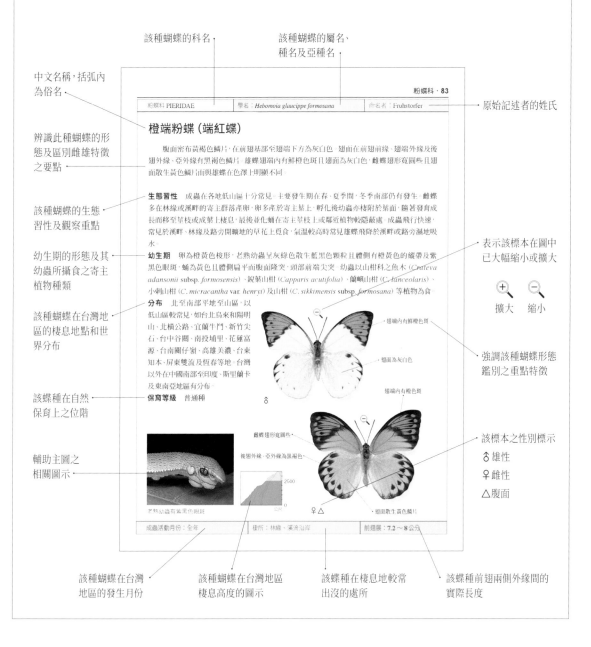

該種蝴蝶的科名

該種蝴蝶的屬名、種名及亞種名

中文名稱，括弧內為俗名

原始記述者的姓氏

辨識此種蝴蝶的形態及區別雌雄特徵之要點

該種蝴蝶的生態習性及觀察重點

幼生期的形態及其幼蟲所攝食之寄主植物種類

該種蝴蝶在台灣地區的棲息地點和世界分布

該蝶種在自然保育上之位階

輔助主圖之相關圖示

表示該標本在圖中已大幅縮小或擴大

擴大　縮小

強調該種蝴蝶形態鑑別之重點特徵

該標本之性別標示
♂雄性
♀雌性
△腹面

粉蝶科 PIERIDAE　　學名：*Hebomoia glaucippe formosana*　　命名者：Fruhstorfer

橙端粉蝶（端紅蝶）

　　腹面密布黃褐色鱗片，在前翅基部至翅端下方為灰白色。翅面在前翅前緣、翅端外緣及後翅外緣、亞外緣有黑褐色鱗片。雄蝶翅端內有鮮橙色斑且翅面為灰白色。雌蝶翅形寬圓且翅面散生黃色鱗片而與雄蝶在色澤上明顯不同。

生態習性　成蟲在各地低山區十分常見，主要發生期在春、夏季間，冬季南部仍有發生。雌蝶多在林緣或溪畔的寄主群落產卵，卵多產於寄主葉上。孵化後幼蟲小棲附於葉面，隨著發育成長而移至枝條或成葉上棲息，最後並化蛹在寄主葉枝上或鄰近植物較隱蔽處。成蟲飛行快速，常見於溪畔、林緣及路旁開闊地的早花上覓食，氣溫較高時常見雄蝶飛降於溪畔或路旁濕地吸水。

幼生期　卵為橙黃色梭形，老熟幼蟲呈灰綠色散生藍黑色顆粒且體側有橙黃色的縱帶及紫黑色斑斑，蛹為黃色且體側扁平而腹面隆突，頭部前端尖突。幼蟲以山柑科之魚木（*Crateva adansonii* subsp. *formosensis*）、銳葉山柑（*Capparis acutifolia*）、蘭嶼山柑（*C. lanceolaris*）、小刺山柑（*C. micracantha* var. *henryi*）及山柑（*C. sikkimensis* subsp. *formosana*）等植物為食。

分布　北至南部平地至山區。以低山區較常見，如台北烏來及陽明山、北橫公路、宜蘭牛鬥、新竹尖石、台中谷關、南投埔里、花蓮富源、台南關仔嶺、高雄美濃、台東知本、屏東雙流及恆春等地。台灣以外在中國南部至印度、斯里蘭卡及東南亞地區有分布。

保育等級　普通種

翅端內有鮮橙色斑

翅面為灰白色

翅端內有橙色斑

♂

老熟幼蟲有紫黑色眼斑

雌蝶翅形寬圓形

後翅外緣、亞外緣為黑褐色

2500

0
公尺

♀△

翅面散生黃色鱗片

成蟲活動月份：全年　　棲所：林緣、溪澗沿岸　　前翅展：7.2～8公分

該種蝴蝶在台灣地區的發生月份

該種蝴蝶在台灣地區棲息高度的圖示

該蝶種在棲息地較常出沒的處所

該蝶種前翅兩側外緣間的實際長度

台灣蝴蝶相

　　全世界鱗翅目種類約25萬種，種類數高居昆蟲綱第二大目，僅次於鞘翅目（甲蟲類），足證鱗翅目在自然演化上的優勢地位。全世界蝴蝶種類約19,000種，中國已知約有1,400種，台灣產5科約370種，其中特有種近60種；如此高密度的單位面積蝶種及特有種數，使台灣博得『蝴蝶王國』之美譽。而形成台灣的蝴蝶有如此高密度蝶種數及特有種數的因素，除了蝴蝶本身對環境的適應及演化的本能外，海洋、陸地等大環境的變遷及氣候的改變亦有重大的關聯。譬如台灣產377種蝴蝶中，約有三分之二是與中國產種類相似的台灣亞種，其餘則為最近一次與中國大陸分離，在距今一萬多年前的玉木冰期結束時，由於海洋隔離自行演化衍生或殘留下來的特有種，以及由東亞地區順著氣流、洋流而來，或者是近代經由人為的交通載具在無意間移入的外來種或共通種。

珠光裳鳳蝶
雌蝶前翅展達12公分，
為台灣產最大型蝶種。

迷你藍灰蝶
前翅展約1.5公分，為台灣產最小型蝶種。

蝴蝶與人類

　　蝴蝶美艷的外形和翩翩飛舞的曼妙雅姿，自人類有歷史以來，一直深為人們所喜愛，文人雅士經由各種藝術型態來表達特殊的鍾愛，視牠們為唯美的表徵，在人類文化與歷史上占有一席重要地位。從科學及經濟的方面來看，透過蝴蝶的基礎研究可解決保育學、生物地理學、生態學、遺傳學、進化學及其他研究領域的問題。

　　蝴蝶傳播花粉可使蔬菜、水果及花卉等植物之產量提昇，所以在生物界裡扮演著積極重要角色。蝴蝶既然在自然生態、經濟、科學、教育及文化等各方面都是重要的自然資源，理應受到我們特別重視。

早期在台灣常見的蝴蝶翅膀剪貼畫

以蝴蝶為美化牆面的圖騰

冬訪蝴蝶谷的教育活動

正在柑橘花上覓食和傳播花粉的大白斑蝶

蝴蝶的分類地位

依生物分類階級從上而下來說明蝴蝶的分類地位：蝴蝶為動物界→節肢動物門→昆蟲綱→鱗翅目昆蟲中的成員。自從瑞典林奈氏創立二名法後，始將鱗翅目昆蟲依外型劃分為9個科別，在歷經二百多年來昆蟲分類學不斷地演進與變革下，現今分類上普遍採行將鱗翅目昆蟲劃分為126個科別，其中包括蝶類5個科：鳳蝶、粉蝶、蛺蝶、弄蝶及灰蝶科，而其它117個科則為蛾類。

曙鳳蝶 冰河期結束後孑遺的蝶種，並未見於其它國家分布，為台灣特有的蝶種，每年夏季時成蟲常見於中海拔的山區活動。

波眼蛺蝶 原本常見於東南亞熱帶地區，為新近移入台灣南部低地棲息的外來種，盛夏時於中北部市郊平地亦偶有發現。

大紫蛺蝶 分布於亞洲東部地區，因海洋的隔離演化有台灣、日本及中國等3個亞種，每年春末至夏季時可見到成蟲在北部低海拔山區活動。

大絹斑蝶 飛行能力極佳的蝶種，每年夏季會由低地遷往中海拔山區，乘著西南氣流往北方遷移，在日本南部曾採集到台灣標記釋放的紀錄。

蝴蝶的自然史

現生昆蟲的始祖遠在古生代石炭紀就出現在地球上，歷經3億多年來不斷地演化，是目前世界上種類與數量最多的動物。大多數適合於昆蟲攝食的寄主植物在白堊紀出現，從而促成植食性昆蟲種類之蓬勃發展，而依據化石推斷，蛾類最早的祖先亦大約在此時期出現。

昆蟲學家相信，鱗翅目翅上的鱗片是由中生代三疊紀末期就出現的毛翅目昆蟲翅上密毛演化而來，因而鱗翅目和毛翅目之間有相近的類緣關係。蝴蝶早期又是由蛾類進化而來，其中的一項佐證即是較原始的蛾類在前翅後緣具有翅軛以和後翅的翅韁結構相連結，而現存的蝴蝶中以分布於澳洲的韁蝶類蝴蝶迄今仍留存有這項結構。此外，我們可以判定在遠古時期，顯花植物的出現早於蝴蝶，而現今蝴蝶的曲管式口吻是與花朵蜜腺部位相互適應演化結構，此項佐證可從現今少數原始蛾類仍留存有嚙嚼式口器而獲得證明。

蝴蝶、昆蟲、植物和人類出現時期比較表	
出現時期	**生物種類**
四億四千萬年前	陸生植物出現
四億年前	昆蟲始祖出現
三億年前	昆蟲演化開始
一億八千萬年前	毛翅目昆蟲出現
一億二千萬年前	鱗翅目（蛾類）出現
八千萬年前	顯花植物出現
六千萬年前	蝴蝶開始出現
四千萬年前	蝴蝶曲管式口器發展
五十萬年前	北京原人時期
四十萬年前至今	現代人類發展期

大褐弄蝶的曲管式口吻極長

曙鳳蝶翅上仍著生有長毛

黃褐石蛾為毛翅目昆蟲中美麗的大型種

蝴蝶的基本形態

蝴蝶的軀體包括頭部、胸部、腹部等三部分，各部分在形態與功能上皆不同，各司其職且相互配合，現分別介紹於下：

頭部

位於體軀的前段，乃接收外界訊息的感覺中心，有1對半球形之複眼，每個複眼由上萬個六角形小眼所組成；複眼間有1對球棒狀且分有多節的觸角；頭部下方有一對小顎延長之外瓣所併合而成的吸管（口吻），平時有如舊式鐘表內的彈簧般捲曲著，進食時才會伸直吸管來吸食。

麝鳳蝶的腹面形態

胸部

位於體軀的中段，有活動與兼具部分嗅覺之功能，分為前、中、後胸等三個體節且各體節腹面著生1對足，即前、中、後足，前足的感覺毛亦兼具部分嗅覺之功能，各科的肢足多有明顯的差異，是分類上重要依據之一。在中、後胸體側分別著生1對前、後翅，翅膀具有延續族群、逃避敵害及調節體溫等許多重要的功能。

輕捏雄蝶腹部可觀察到外露的陽莖及左右對稱之抱器

腹部

位於體軀的後段，內有生殖、消化、呼吸、循環、排泄等之器官。可分為10個體節—第1腹節退化不明顯，第2～8 腹節各節體側有1對氣門，第9、10 腹節特化為外生殖（交尾）器，且其形態是鑑定種類的重要分類依據之一。

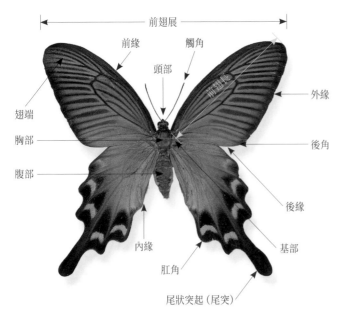

前翅展
前緣
觸角
頭部
前翅長
外緣
翅端
胸部
後角
腹部
後緣
內緣
基部
肛角
尾狀突起（尾突）

蝴蝶翅膀的鱗片

蝴蝶的翅膀具有延續族群、逃避敵害及調節體溫等許多重要的功能。翅膀本身原是透明無色的膜質（就像是蜻蜓、蜜蜂的翅膀一樣），所不同的是蝴蝶翅膀上布滿了許多色澤不同的微小鱗片，這些小鱗片像魚鱗般地相疊排列在翅膀上，據估算蝴蝶翅膀上的鱗片可多達一百五十萬枚之多。而蝴蝶翅膀上的美麗色彩和圖案，就是由這些鱗片所聯合呈現出來的神奇效果。

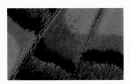

黃鳳蝶的色素色鱗片

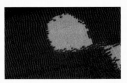

大紫蛺蝶的結構色鱗片

珠光裳鳳蝶的綜合色

蝴蝶鱗片上的色彩

色素色 鱗片上色彩形成除了和幼蟲時期攝食物之色素沉澱有關，鱗片中的色素體吸收了屬於某些色彩的波長，而卻反射出其他類色彩的波長時，展現出各種色彩變化。

結構色 當鱗片表面具有微細的凹紋或稜角等結構，更使得反射出來的光線產生折射或甚至繞射現象時，即呈現如同金屬或琉璃光澤般的暈光效果。

綜合色 有趣的是分布在蘭嶼島上的「珠光裳鳳蝶」，其後翅即為兼具色素色與結構色之綜合色，除了金黃色的色素色外，會隨著觀察角度不同而閃現出紫或珍珠色澤之折射或繞射光芒。

蝴蝶的眼睛

無脊椎動物（包括昆蟲類、甲殼類、軟體動物類）的眼睛乃是由許多六角形的「小眼」聚組而成，而每一個小眼只能觀看到各自視野範圍的一小部分，此類型的眼睛通稱為「複眼」。複眼所觀察的影像是先被切割成許多的小畫面，再分別透過小眼而各自投射在視網膜上，然後聚合成一個完整的影像。構成複眼的小眼數目隨種類而異，通常小眼數目越多則視力越佳，蝴蝶必須在野外去訪花覓食，甚至躲避天敵，兩個大複眼佔據了頭部大部分的面積，具有眼觀四面八方的視覺範圍，所以視力極佳，牠們的每個複眼約由上萬個小眼所組成。而蝴蝶在幼蟲階段視力並不佳，其頭部兩側各具有6個構造遠較複眼簡單的「單眼」，單眼本身僅能辨識光線的明暗，得藉由觸角的嗅覺輔助來覓食，因此，幼蟲通常都棲息於寄主植物上，而較少遠離。

串珠環蝶幼蟲的頭部兩側各具有6個單眼

青鳳蝶的複眼

蝴蝶與蛾類的區別

　　蝴蝶和蛾類同屬鱗翅目。從形態特徵上最容易辨識的是觸角，蝴蝶觸角的形狀貌似球棒狀，其中弄蝶類在觸角末端有眉形尖突。蛾類觸角的形狀卻有很多變化，甚至有些同種類的雄、雌蛾觸角的形狀也不盡相同。蝴蝶都是白天活動（除陰雨天外），大多數蛾類卻是夜晚活動，只有少數蛾類是白天活動（如斑蛾科、錨紋蛾科及燈蛾科的某些種類）。大多數蝴蝶休息時是將翅膀併攏豎立於背上，只有進行日光浴時呈V字形微張或偶爾攤開來；大多數蛾類休息時是將翅膀平攤開來，白天活動的錨紋蛾則如同蝴蝶般地將翅膀併攏豎立。

閃光玫燈蛾的翅韁和安韁器

閃光玫燈蛾 △

王蛾科的羽毛狀觸角

蝴蝶的觸角大多為球棒狀

弄蝶科的觸角先端有眉形尖突

斑蛾科的刷狀觸角

夜蛾科的絲狀觸角

白紋鳳蝶（異常型＋
雌雄嵌體）

白紋鳳蝶（異常型＋雌雄嵌體）
在九重葛上訪花

大鳳蝶「陰陽蝶」（左♀右♂）

陰陽蝶的生殖器亦為
雌雄左右對稱

淡紫脈粉蝶♂
（雌雄嵌體）

角紋灰蝶（斑紋異常型）

異常型與雌雄型

　　蝴蝶異常型的產生，主要為幼生期階段受到各種非生物性因素如溫、溼度、光照及空間等或生物性因素如遺傳、雜交等影響，使得成蟲在形態上或多或少異於同種正常的蝴蝶，若不詳細去予以辨識，會造成分類工作上的紊亂，對於此類異常型蝴蝶，應深入進行探究和觀察。

　　當受精卵受精後，精子由精孔進入而形成卵核，卵核在經過多次細胞分裂等胚胎發育過程，消耗掉了卵殼內的營養質，最後終於破殼而出，孵化而成一齡幼蟲。當卵核在進行第一次細胞分裂時，如果性染色體的分配失常，將分裂為二的細胞，一個為♂而另一個為♀，爾後能夠順利生長發育成為蝴蝶者，則形成左右兩側不對稱，一邊全然呈現雄性特徵，而另一邊呈雌性特徵，其內外部的生殖器官亦有一邊符合雄性特徵，而另一邊符合雌性特徵的「陰陽蝶」現象。這種性染色體分配失常的狀況倘若是在第一次細胞分裂之後所發生，則另會形成雌雄兩性的混合體，即所謂「雌雄嵌體」。

蝴蝶的生活史

蝴蝶一生需經過卵、幼蟲、蛹、成蟲四個時期，是典型的完全變態類昆蟲。

1. 卵

　　各蝶種的卵在形態和色澤上皆有明顯的差異，例如鳳蝶科多呈球形，粉蝶科為砲彈或梭形，蛺蝶科則有雞卵形、樽形及近似球形且表面有隆起脈紋，小灰蝶科呈圓盤或扁球形，弄蝶科則多呈半球形。色澤上有藍、紅、白、黃、橙、綠等顏色，為一種含卵殼素成分之蛋白質所構成。卵殼頂部中央有明顯或不明顯凹孔稱為精孔，而卵在經過多次細胞分裂等胚胎發育過程，消耗掉了卵殼內的營養質，最後終於完成卵期階段的發育，囓破卵殼而孵化，成為一齡幼蟲。

 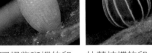 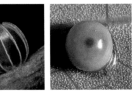 

圓翅紫斑蝶的卵　　枯葉蛺蝶的卵　　珠光裳鳳蝶的卵　　紅點粉蝶的卵　　凹翅紫灰蝶的卵　　黑星弄蝶的卵

2. 幼蟲

　　蟲體由頭部與13個體節構成，前3個體節為胸部，後10個體節為腹部。鳳蝶科在頭部與胸部接連的背部有一對臭角。粉蝶科呈細長綠色狀。蛺蝶科多呈鮮艷色彩且體表具有各種細長肉質突起或大小不一的錐狀隆起及小刺。灰蝶科多呈灰綠、紅褐及黃綠色，體形扁平且第9腹節突出而覆蓋住第10腹節。弄蝶科呈綠、灰綠或黃綠色，體形細長呈圓筒狀。有不少種類在換齡蛻皮後的斑紋色澤甚至與先前全然不同，此現象乃與其往後成長化蛹方式有密切的關連，這也是歷經數千萬年演化和適應環境的結果。

珠光裳鳳蝶的幼蟲

紅點粉蝶的幼蟲

枯葉蛺蝶的幼蟲

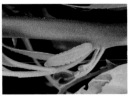

大琉灰蝶的幼蟲

尖翅絨弄蝶的幼蟲

3. 蛹

依化蛹的方式可分為「垂蛹」及「帶蛹」兩種型式,帶蛹除在尾端密布數以百計細小鉤爪的臀棘垂懸器固定蛹體外,另在第2、3腹節間以絲帶裹繞來固持蛹體,使蛹體保持頭部朝上的姿勢。垂蛹則僅以尾端之臀棘固定蛹體,呈頭部朝下之倒吊模樣。蛺蝶科是垂蛹式,鳳蝶、粉蝶、灰蝶及弄蝶是等科則是帶蛹式。蛹的外部形態與其自衛方式有很大關係,這是經過長時間演化而來的結果。

垂蛹(大白斑蝶)

帶蛹(大鳳蝶)

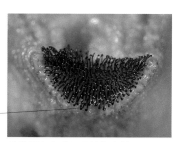
垂懸器密布數以百計細小鉤爪

4. 成蟲

成蟲之蟲體分為頭、胸及腹部,在中、後胸側分別有一對前、後翅,前翅翅脈數量11～13條,後翅8～10條(不同科有差異)。鳳蝶科多數種類在後翅第5翅脈突出(寬尾鳳蝶則在第5、6翅脈突出)呈尾狀突起,另外灰蝶科有不少種類後翅第2室翅緣有細長的尾突。依種類不同雄蝶在前或後翅具有發香鱗構造以及斑蝶亞科則另特化出一對毛筆器於腹部末端,這種特殊的構造可分泌及撥散氣味以吸引雌蝶進行交尾。

寬尾鳳蝶後翅第4、5翅脈突出形成寬大的尾狀突起

絹斑蝶正伸張出毛筆器

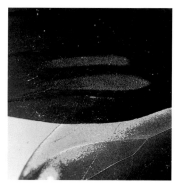
斯氏紫斑蝶前翅面的2枚條狀發香鱗

蝴蝶的一生

1. 產卵（大白斑蝶）

交尾（左♂，右♀）

產卵

2. 破殼而出（小紋青斑蝶幼蟲）

即將孵化的卵

嚙破卵殼

正鑽出卵殼

已鑽出卵殼

返回空卵殼

嚙食卵殼

3. 蛻皮成長（無尾鳳蝶幼蟲）

分泌蛻皮素剝離舊皮及頭殼

蛻皮至胸部

蛻皮至腹部末端

搖晃腹部甩脫舊皮

$4.$ 化蛹 (眼蛺蝶)

以腹部末端的蟲足鉤掛在絲墊上

進行"前蛹"開始分泌蛻皮荷爾蒙

由胸背側開始蛻皮

蛻皮至腹部

伸出臀棘鉤掛在絲墊上

$5.$ 破蛹羽化 (黃尖粉蝶)

正鑽出蛹殼

已鑽出蛹殼

伸張雙翅

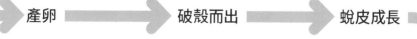

產卵 ➡ 破殼而出 ➡ 蛻皮成長

破蛹羽化 ⬅ 化蛹 ⬅

蝴蝶的食物

　　每種蝴蝶幼蟲只吃一種或數種特定的植物，也就是「寄主植物」。只要在自家庭院或陽台上預先栽植一些蝴蝶的蜜源與寄主植物，就常有機會吸引蝴蝶前來訪花或產卵，並且很容易觀察牠們的生長過程和活動，以下所列為取得方便容易且引蝶效果極佳的寄主和蜜源植物。

寄主植物

柑橘屬 (*Citrus* spp.)：
無尾鳳蝶、黑鳳蝶、玉帶鳳蝶、大鳳蝶、白紋鳳蝶、柑橘鳳蝶等。

尖尾鳳 (*Asclepias curassavica*)：
大樺斑蝶、樺斑蝶等。

阿勃勒 (*Cassia fistula*)：
遷粉蝶、黃裙遷黃蝶、細波遷粉蝶等。

榕樹 (*Ficus microcarpa*)：
圓翅紫斑蝶、端紫斑蝶、網絲蛺蝶、幻紫蛺蝶等。

綠竹 (*Bambusa oldhamii*)：
曲紋黛眼蝶、白條黛眼蝶、台灣斑眼蝶、褐翅鏈眼蝶。

苧麻 (*Boehmeria nivea*)：
散紋盛蛺蝶、紅蛺蝶、小紅蛺蝶、細蛺蝶。

蜜源植物

馬纓丹 (*Lantana camara*)：
各種蝴蝶嗜食。

金露花 (*Duranta repens*)：
各種蝴蝶嗜食。

大王仙丹花 (*Ixcra duffii* cv. Super King)：各種蝴蝶嗜食。

繁星花 (*Pentas lanceolata*)：
各種蝴蝶嗜食。

黃花波斯菊 (*Cosmos sulphureus*)：
各種蝴蝶嗜食。

光冠水菊 (*Gymnocoronis spilanthoides*)：斑蝶類蝴蝶嗜食。

大花咸豐草 (*Bidens pilosa* var. *radiata*)：各種蝴蝶嗜食。

朱槿 (*Hibiscus rosasinensis*)：
中大型蝴蝶嗜食。

細葉雪茄花 (*Cuphea articulata*)：
中小型蝴蝶嗜食。

蝴蝶的自我防衛

　　某些有毒昆蟲的毒素並非本身產生，而是攝食植物所含毒素後累積在體內所形成，稱為「次生毒昆蟲」，最顯著的例子可在攝食夾竹桃科和桑科的斑蝶類以及部分以馬兜鈴科植物為食的鳳蝶身上發現。其攝食所累積的毒，會隨著幼蟲的變態，經由幼蟲體移轉到蛹體，最後再轉移到蝴蝶的體內從而成為毒蝶。為了警告捕食性動物，這類毒蝶幼生期及成蝶翅膀上皆有鮮艷或對比強烈的紅、白、黑、橙及金黃色等警戒色以宣示牠們的毒性。鳥類、蜥蜴和蛙類等動物捕食毒蝶後會產生心跳加速及嘔吐等中毒症狀，因而對毒蝶色彩產生警戒而不敢再捕食。有趣的是某些蝴蝶本身雖非毒蝶，卻擬態毒蝶模樣以保護自已，則稱為「擬態蝶」。

　　鳳蝶科幼蟲頭部具有臭角，受到騷擾時即伸出臭角釋泌出一股異味趨趕敵人。蛺蝶科幼蟲體表則布有棘刺，猙獰多刺的印象使敵人倒盡胃口，因而降低了被捕食的機會。弄蝶科大部分幼蟲則特化出特殊的造巢習性來自我防衛，幼蟲由卵孵化後即捲曲葉片造巢藏匿其中，最後並化蛹於巢內，以減低身體暴露而被發現的機會；通常只有寄生性的蜂類和蠅類能夠靠著嗅覺找到牠們的位置，其他捕食性天敵如鳥類、蜥蜴和蛙類等靠視覺來覓食的動物則經常忽略了牠們，所以葉巢內的幼蟲多數能夠順利成長。

伸吐臭角禦敵的黑鳳蝶幼蟲

樺斑蝶成蝶本身累積有毒性

雌紅紫蛺蝶擬態樺斑蝶的模樣

樺蛺蝶幼蟲猙獰多刺的模樣

黑星弄蝶綴結捲曲葉片的蟲巢

枯葉蛺蝶擬態枯葉的模樣

蝴蝶花園

近年來台灣各地許多綠地空間和休閒生態農場，在進行景觀規畫和園藝植栽選擇時，常將蝴蝶花園列入不可或缺的景觀考量之一。蝴蝶花園與一般的花園相似，管理與栽培的方式亦類似，兩者最明顯差異為蝴蝶花園內普遍栽植蝴蝶嗜食植物，以吸引牠們來造訪，不同於一般的花園莫不竭力驅蟲。蝴蝶花園若妥善栽植各種引蝶植物並發揮功效時，便會隨著季節不同吸引各種蝶類依序到訪，若栽植幼蟲寄主植物，尚可招引雌蝶前來產卵繁殖，擴展牠們生活空間，方便人們觀察蝴蝶幼蟲成長過程與接觸的經驗。

一個成功的蝴蝶花園當然必須有許多蝴蝶住民和訪客，所以首要的規畫就是建立一個模擬蝴蝶自然習性和生態的環境，更重要是透過人為適當的經營管理，塑造出適合蝴蝶生活的家園。蝴蝶花園除了園景美麗引人入勝之外，甚至應融入各種知識性解說而成為優良的生態教育場所，以使參觀者在觀賞蝴蝶花園時，對蝴蝶的生態有較完整的瞭解與認識。

蝴蝶花園裡的解說牌

市區綠地的蝴蝶花園

荒地上可栽種誘蝶植物來引蝶

蝴蝶的保育

近年來台灣地區由於土地過度開發與環境汙染等問題嚴重，使得有關蝴蝶資源保育的工作已經到了刻不容緩的地步。探究其原因主要有二項：

寄主植物消失

工業、工程廢棄物對土壤、空氣及水質的污染造成寄主植物死亡，或者人類放牧的草食性動物啃食寄主植物等行為，都會使得寄主植物銳減或消失，進而影響蝴蝶的族群數量。

為了確保台灣「蝴蝶王國」的美譽，政府應加強保育宣導，將保育觀念溶入學校教育中，嚴格執行相關法規，對已制定法令應依法規貫徹與加強取締，並廣泛設立自然保護區。在開發進行的過程中，應儘量減低對生態環境的衝擊，惟有保存整個生態棲地，才能保護棲息於其間的物種。且更應積極地在原棲地復育蝴蝶蜜源和寄主植物，以重建棲息環境並進而恢復其族群數量。

棲息地遭到破壞

人類開發和濫墾的結果，常會造成整個蝴蝶棲息環境被徹底破壞，而當生存條件和棲習空間消失，蝴蝶族群即面臨被迫遷離、明顯減少甚至滅絕的命運。

應嚴格執行相關法規與加強取締

大紫蛺蝶

玉帶鳳蝶　　黃裳鳳蝶　　雌紅紫蛺蝶

放牧的草食性動物會啃食蜜源和寄主植物

蝴蝶的觀察

在進行蝴蝶生態觀察活動中，我們可以親眼目睹交尾、雌蝶產卵、幼蟲破殼而出、幼蟲蛻皮成長發育、老熟幼蟲蛻化為蛹及蝴蝶破蛹羽化為彩蝶等精彩演出。至於這些精彩演出的場所在什麼地方呢？除了各地的蝴蝶花園，在鄉村野外或都會區的公園、校園、行道樹下，甚至是在自家庭院和陽台等栽植有引蝶植物的場所，都是進行賞蝶和觀察牠們各階段生活史的好地點！

蝴蝶的觀察紀錄

當我們親身進行觀察，目睹蝴蝶絢爛美麗的生命歷程，在欣喜感動的時刻裡，必然也想要保留這種美好經驗與諸多親朋好友分享，彼此間進行一段美麗的經驗分享與交流，或者是自然工作者要把觀察成果累積或整理呈現，此時就需要將觀察成果以各種適合的方式紀錄下來。而觀察所獲得的記錄資料十分寶貴，想要永久保存下來，俾供個人或研究機構分析運用，筆者建議最好能夠格式化與建立檔案來管理，如果僅是在筆記本上恣意揮灑或隨性塗鴉草稿，雖然很有趣味性，倘若能有效結合格式化整理，這不單是另類的心情手扎或遊記，就科學的角度而言，也是相當有價值觀察報告。

觀察紀錄除了用文字來簡單描述記錄之外，最重要的是各種紀錄表格設計上應該考慮以數量化方式處理，不但能夠進行數值統計分析，亦可科學性的表達觀察結果，方便加速自然知識的累積與傳播。

觀察與紀錄的常用工具

衛星定位儀

照相機

望遠鏡

蝴蝶圖鑑

蝴蝶的觀察記錄表

蝴蝶的觀察記錄表（範例）

		日期：2001 年 2 月 2 日　　　編號：B－16
基隆龍崗步道　地區		時間：10:05～12:30　　濕度：75 % RH.
蝶種調查紀錄表		天氣：☑晴天、□多雲、□陰天　溫度：34 ℃
觀察者：　李俊延		地點位置：25°08 N., 121°41 E.

種　　類	數　　量 ♂	♀	小　計	備　　　　　　　　註
翠鳳蝶	下	丁	5	3古1♀訪花
白紋鳳蝶	丁	一	3	乙古溼地吸水‧1♀訪花
大鳳蝶	正	丁	7	4古山壁吸水‧1古2♀訪花
流備翠鳳蝶	丁	一	3	
尖鈎尖粉蝶	一		1	1古快速通過中
淡黃粉蝶	丁	丁	4	
黑脈樺斑蝶	一	下	3	1♀產卵中（半葉莧）
琉璃蛺蝶	一	下	4	2♀產卵中（菝葜）
紫鏡眼蝶	下	丁	5	
蛇眼蝶	下	正	8	皆為誘集所得
達邦波眼蝶	丁	丁	4	大花咸豐草訪花
串珠環蝶	正正	正正	19	6古4♀吸水中‧3古6♀吸腐果
合　　計	34	32	66	

繪　　圖	心　得　&　記　事
古眼紋較小 灰白色細紋 共有4個眼紋 達邦波眼蝶♀△	A. 觀察到4隻達邦波眼蝶 ★★ B. 牛楠菝葜上有不少串珠環蝶1齡幼蟲。 C. 尖鈎尖粉蝶在本地區為迷蝶之一。 D. 本日未見著黑尾白紋鳳蝶出現。

蝴蝶速查檢索表

　　為方便讀者鑑別與快速查照，本單元特依據蝴蝶外觀特徵與前翅長度，來區分書中收錄的五種科別；並依前翅長度，將蝴蝶概分為小型（20mm以下）、中型（20～35mm）、（大型35mm以上）。可依下表快速對照：

特徵／前翅長	小型（約20mm以下）	中型（約20～35mm）	大型（約35mm以上）
鳳蝶科 P.27 後翅只有1條臀脈，雙翅閉合時腹部外露，是分類的主要特徵。		圖	
粉蝶科 P.62 底色白黃橙色為主	圖		
蛺蝶科 P.97 停棲時僅見2對腳		圖	
灰蝶科 P.225 觸角每節有白色環（觸角黑白相間）	圖		
弄蝶科 P.299 觸角先端有眉型尖突		圖	

鳳蝶科 PAPILIONIDAE

中大型蝴蝶,翅膀上有美艷的斑紋,大部份種類在後翅有燕尾狀突出。由於雌蝶產卵時必須以前足攀附,所以前足極為發達。複眼普遍呈黑色。常在日照充足的場所活動,喜愛訪花吸蜜,雄蝶尤喜沿著溪流或林道飛行,形成出入頻繁之「蝶道」。 常群集溼地吸水。目前全世界已知的種類約在600種,族群遍及世界各大洲,台灣地區產約34種(或亞種),本書中介紹33種。

劍鳳蝶在桃花上吸蜜

白紋鳳蝶在馬纓丹上訪花

黃鳳蝶在大花咸豐草上吸蜜

鳳蝶科 PAPILIONIDAE	學名：*Atrophaneura horishana*	命名者：Matsumura

曙鳳蝶 特有種

　　雄蝶翅為黑色，後翅後緣反摺內有灰白色體毛（性徵），蟲體及後翅腹面有鮮紅色斑紋。雌蝶翅面為白褐色，腹面黑色，翅形較雄蝶大些，後翅內緣無反摺，在前翅前、外緣及後翅外側斑點呈黑褐色，後翅有淡紅色斑紋。

生態習性　　一年一世代，雌蝶通常將卵產於濕涼林緣間的寄主莖、葉或鄰近植物上，孵化後幼蟲亦棲息於此成長、化蛹。成蟲飛行緩慢，發生期時可見於山區路旁訪花吸蜜，以冇骨消（*Sambucus chinensis*）花叢間尤其常見，另外；雄蝶亦嗜好在溪畔吸水。

幼生期　　卵為球狀橙紅色，蛹呈黃褐色且腹部有成對的背板突起。幼蟲呈暗紅色外表具有錐狀肉棘，在野外以台灣馬兜鈴（*Aristolochia shimadae*）為寄主植物。

分布　　盛夏時主要出現於各地中海拔山區，尤其以中部的梨山至大禹嶺一帶最為常見，在夏末時則有飛降到中低海拔山區活動的情形。台灣特有種。

保育等級　　保育類

♀

翅面白褐色

後翅緣呈波形

♂

反摺內有灰白色體毛

蟲體有鮮紅色斑

3000
1500
0
公尺

♀ △

後翅有淡紅色斑紋

成蟲活動月份：7～9月	棲所：林緣、溪流沿岸	前翅展：9.5～11.5公分

鳳蝶科 PAPILIONIDAE	學名：*Byasa impediens febanus*	命名者：Fruhstorfer

長尾麝鳳蝶（台灣麝香鳳蝶）

　　後翅具有燕尾。雄蝶翅為黑色，後翅內緣反摺裡有灰白色體毛（性徵），在蟲體及後翅外緣有淡紅色斑紋。雌蝶為黑褐色，翅形較雄蝶寬圓些，後翅內緣無反摺，在前、後翅面及前翅腹面著生白褐色鱗片，蟲體有淡紅色環紋、後翅外緣有白色斑紋。

生態習性　成蟲幾乎全年皆有發現，主要活動於寄主群落附近，雌蝶通常將卵產於陰涼林緣、疏林間的寄主莖、葉或鄰近植物上，孵化後幼蟲、蛹亦棲息於此。成蟲常緩慢飛行於日照充足的山區路旁花叢間吸蜜，偶見零星個體會飛降於石礫濕地上覓食。

幼生期　幼蟲以台灣馬兜鈴（*Aristolochia shimadae*）、瓜葉馬兜鈴（*A. cucurbitifolia*）及港口馬兜鈴（*A. zollingeriana*）等多種馬兜鈴科植物為食。

分布　平地至低山區較為常見，如台北觀音山、南投埔里、花蓮天祥及屏東恆春等地。台灣以外在中國南部亦有分布。

保育等級　普通種

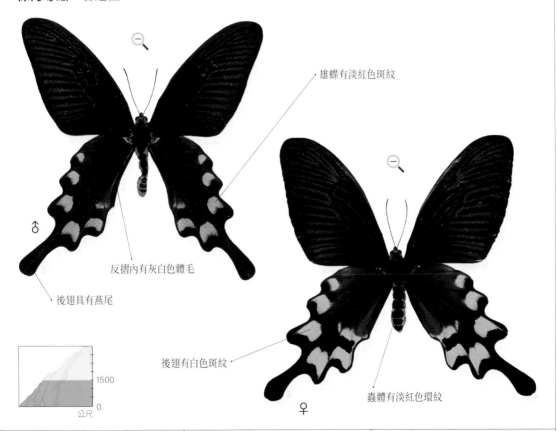

雄蝶有淡紅色斑紋

反摺內有灰白色體毛

後翅具有燕尾

♂

1500

0

公尺

後翅有白色斑紋

蟲體有淡紅色環紋

♀

成蟲活動月份：3 ～ 11 月	棲所：林緣、溪流沿岸	前翅展：7.9 ～ 8.7 公分

鳳蝶科 PAPILIONIDAE	學名：*Byasa confusus mansonensis*	命名者：Fruhstorfer

麝鳳蝶（麝香鳳蝶）

　　後翅具有燕尾。雄蝶翅為黑色，後翅內緣反摺裡有灰白色體毛（性徵），蟲體及後翅外緣有暗紅色斑紋。雌蝶為黑褐色，翅形較雄蝶寬圓些，後翅內緣無反摺，前、後翅面及前翅腹面著生灰褐色鱗片，蟲體有暗紅色環紋、後翅外緣有淡紅色斑紋。

生態習性　成蟲幾乎全年可發現，活動範圍局限於寄主群落附近，雌蝶通常將卵產於陰涼林緣、疏林間的寄主莖、葉或鄰近植物上，孵化後幼蟲亦棲息於此。成蟲常緩慢飛行於日照充足的山區路旁花叢間吸蜜，偶見零星個體會飛降於砂礫溼地上覓食。

幼生期　幼蟲以台灣馬兜鈴（*Aristolochia shimadae*）等多種馬兜鈴科植物為食。

分布　中北部平地至山區，如台北陽明山、新竹北埔及南部低山至山區，如阿里山較為普遍。台灣以外在日本、韓國及中國亦有分布。

保育等級　普通種

翅形較雄蝶寬圓些

翅面為灰褐色

♀

暗紅色斑紋

後翅外緣有淡紅色斑紋

蟲體的暗紅色環紋

♂

反摺裡有灰白色體毛

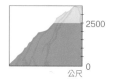

2500

0

公尺

麝鳳蝶卵

成蟲活動月份：3～10月	棲所：林緣	前翅展：6.5～7公分

鳳蝶科 PAPILIONIDAE	學名：*Byasa polyeuctes termessus*	命名者：Fruhstorfer

多姿麝鳳蝶（大紅紋鳳蝶）

　　後翅具有燕尾。翅為黑色，後翅中央有白色塊斑，在蟲體腹面及後翅外緣有紅色斑紋。雌雄蝶外形相似，雄蝶後翅內緣反摺裡有灰色體毛（性徵），雌蝶翅形較雄蝶寬圓些及白色塊斑較大，前翅腹面著生白褐色鱗片，紅色環紋、後翅外緣有淡紅色斑紋。

生態習性　成蟲在中南部幾乎全年可發現，北部冬季天晴時亦偶有出現，主要活動於寄主群落附近，雌蝶通常將卵產於林緣、坡壁等半日照環境的寄主莖葉裡或鄰近植物上，孵化後幼蟲亦棲息於此成長化蛹。成蟲常緩慢飛行於山徑、花園中吸蜜或溪畔溼地上覓食。

幼生期　幼蟲以台灣馬兜鈴（*Aristolochia shimadae*）、瓜葉馬兜鈴（*A. cucurbitifolia*）及蜂窩馬兜鈴（*A. foveolata*）等多種馬兜鈴科植物為食。

分布　平地至山區頗為常見，如台北陽明山、北橫明池、南投埔里及屏東雙流等地。台灣以外由印度經中南半島至中國南部亦有分布。

保育等級　普通種

雌蝶翅形較雄蝶寬圓

白色塊斑較雄蝶大型

♀

♂

反摺內有灰白色體毛

後翅具有燕尾

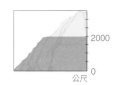

2000

0

公尺

多姿麝鳳蝶幼蟲

成蟲活動月份：全年	棲所：林緣、溪流沿岸	前翅展：8.5～9.5 公分

| 鳳蝶科 PAPILIONIDAE | 學名：*Pachliopta aristolochiae interpositus* | 命名者：Fruhstorfer |

紅珠鳳蝶（紅紋鳳蝶）

　　翅為黑色。後翅具有燕尾，後翅中央有白色塊斑，在蟲體及後翅外緣有紅色斑紋（翅面則較不鮮明），後翅內緣反摺裡有灰黑色體毛（性徵）。雌蝶翅形較雄蝶寬圓些，後翅後緣無反摺，後翅的白和紅色斑紋較為擴張。

生態習性　成蟲在南部幾乎全年可發現，中北部冬季較少出現，主要活動於寄主群落附近，雌蝶喜好將卵產於日照較充足的林緣、樹冠上的寄主蔓莖、葉或鄰近雜物上，孵化後幼蟲亦棲息於此。成蟲常緩慢低飛於路旁荒地、森林邊緣開曠地的花叢間覓食。

幼生期　幼蟲以台灣馬兜鈴（*Aristolochia shimadae*）、彩花馬兜鈴（*A. elegans*）及耳葉馬兜鈴（*A. tagala*）等多種馬兜鈴科植物為食。

分布　由平地至低山區普遍常見，如台北觀音山、木柵動物園、南投埔里及屏東墾丁等地。台灣以外由印度至東南亞至中國南部亦有分布。

保育等級　普通種

反摺內有灰黑色體毛

♂

雌蝶翅較寬圓

後翅的紅白色斑紋較為擴張

♀ △

1000
0
公尺

| 成蟲活動月份：全年 | 棲所：林緣、溪流沿岸 | 前翅展：7.1～8公分 |

| 鳳蝶科 PAPILIONIDAE | 學名：*Troides aeacus kaguya* | 命名者：Nakahara & Esaki |

黃裳鳳蝶

　　本屬多為大型蝶種，亦有鳥翼蝶屬之稱。翅為黑色，胸部有紅色斑紋，腹部有黃色斑紋，前翅翅脈兩側呈灰白色。雄蝶後翅除了翅脈及外緣呈鈍齒狀黑色，其餘呈金黃色，且內緣反摺裡有灰白色體毛（性徵）。雌蝶翅形較雄蝶寬大。後翅黃色而在外緣及中室外各翅室有黑色斑紋。

生態習性　成蟲在南部幾乎全年可發現，中北部以夏至秋季偶見，主要活動於寄主群落附近的開曠地、樹冠上等全日照環境，喜訪花吸蜜，雌蝶通常將卵產於樹冠、疏林間的寄主蔓莖、葉或鄰近植物上，孵化後幼蟲亦棲息於此，化蛹於寄主或鄰近植物枝條上，受驚擾會蠕動腹部發出「啾！啾！」聲響。

幼生期　幼蟲主要以港口馬兜鈴（*Aristolochia zollingeriana*）、台灣馬兜鈴（*A. shimadae*）為食，飼育時亦可以其它同屬植物替代。

分布　各地低山區，如台北觀音山、南投埔里、屏東恆春、雙流及台東知本等地。台灣以外由印度北部經中南半島至中國南部有分布。

保育等級　保育類

♂

內緣反摺裡有灰白色體毛　　　　後翅有金黃色斑

黃色後翅

外緣及中室外各翅室
有黑色斑紋

♀

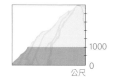

1000
0
公尺

| 成蟲活動月份：3～11月 | 棲所：林緣、森林 | 前翅展：9～11.5公分 |

鳳蝶科 PAPILIONIDAE	學名：*Troides magellanus sonani*	命名者：Matsumura

珠光裳鳳蝶（珠光鳳蝶）

　　大型蝶種，翅為黑色，胸部有紅色斑紋，腹部有黃色斑紋，前翅翅脈兩側呈灰白色。雄蝶後翅除了翅脈及外緣為鋸齒狀黑色，其餘呈鮮黃色閃現珍珠光澤，內緣反摺裡有灰白色體毛（性徵）。雌蝶翅形較雄蝶寬大，後翅黃色而在前緣、外緣及中室外側各翅室有黑色斑紋。

生態習性　成蟲在蘭嶼幾乎全年可發現，以春、秋兩季數量最多，主要活動於寄主群落附近的開曠地、樹冠上等全日照環境訪花吸蜜，雌蝶通常將卵產於樹冠、海岸林緣的寄主蔓莖、葉或鄰近植物上，孵化後幼蟲亦棲息於此，老熟幼蟲嗜食寄主木質化的老藤，化蛹於鄰近寄主植物的枝條上，受驚擾時亦會蠕動腹部發出「咻！咻！」聲響。

幼生期　幼蟲為紫黑色且密布暗紅色錐狀肉棘，在野外以港口馬兜鈴（*Aristolochia zollingeriana*）為寄主植物，人工飼育時亦可以耳葉馬兜鈴（*A. tagala*）替代。

分布　僅棲息於蘭嶼島上，台灣本島，如台北木柵、南投埔里和集集、花東海岸等地偶見有零星逸散個體。台灣以外在菲律賓亦有分布。

保育等級　保育類

♂

翅面鮮黃色並閃現珍珠光澤

腹部黃色斑紋明顯

翅膀兩側呈灰白色

♀

中室外側各翅室有黑色斑紋

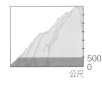

500
0
公尺

成蟲活動月份：3～11 月	棲所：林緣、森林	前翅展：10～12.5 公分

鳳蝶科 PAPILIONIDAE	學名：*Graphium agamemnon*	命名者：Linnaeus

翠斑青鳳蝶（綠斑鳳蝶）

　　翅形狹長且翅端略向外側尖突，後翅具有短燕尾，翅面為黑色有綠色斑紋，而腹面白褐色與翅面綠斑相同位置有灰綠色斑。雌雄蝶外型一致，雄蝶在後翅內緣反摺裡有灰黃色體毛（性徵），雌蝶色澤略淡、後翅燕尾較長且較雄蝶明顯寬大些。

生態習性　成蟲在南部全年可發現，中北部夏、秋季節偶有出現，主要活動於都會區或低山區的寄主群落附近。雌蝶通常將卵產於全日照或半日照的寄主新葉上，孵化後幼蟲亦棲息於此，隨著成長而移行至老熟葉片，最後並化蛹於寄主枝條或葉裡。成蟲飛行快速，常見於日照充足的公園花壇、住家庭院的花叢間吸蜜而少見其吸水。

幼生期　老熟幼蟲一般為鮮綠色，若日照較少則偏黃綠或黃色，幼蟲以住家庭院、廟宇和公園常栽植的木蘭科白玉蘭（*Michelia alba*）、烏心石（*M. compressa*），番荔枝科鷹爪花（*Artabotrys uncinatus*）植物為食。

分布　中南部平地至低山區公園裡頗為常見，夏、秋季會擴散至北部地區，台灣以外廣布於整個亞洲熱帶地區及澳洲北部。

保育等級　普通種

反摺裡有灰黃色體毛

後翅具有短燕尾

♂

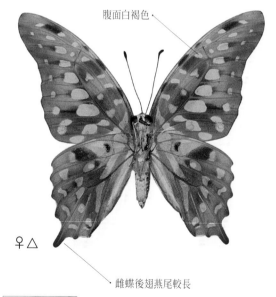

腹面白褐色

♀ △

雌蝶後翅燕尾較長

翠斑青鳳蝶卵

600
0
公尺

成蟲活動月份：全年	棲所：林緣、農耕地、都會區	前翅展：6～7公分

鳳蝶科 PAPILIONIDAE	學名：*Graphium cloanthus kuge*	命名者：Fruhstorfer

寬帶青鳳蝶（寬青帶鳳蝶）

翅形狹長，具有細長燕尾，翅面為灰黑色且嵌有淡灰藍色膜質斑紋，腹面色澤略淡，後翅在基部及中室外側有暗紅色碎斑。雌雄蝶外型一致，雄蝶在後翅內緣反摺裡有灰白色體毛（性徵），雌蝶翅形及淡灰藍色斑明顯較雄蝶大型些。

生態習性　成蟲主要發生期在春、夏季節。依地區環境不同，一年至少有二或三世代。主要活動於溪流沿岸或山區的寄主群落附近。雌蝶通常將卵產於全日照或半日照的高大寄主樹冠新葉上，孵化後幼蟲亦棲息於此，隨著成長而移行至老熟葉片，最後並化蛹於位置較高的寄主枝條或葉裡。成蟲常緩慢飛行於日照充足的林緣花叢間吸蜜，雄蝶常沿著溪流往下游快速低飛並停棲於砂礫濕地上吸水覓食。

幼生期　老熟幼蟲為灰綠色，蛹為灰綠色且胸部尖突有灰黃色擬態葉脈的條紋。幼蟲以樟樹（*Cinnamomum camphora*）、香楠（*Machilus zuihoensis*）等多種樟科植物為食。

分布　北部平地至山區頗為常見，如台北烏來、北橫巴陵；中南部低山至山區，如南投埔里和東埔、花蓮天祥及南橫桃源等地。台灣以外由印度經中南半島北部至中國南部及印尼蘇門答臘亦有分布。

保育等級　普通種

淡灰藍色膜質斑紋

♂

反摺裡的灰白色體毛

具有細長燕尾

寬帶青鳳蝶雌蝶

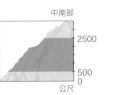

中南部

2500

500

公尺

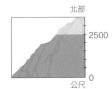

北部

2500

0

公尺

成蟲活動月份：3～9月	棲所：林緣、溪流沿岸	前翅展：4.8～5.5公分

鳳蝶科 PAPILIONIDAE	學名：*Graphium doson postianus*	命名者：Fruhstorfer

木蘭青鳳蝶（青斑鳳蝶）

　　翅形狹長，翅面為灰黑色且嵌有縱列的淡藍色膜質斑紋，腹面色澤略淡，後翅在基部及中室外側有紅色碎斑且前緣和後緣呈灰黃色。雌雄蝶外型相似，雄蝶在後翅後緣反摺內有灰白色體毛（性徵），雌蝶翅形明顯較雄蝶寬圓些。

生態習性　成蟲除了冬季低溫期外，幾乎全年可發現，主要發生期在春、夏季節，常見於寄主群落附近活動，雌蝶通常將卵產於向陽的寄主新葉或頂芽上，孵化後幼蟲亦棲息於此。成蟲常緩慢低飛於日照充足的住家庭院或山區路旁花叢間吸蜜，雄蝶常沿著溪流往下游快速低飛並停棲於石礫濕地上與其它鳳蝶集聚吸水。

幼生期　幼蟲呈暗褐色，老熟幼蟲則為淡綠色，蛹為灰綠色且胸部尖突有灰黃色擬態葉脈的條紋。幼蟲以白玉蘭（*Michelia alba*）、烏心石（*M. compressa*）及含笑花（*M. figo*）等木蘭科植物為食。

分布　廣泛分布在中北部的都會區公園和廟宇至山區，如台北烏來、北橫公路及中南部低山至山區，如南投埔里及屏東雙流等地。台灣以外由日本南部、東南亞地區經中國南部至印度亦有分布。

保育等級　普通種

縱列的淡藍色膜質斑紋

♀

反摺裡無灰白色體毛

木蘭青鳳蝶雄蝶

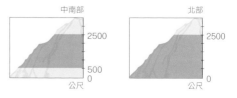

中南部　　　　　北部

成蟲活動月份：全年	棲所：林緣、溪流沿岸、都會區	前翅展：5～5.8公分

鳳蝶科 PAPILIONIDAE	學名：*Graphium sarpedon connectens*	命名者：Fruhstorfer

青鳳蝶 (青帶鳳蝶)

　　翅為黑色，前後翅中央有粗帶與後翅亞外緣有弦月紋為淡藍色，後翅腹面在基部和中室外側有灰紅色細紋。雄雌蝶外形相似，雄蝶在後翅內緣反摺裡有灰黃色體毛 (性徵)，是兩者間最明顯的差異點。

生態習性　成蟲幾乎全年出現，主要活動於寄主群落附近，甚至連市區的行道樹亦可發現，雌蝶通常將卵產於全日照的寄主樹冠新葉上，孵化後幼蟲亦棲息於此，並化蛹於寄主葉上。成蟲常見於向陽的公園花壇、山區路旁花叢間吸蜜，並有飛降於溪畔濕地上集聚吸水的習性。

幼生期　蛹為灰綠色且胸部尖突有黃色擬態葉脈的條紋，幼蟲以大葉楠 (*Machilus kusanoi*)、香楠 (*M. zuihoensis*) 及樟樹 (*Cinnamomum camphora*)、牛樟 (*C. kanehirae*) 等多種樟科植物為食。

分布　都會區至山區頗為常見，如台北烏來、新竹尖石、南投埔里、花蓮富源及屏東雙流等地。台灣以外廣布於整個亞太地區及澳洲。

保育等級　普通種

淡藍色粗帶

淡藍色弦月紋

♀

反摺內有灰黃色體毛

濕地吸水的雄蝶

2000

0

公尺

成蟲活動月份：全年	棲所：林緣、溪流沿岸、都會區	前翅展：4.8～5.3 公分

鳳蝶科 PAPILIONIDAE	學名：*Graphium mullah chungianus*	命名者：Murayama

黑尾劍鳳蝶（木生鳳蝶）

　　翅為灰白色且具有多條縱列灰黑色帶，後翅有藍黑色劍形燕尾，後翅內緣有鮮黃色斑。腹面色澤略淡，後翅中央有縱列斷續的黃色帶。雌雄蝶外形相似，雌蝶翅形較雄蝶寬圓些，雄蝶後翅內緣反摺裡有灰白色體毛（性徵）。

生態習性　成蟲一年或二年一世代，主要發生期在3月間。晴天時常見於寄主群落附近的山區路旁花叢間吸蜜，雄蝶亦會飛降於石礫濕地上與其它蝴蝶集聚吸水覓食。雌蝶通常將卵產於寄主樹冠上的新葉，孵化後幼蟲亦棲息於此，老熟幼蟲化蛹後直至翌年才羽化。

幼生期　老熟幼蟲為綠色，蟲體表面有線形的黑色細紋（劍鳳蝶為顆粒狀），以樟科植物青葉楠（*Machilus zuihoensis* var. *mushaensis*）為食。

分布　北部烏來至拉拉山區及北橫公路巴陵至明池一帶。台灣以外在馬祖及中國南部亦有分布。

保育等級　稀有種

♂

反摺裡有灰白色體毛

藍黑色劍形燕尾

縱列斷續的黃色帶

內緣有鮮黃色斑

♂ △

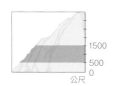

1500
500
0
公尺

成蟲活動月份：3～5月	棲所：林緣、溪流沿岸	前翅展：5.2～5.6公分

鳳蝶科 PAPILIONIDAE	學名：*Graphium eurous asakurae*	命名者：Matsumura

劍鳳蝶 (昇天鳳蝶、升天鳳蝶)

　　翅為灰白色且具有多條縱列灰黑色帶，後翅有藍黑色劍形燕尾，後翅內緣有斷續不接連的鮮黃色斑。腹面色澤略淡，後翅中央有縱列斷續的黃色粗帶。雌雄蝶外形相似，雌蝶翅形較雄蝶寬圓些，雄蝶後翅內緣反摺裡有灰白色體毛 (性徵)。本種與高嶺劍鳳蝶在形態上可由本種前翅面外緣灰黑色帶間併列白色帶，以及後翅中央有粗大的黃色帶來區分。

生態習性　成蟲一年或二年一世代，主要發生期在3～5月間。晴天時常見於寄主群落附近的山區路旁花叢間吸蜜，雄蝶亦會飛降於石礫溼地上與其它蝴蝶集聚吸水覓食。雌蝶通常將卵產於寄主樹冠上的新葉，孵化後幼蟲亦棲息於此，老熟幼蟲化蛹後直至翌年才羽化。

幼生期　蛹為綠色且胸部尖突有黃色擬態葉脈的條紋 (高嶺劍鳳蝶蛹體表面另有數顆暗紅色斑點)，幼蟲以青葉楠 (*Machilus zuihoensis* var. *mushaensis*) 及香桂 (*Cinnamomum subavenium*) 等樟科植物為食。

分布　發生期時在低山至山區頗為常見，如台北烏來、北橫公路、南投埔里及南橫公路等地。台灣以外由巴基斯坦經印度至中國南部亦有分布。

保育等級　普通種

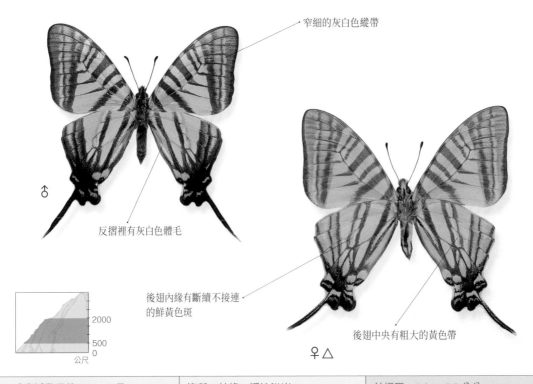

窄細的灰白色縱帶

♂

反摺裡有灰白色體毛

後翅內緣有斷續不接連的鮮黃色斑

2000
500
0
公尺

後翅中央有粗大的黃色帶

♀ △

成蟲活動月份：3～5月	棲所：林緣、溪流沿岸	前翅展：5.2～5.7公分

| 鳳蝶科 PAPILIONIDAE | 學名：*Papilio agestor matsumurae* | 命名者：Fruhstorfer |

斑鳳蝶

　　中型蝶種，翅為黑褐色，腹面色澤較淡，前翅各翅室及後翅前半部有灰白色斑。兩性形態十分相似，雄蝶後翅內緣反摺裡有灰褐色體毛（性徵），可直接鑑別雌雄。本屬蝶種在形態上普遍擬態斑蝶模樣，藉以達到欺敵自保的效果，稱為「米勒氏擬態」。

生態習性　一年一世代，成蟲僅在春季出現，喜愛訪花吸蜜，雄蝶常集聚於山徑、溪畔溼地吸水，雌蝶主要活動於寄主群落附近的森林邊緣，通常將卵產於陰涼林緣、疏林間植株高大的寄主新葉裡，孵化後幼蟲亦棲息於此，最後並化蛹於枝幹上，直到翌年才羽化。

幼生期　幼蟲為白、黑褐相間的顏色且密布錐狀肉棘，以樟樹（*Cinnamomum camphora*）、香楠（*Machilus zuihoensis*）等多種樟科植物為食。

分布　成蟲發生期時，平地至山區頗為常見，如台北陽明山和烏來、北橫、中橫、南投埔里及南橫等地。台灣以外由印度經中南半島至中國南部亦有分布。

保育等級　普通種

翅室內有灰白色斑

♂

反摺內有灰褐色體毛

2500

0

公尺

寄主植物：樟樹

| 成蟲活動月份：3～5月 | 棲所：林緣、溪流沿岸、森林 | 前翅展：7.5～9公分 |

| 鳳蝶科 PAPILIONIDAE | 學名：*Papilio epycides melanoleucus* | 命名者：Ney |

黃星斑鳳蝶（黃星鳳蝶）

　　中小型蝶種，翅為暗褐色，腹面色澤較淡，蟲體及前、後翅各翅室有灰黃色斑，在後翅肛角附近有黃色斑點。雌雄蝶形態十分相似，雄蝶後翅內緣小型反摺裡有灰褐色體毛（性徵），可直接鑑別雌雄。本蝶種在形態上常見黑化程度不一的個體，普遍擬態斑蝶的模樣，為典型之「米勒氏擬態」。

生態習性　一年一世代，成蟲僅在春季出現，常見於樹冠上追逐或凌空滑翔，喜愛訪花吸蜜，雄蝶常集聚於山徑、溪畔濕地吸水，雌蝶主要活動於寄主群落附近的林緣、山徑，通常將卵聚產於中大型寄主植株的新葉裡，孵化後幼蟲亦棲息於此，最後並化蛹於寄主枝幹或鄰近植物上，直至翌年才羽化。

幼生期　老熟幼蟲為綠色且具有藍灰色顆粒斑紋，蛹為白褐色枯枝狀。幼蟲以樟樹（*Cinnamomum camphora*）、山胡椒（*Litsea cubeba*）等多種樟科植物為食。

分布　春季時於平地至山區頗為常見，如台北烏來、北橫、南投埔里及高雄六龜等地。台灣以外由印度北部經中南半島至中國西南部亦有分布。

保育等級　普通種

翅為暗褐色

♂

後翅肛角附近
有黃色斑點

後翅內緣小型反摺裡
有灰褐色體毛

2000

0

公尺

溼地吸水的雄蝶

| 成蟲活動月份：3～5月 | 棲所：林緣、溪流沿岸 | 前翅展：5.3～5.9公分 |

鳳蝶科 PAPILIONIDAE	學名：*Papilio maraho*	命名者：Shiraki & Sonan

台灣寬尾鳳蝶（寬尾鳳蝶）特有種

　　翅為灰黑色而腹面色澤略淡，後翅中央有白斑且具有雙翅脈貫穿的寬大燕尾，各翅室外緣有鮮紅色弦月紋。雌雄蝶外形極為相似，並無明顯之性徵，雌蝶在前翅腹面外緣有1條色澤略暗細帶，後翅面在中室以上無白色斑，可供區別。

生態習性　成蟲主要發生期在5、6月間，雌蝶常活動於寄主群落附近，通常將卵產於向陽的寄主高枝上的暗紅色新葉，孵化後幼蟲亦棲息於此，隨著成長會移至較大葉片上嚙食，老熟幼蟲則化蛹在寄主枝幹或鄰近雜物。成蟲對紅色感覺特別敏銳，會主動趨近前往，天晴時常至山區向陽的喬木樹冠上訪花吸蜜，雄蝶則會飛降於濕地上覓食。

幼生期　幼蟲為白褐色擬態鳥糞的模樣，老熟幼蟲轉呈黃綠色且胸部有大型眼紋，蛹則擬態枯枝狀，幼蟲以樟科植物台灣檫樹（*Sassafras randaiense*）為食。

分布　分布於中央山脈及雪山山脈山區，在野外並不多常見。知名產地如宜蘭太平山、北橫明池、新竹觀霧及中橫佳陽等地。台灣特有種。

保育等級　保育類

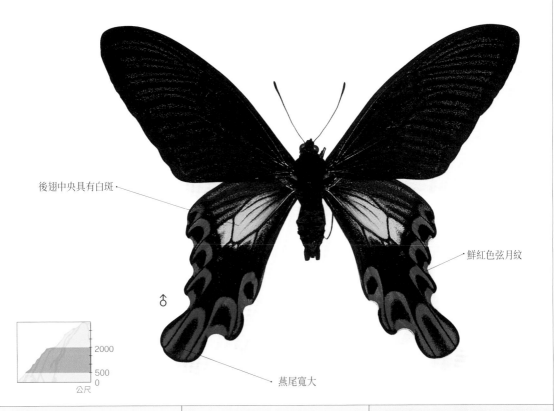

後翅中央具有白斑

鮮紅色弦月紋

♂

燕尾寬大

2000
500
0
公尺

成蟲活動月份：5～7月	棲所：林緣、溪流沿岸、森林	前翅展：10～11.5公分

| 鳳蝶科 PAPILIONIDAE | 學名：*Papilio castor formosanus* | 命名者：Rothschild |

無尾白紋鳳蝶

　　後翅翅緣呈鋸齒狀，中室外側有白斑且無燕尾。雄蝶翅為黑色而雌蝶為黑褐色，雌蝶前翅腹面亞外緣有白色顆粒紋。雌雄蝶在形態上明顯不同容易區別。

生態習性　成蟲幾乎全年可發現，以春、夏季數量較多，主要活動於寄主群落附近，雌蝶通常將卵產於陰涼林緣、疏林間的寄主葉上，孵化後幼蟲多棲息於葉面，化蛹在植物枝條上。成蟲常緩慢飛行於日照充足的山區路旁花叢間吸蜜，雄蝶亦會集聚於溪畔濕地上吸水覓食。

幼生期　卵為黃色球形，幼蟲白褐色擬態鳥糞模樣，老熟幼蟲為綠色有大型眼紋，背側有明顯V型白斑，蛹呈綠或綠褐色樹枝狀，幼蟲以長果山桔（*Glycosmis parviflora* var. *erythrocarpa*）、飛龍掌血（*Toddalia asiatica*）等芸香科植物為食。

分布　平地至低山區頗為常見，如東北角海岸、台北烏來、北橫公路、南投埔里及屏東雙流等地。台灣以外由喜馬拉雅山區經中南半島至中國南部亦有分布。

保育等級　普通種

亞外緣有白色顆粒紋

♀ △

後翅緣呈鋸齒

1000
0
公尺

寄主植物：長果山桔

| 成蟲活動月份：3～11月 | 棲所：林緣、溪流沿岸 | 前翅展：7～8公分 |

鳳蝶科 PAPILIONIDAE	學名：*Papilio demoleus*	命名者：Linnaeus

花鳳蝶（無尾鳳蝶）

　　翅為黑色且密布灰黃色斑，後翅無尾，肛角有紅紫色圓斑，前、後翅腹面中央有藍灰、橙褐色具層次的重疊斑紋。雌雄蝶外形相似，雌蝶翅形較雄蝶寬圓大型些，且後翅面灰黃色帶粗大明顯可供區別雌雄。

生態習性　成蟲在南部幾乎全年可發現，中北部於3～11月間出現。住家庭院、公園及農耕地為主要的棲息環境，雌蝶通常將卵產於公園、住家庭院及陽台上的柑橘植栽葉裡，孵化後幼蟲亦棲息於此。成蟲常見於公園或住家花台上訪花覓食。

幼生期　卵為黃色球形，幼蟲為白、褐色相間的鳥糞狀色澤，老熟幼蟲為胸部有灰黑色眼紋的綠色蟲。以過山香（*Clausena excavata*）及多種柑橘屬（*Citrus* spp.）等芸香科植物為食。

分布　平地至低山區，如台北、台中、台南及高雄縣市都會區和農耕區以及澎湖和恆春半島等地頗為常見。台灣以外由印度經中國南部至東南亞、澳洲東部及非洲東岸亦有分布。

保育等級　普通種

♂ △

・有藍灰、橙褐色具層次的重疊斑紋

♀

・灰黃色帶粗大

・肛角有紅紫色圓斑

無尾鳳蝶幼蟲

500
0
公尺

成蟲活動月份：全年	棲所：林緣、農耕地、都會區	前翅展：6～7.5公分

| 鳳蝶科 PAPILIONIDAE | 學名：*Papilio dialis tatsuta* | 命名者：Murayama |

穹翠鳳蝶（台灣烏鴉鳳蝶）

　　翅為黑色，後翅具有燕尾及肛角暗紅色，前翅面密布綠色鱗片，後翅面密布有藍、綠色鱗片。腹面在前翅散生灰白色鱗片，後翅外緣有一列紫紅色的弦月紋。雌雄蝶外形頗為相似，雄蝶前翅中央有3～4條橫列黑色毛簇（性徵）可供辨識雌雄。

生態習性　成蟲幾乎全年可發現，主要發生期在4～9月間。活動範圍以寄主群落附近為主，雌蝶通常將卵產於向陽的寄主樹冠的新葉上，孵化後幼蟲亦棲息於此，隨著發育成長而往樹冠中下層移動。成蟲常緩慢飛行於日照充足的山區路旁花叢間吸蜜，雄蝶經常會飛降於溼壁或溼地上吸水。

幼生期　卵為灰白色球形，幼蟲為黃褐、白色相間的鳥糞狀色澤，老熟幼蟲為黃綠色且胸部有紅色眼紋，依化蛹環境條件，蛹主要有灰綠或白褐色二種型式。以賊仔樹（*Tetradium glabrifolium*）、飛龍掌血（*Toddalia asiatica*）為幼蟲寄主植物。

分布　平地至山區頗為常見，如台北陽明山、北橫公路、南投埔里、花蓮天祥及高雄甲仙等地。台灣以外由緬甸北部經中南半島北部至中國南部亦有分布。

保育等級　普通種

有3～4條橫列黑色毛

♂

暗紅色肛角

突出的燕尾

前翅散生灰白色鱗片

♂△

外緣有一列紫紅色的弦月紋

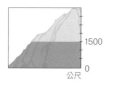

1500

0

公尺

| 成蟲活動月份：全年 | 棲所：林緣、溪流沿岸 | 前翅展：8～9.5公分 |

鳳蝶科 PAPILIONIDAE	學名：*Papilio helenus fortunius*	命名者：Fruhstorfer

白紋鳳蝶

　　翅為黑色，後翅具有燕尾、肛角有紅色弦月紋及前緣至中室外側有白斑。腹面在前翅中室外側散生縱列灰白色鱗片，後翅外緣有一列紅色弦月紋且與翅面白斑相同位置有較小型的灰白色斑。雌雄蝶外形頗為相似且無明顯性徵，惟雌蝶前翅面散生縱列褐色鱗片，後翅面外緣有模糊的一列紅色弦月紋可供區別。

生態習性　一年多個世代發生，主要發生期在4～8月間。常活動於柑橘園或寄主群落附近，雌蝶通常在晴天時將卵產於向陽的寄主新葉上，孵化後幼蟲亦棲息於此，最後多化蛹於寄主或鄰近植物上。成蟲常緩慢飛行於日照充足的山區路旁花叢間吸蜜，雄蝶經常會飛降於山壁或路旁濕地上與其它蝶種一起吸水。

幼生期　卵為黃色球形，幼蟲為暗褐、白色相間的鳥糞狀色澤，老熟幼蟲為鮮綠色且胸部有暗紅色眼紋，依化蛹環境條件，蛹主要有綠或白褐色二種型式。以賊仔樹（*Tetradium glabrifolium*）、飛龍掌血（*Toddalia asiatica*）及柑橘屬（*Citrus* spp.）等芸香科植物為食。

分布　平地至山區頗為常見，如台北陽明山、烏來、東北角海岸、台中谷關、花蓮天祥及台東知本等地。台灣以外由日本南部經東南亞、中國南部至印度亦有分布。

保育等級　普通種

明顯的白斑

♂

肛角有紅色弦月紋

翅面散生縱列褐色鱗片

♀

外緣有一列模糊的紅色弦月紋

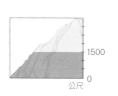

1500

0

公尺

成蟲活動月份：3～11月	棲所：林緣、溪流沿岸	前翅展：8～9公分

| 鳳蝶科 PAPILIONIDAE | 學名：*Papilio hermosanus* | 命名者：Rebel |

台灣琉璃翠鳳蝶（琉璃紋鳳蝶）特有種

　　翅為黑色，後翅具有燕尾、肛角有紫紅色弦月紋，前翅亞外緣及後翅中室外側有綠色閃現琉璃光澤的斑紋。腹面在前翅中室外側散生縱列灰白色鱗片，後翅外緣有一列紅色弦月紋。雌雄蝶外形頗為相似，雄蝶在前翅中央有1條橫列黑色毛簇（性徵）可直接辨識雌雄。

生態習性　一年有3～4個世代，成蟲主要發生期3～9月間，雌蝶活動範圍以寄主群落附近的樹林邊緣為主，雌蝶通常將卵產於向陽的寄主葉裡，孵化後幼蟲則多棲息於葉面且靜伏不動，化蛹位置以寄主以外的植物上較普遍。成蟲常於天晴時在山區路旁花叢間訪花，雄蝶常與其它蝶種集聚於溼壁或溪畔吸水。

幼生期　卵為黃色球形，幼蟲依成長齡期不同，色澤變換由褐（幼齡幼蟲）至灰綠再轉為黃綠色（老熟幼蟲）且胸部有紅色小眼紋，蛹為綠色。幼蟲以雙面刺（*Zanthoxylum nitidum*）、飛龍掌血（*Toddalia asiatica*）等芸香科植物為食。

分布　除大台北地區較少見，在各地由市郊至山區頗為常見，如北橫公路、新竹尖石、台中豐原、南投埔里、花蓮天祥及台東知本等地。台灣特有種。

保育等級　普通種

前翅中央有1條橫列黑色毛簇

閃現琉璃光澤的斑紋

綠色斑紋閃現琉璃光澤

♂

1500

0

公尺

台灣琉璃翠鳳蝶幼蟲

| 成蟲活動月份：全年 | 棲所：林緣、溪流沿岸 | 前翅展：6.1～6.8公分 |

鳳蝶科 PAPILIONIDAE	學名：*Papilio hopponis*	命名者：Matsumura

雙環翠鳳蝶（雙環鳳蝶）特有種

　　翅為黑色，後翅具有燕尾，翅面除後翅前半部密布藍色鱗片，餘為散生綠色鱗片。腹面在前翅中室外側散生縱列灰白色鱗片，後翅各翅室外緣有雙重紅色弦月紋。雌蝶另在後翅面外緣有一列明顯的紅色弦月紋可區別雌雄。

生態習性　一年有3～4個世代，主要繁殖地在中高海拔山區全日照或半日照環境，雌蝶通常將卵產於寄主樹冠新葉裡，孵化後幼蟲則多棲於葉面，化蛹位置在寄主或鄰近的植物上。雄蝶嗜好吸食溼地上的水分，經常沿著溪流往中下游覓食、飛行或乘著氣流飄移至鞍部山頂開曠地，而雌蝶多在寄主附近的林緣活動，喜愛訪花吸蜜。

幼生期　在野外其幼蟲以芸香科食茱萸（*Zanthoxylum ailanthoides*）、賊仔樹（*Tetradium glabrifolium*）為主要寄主植物。

分布　常見於北至南部山區。台灣特有種。

保育等級　普通種

♂

密布藍色鱗片

後翅具有燕尾

外緣有一列明顯的紅色弦月紋

♀

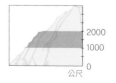

2000
1000
0
公尺

成蟲活動月份：3～10月	棲所：林緣、溪流沿岸	前翅展：7.8～8.7公分

鳳蝶科 PAPILIONIDAE	學名：*Papilio xuthus*	命名者：Linnaeus

柑橘鳳蝶

翅為灰黃色，後翅具有燕尾、肛角有橙黃色斑，翅脈及前翅中室內側為灰黑色及前後翅亞外緣有寬大的藍灰色帶斑。腹面色澤較翅面淡色。雌雄蝶外形相似，雌蝶色澤略暗且後翅腹面在藍灰色帶兩側交疊有明顯的橙黃色斑（雄蝶不明顯），另外；雄蝶在後翅面前緣有黑斑點，雌蝶則無，這些特徵可供區別雌雄。

生態習性 一年有4～5個世代，主要棲息在低海拔山區的林緣、河床崩塌地或柑橘園中。雌蝶通常將卵產於果園的寄主位置較低的嫩莖或新葉上，孵化後幼蟲則多棲於葉面，化蛹位置以鄰近寄主的植物枝幹上較常見。而以市郊公園、步道及果園附近的花叢間最容易觀察到，雄蝶經常在山區路旁及溪流沿岸溼地上群集吸食水分。

幼生期 幼蟲以芸香科食茱萸（*Zanthoxylum ailanthoides*）、雙面刺（*Z. nitidum*）及多種柑橘屬（*Citrus* spp.）等芸香科植物為食。

分布 中部以北的平地至山區頗為常見，如台北陽明山、烏來、汐止、北橫公路、宜蘭員山及新竹觀霧等地。台灣以外在日本、朝鮮半島、中國東部及菲律賓有分布。

保育等級 普通種

有黑斑點

♂

後翅具有燕尾

♀

寬大的藍灰色帶斑

肛角有橙黃色斑

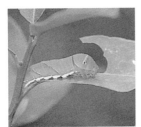

柑橘鳳蝶幼蟲

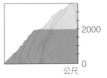

2000

0

公尺

成蟲活動月份：3～10月	棲所：林緣、溪流沿岸、農耕地	前翅展：6.8～8.7公分

| 鳳蝶科 PAPILIONIDAE | 學名：*Papilio machaon sylvina* | 命名者：Hemming |

黃鳳蝶

　　翅為鮮黃色，後翅具有燕尾、肛角有紅色斑，翅脈及前翅面基部外側為灰黑色及前、後翅中室亞外緣有藍灰色帶斑。腹面色澤較翅面淡色。雌雄蝶外形相似，雌蝶色澤略暗與前、後翅亞外緣的藍灰色帶斑粗大、前翅基部外側與後翅內緣密布黑色鱗片且後翅腹面在藍灰色帶兩側交疊有橙色斑可供區別。

生態習性　　一年多世代發生，主要發生期在5～9月間。多棲息在中海拔山區，夏季高溫期低地的蛹多數無法順利羽化，雌蝶通常將卵產於荒地、陡坡環境的寄主葉上，孵化後幼蟲則多棲於葉面，化蛹位置在寄主離根部不遠的低地或鄰近的植物枝上。雄蝶嗜好吸食溼地上的水分，經常沿著溪流往中下游覓食、飛行或乘著氣流飄移至山頂開曠地，而雌蝶多在寄主附近的林緣、耕地活動，喜愛訪花吸蜜。

幼生期　　在野外幼蟲以野當歸（*Angelica dahurica* var. *formosana*）、台灣前胡（*Peucedanum formosanum*）等繖形科植物為食，飼育時以紅蘿蔔、茴香、明日葉等蔬菜葉片亦可替代。

分布　　中低海拔山區局部分布，如新竹觀霧、中橫公路沿線及阿里山等地。台灣以外廣布於歐、亞、非及北美洲的溫帶至亞熱帶地區。

保育等級　　稀有種

亞外緣有藍灰色帶斑

基部外側密布黑色鱗片

♂

後翅內緣密布黑色鱗片

♀

黃鳳蝶蛹

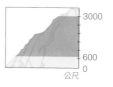

3000

600
0

公尺

| 成蟲活動月份：3～10月 | 棲所：林緣、溪流沿岸 | 前翅展：6.7～7.8 公分 |

鳳蝶科 PAPILIONIDAE	學名：*Papilio memnon heronus*	命名者：Fruhstorfer

大鳳蝶

翅為黑色且前翅面基部外側及腹面基部外側有暗紅斑，雄蝶後翅面密布藍灰色鱗片，肛角附近有暗紅斑。雌蝶有二型。有尾型；後翅具有尾狀突出，後翅中央有白色、外緣有橙色斑。無尾型；後翅中室外側至外緣間呈白色，肛角附近有橙黃斑。

生態習性 一年多世代發生，主要棲息地在低海拔山區的柑橘園中。雌蝶通常將卵產於果園的寄主嫩莖或葉上，孵化後幼蟲則多棲於葉面，嗜食成葉，化蛹位置以有寄主葉片遮蔽的枝幹上較常見。而成蝶以柑橘園附近的花叢間最容易觀察到，雄蝶經常在山區路旁及溪流沿岸濕地上吸食水分。

幼生期 幼蟲主要以人工栽植的芸香科多種柑橘 (*Citrus* spp.) 植物為食。

分布 平地至中海拔山區頗為常見，如台北觀音山和陽明山、新竹關西、南投埔里及屏東滿州等地。台灣以外由日本、中國中部至南部至東南亞各地有分布。

保育等級 普通種

暗紅斑紋明顯

♂

後翅面密布藍灰色鱗片

♀
無尾型

中室外側至外緣間呈白色

肛角附近有橙黃斑

2500

0

公尺

後翅具有尾狀突出

♀
有尾型

外緣有橙色斑

成蟲活動月份：3～11 月	棲所：林緣、農耕地	前翅展：10.5～11.5 公分

鳳蝶科 PAPILIONIDAE	學名：*Papilio nephelus chaonulus*	命名者：Fruhstorfer

大白紋鳳蝶 (台灣白紋鳳蝶)

　　翅為黑色，後翅具有燕尾及前緣至中室外側有大型白斑。腹面在前翅中室外側散生縱列灰白色鱗片，後翅外緣有一列及肛角有黃色弦月紋且與翅面白斑相同位置有灰白色斑。雌雄蝶外形頗為相似且無明顯性徵，惟雌蝶後翅面白斑較大型且前翅中室外側及後緣附近散生稀疏或濃密的灰白色鱗片，可供區別雌雄。

生態習性　一年多世代，主要發生期在3～8月間，以低、中海拔山區全日照或半日照環境最為普遍多見，雄蝶嗜好吸食溼地上的水份，經常沿著溪流往中下游集聚覓食、飛行，而雌蝶多在繁殖地附近的樹林邊緣一帶活動，將卵產於新葉上，喜愛訪花吸蜜。

幼生期　幼蟲以食茱萸 (*Zanthoxylum ailanthoides*)、賊仔樹 (*Tetradium glabrifolium*)、飛龍掌血 (*Toddalia asiatica*) 及過山香 (*Clausena excavata*) 等芸香科植物為食。

分布　平地至山區皆有發現，以中央、雪山山脈周圍低山區最為常見，如北、中及南橫公路沿線、新竹觀霧、南投埔里、高雄茂林及屏東雙流等地。台灣以外由印度北部經中國南部至東南亞地區有分布。

保育等級　普通種

翅為黑色

中室外側散生灰白色鱗片

♂

尾狀突出

後緣附近散生灰白色鱗片

雌蝶白斑較大型

♀ △

外緣有一列有黃色弦月紋

2500

0

公尺

成蟲活動月份：3～11月	棲所：林緣、溪流沿岸	前翅展：9～10.5公分

鳳蝶科 PAPILIONIDAE	學名：*Papilio paris nakaharai*	命名者：Shirôzu

琉璃翠鳳蝶（大琉璃紋鳳蝶）

翅為黑色，後翅具有燕尾、肛角有紫紅色弦月紋，中室外側有綠色琉璃光澤的斑紋。腹面在前翅中室外側散生縱列灰白色鱗片，後翅外緣有一列紅色弦月紋。雌雄蝶外形頗為相似且無明顯性徵，惟雌蝶在前翅亞外緣有灰黃色琉璃帶，另外腹面在前翅中室外側散生縱列灰白色鱗片範圍較寬大。

生態習性 一年有3～4 個世代，成蟲主要發生期3～10月間，雌蝶活動範圍以寄主群落附近的樹林邊緣為主，雌蝶通常將卵產於半日照林緣的寄主葉片，孵化後幼蟲則多棲息於葉面且靜伏不動，化蛹位置以寄主枝幹及兩旁的植物上較普遍。成蟲常於天晴時在低山區路旁花壇或開曠地上訪花，雄蝶常與其它蝶種集聚於濕壁或濕地吸水。

幼生期 在野外其幼蟲以芸香科山刈葉（*Melicope semecarpifolia*）、三腳鱉（*Melicope pteleifolia*）為主要寄主植物。

分布 中北部平地至低山區頗為常見，如台北木柵、汐止、三峽和烏來山區、基隆海門天險、東北角海岸及宜蘭員山等地。台灣以外由印度經中南半島、中國南部至東南亞有分布。

保育等級 普通種

亞外緣有灰黃色琉璃帶

♂

綠色琉璃光澤的斑紋

後翅具有燕尾

肛角有紫紅色弦月紋

♀ △

1000
0
公尺

成蟲活動月份：3～10月	棲所：林緣、溪流沿岸	前翅展：8.1～8.9公分

鳳蝶科 PAPILIONIDAE	學名：*Papilio bianor kotoensis*	命名者：Sonan

翠鳳蝶-蘭嶼亞種 (琉璃帶鳳蝶)

　　為蘭嶼亞種，翅為黑色，後翅具有燕尾且翅面前緣至中室外側有大型濃密的藍色琉璃斑，以及前翅亞外緣有縱列濃密的綠色琉璃帶。腹面在前翅中室外側散生縱列灰白色鱗片，後翅外緣有一列紫灰和暗紅色併合重疊的弦月紋。雌雄蝶外形頗為相似，雄蝶前翅面中央有4條橫列灰黑色毛簇 (性徵)，可供區別雌雄。

生態習性　　一年多世代，主要發生期在4～9月間，常見於蘭嶼的海岸林緣、溪床及路旁開曠地訪花覓食，雌蝶多將卵產於全日照或半日照寄主群落，由卵孵化後幼蟲即棲息在滿布鉤刺的寄主灌叢中，並化蛹於鄰近植物上，雄蝶經常在雨後飛降於濕地上吸食水分。

幼生期　　在蘭嶼地區幼蟲以芸香科的飛龍掌血 (*Toddalia asiatica*) 及柑橘屬 (*Citrus* spp.) 為食。

分布　　台東蘭嶼，本亞種偶見逸散於綠島及台灣本島，如台北木柵、汐止及南投埔里等地。在台灣本島、日本、庫頁島南部、朝鮮半島、中國南部及中南半島北部有不同亞種分布。

保育等級　　稀有種

前翅面中央有4條橫列灰黑色毛簇

縱列濃密的綠色琉璃帶

藍色琉璃斑大型濃密

雌蝶亞外緣有暗紅色的弦月紋

500
0
公尺

成蟲活動月份：全年	棲所：林緣、溪流沿岸	前翅展：8.5～9.5公分

鳳蝶科 PAPILIONIDAE	學名：*Papilio bianor thrasymedes*	命名者：Fruhstorfer

翠鳳蝶（烏鴉鳳蝶）

　　翅為黑色，後翅具有燕尾且翅面前緣至中室外側有大型濃密或稀疏的藍色琉璃斑，以及前翅面散生稀疏的綠色鱗片。腹面在前翅中室外側散生縱列灰白色鱗片，後翅外緣有一列紫灰和紅色併合重疊的弦月紋。雌雄蝶外形頗為相似，雄蝶前翅面中央有4條橫列灰黑色毛簇（性徵），雌蝶另於後翅外緣有一列清晰或模糊的弦月紋，可供區別雌雄。

生態習性　一年多世代，主要發生期在春、夏季節，常見於低山區的林緣、山徑及路旁開曠地訪花覓食，雄蝶經常在天晴時飛降於濕地吸食水分，或沿著溪流往中下游覓食、飛行。雌蝶多將卵產於全日照或半日照寄主葉上，由卵孵化後幼蟲即棲息於葉面，最後並化蛹於較隱蔽的寄主枝條或鄰近植物上。

幼生期　幼蟲以食茱萸（*Zanthoxylum ailanthoides*）、賊仔樹（*Tetradium glabrifolium*）、飛龍掌血（*Toddalia asiatica*）及柑橘屬（*Citrus* spp.）等芸香科植物為食。

分布　平地至山區頗為常見，如台北陽明山和觀音山、三峽滿月圓、北橫公路、南投埔里、台東知本和綠島及高雄六龜等地。在台灣蘭嶼、日本、庫頁島南部、朝鮮半島、中國南部及中南半島北部有不同亞種分布。

保育等級　普通種

前翅面散生稀疏的綠色鱗片

4條橫列的灰黑色毛簇

♂

藍色大型琉璃斑

♂

綠島型

2000

0

公尺

有一列清晰或模糊的弦月紋

♀

成蟲活動月份：3～11月	棲所：林緣、溪流沿岸	前翅展：8～9.5公分

| 鳳蝶科 PAPILIONIDAE | 學名：*Papilio protenor protenor* | 命名者：Cramer |

黑鳳蝶

　　翅為黑色且後翅無尾，肛角及腹面各翅室外緣有橙紅色弦月紋。雄蝶後翅前緣有白色橫帶（性徵），雌蝶在後翅面中室外側密布藍灰色鱗片可供區別雄雌。本種越冬羽化之低溫型個體比一般季節所產之同種小型許多。

生態習性　一年多世代，主要發生期在4至9月間，常見於市郊的公園、柑橘園附近或山區路旁的花叢間出沒。雌蝶經常將卵產於全日照環境的寄主老熟葉片上，由卵孵化後的幼蟲亦直接嚙食葉片，並不局限葉片是否幼嫩，化蛹於寄主或鄰近植物離根部不遠的高度，雄蝶嗜好吸食濕地上的水分，經常沿著溪流往中下游集聚覓食、飛行，而雌蝶多在繁殖地附近的樹林邊緣活動，喜愛訪花吸蜜。

幼生期　幼蟲以芸香科台灣黃檗（*Phellodendron amurense* var. *wilsonii*）、食茱萸（*Zanthoxylum ailanthoides*）、雙面刺（*Z. nitidum*）、山黃皮（*Murraya euchrestifolia*）及多種柑橘屬（*Citrus* spp.）等植物為食。

分布　平地至中海拔山區頗為常見，如台北陽明山和觀音山、三峽滿月圓、東北角海岸、花蓮鯉魚潭、台中東勢及梨山、台東知本等地。台灣以外廣布整個東亞地區。

保育等級　普通種

翅為黑色

前緣有白色橫帶

♂

2500

公尺　0

密布藍灰色鱗片

♀

肛角有明顯橙紅色弦月紋

| 成蟲活動月份：中北部 3～11月，南部全年 | 棲所：林緣、溪流沿岸、農耕地 | 前翅展：7～8.4公分 |

| 鳳蝶科 PAPILIONIDAE | 學名：*Papilio polytes padytes* |

玉帶鳳蝶

　　翅為黑色，後翅具有燕尾。雄蝶前翅外緣及後翅中央有白斑呈帶狀排列。雌蝶有二型。帶斑型；外形與雄蝶相似，另於後翅肛角及腹面各翅室外緣有橙色弦月紋。紅斑型；後翅中央有大型白斑且各翅室亞外緣有橙紅色弦月紋。

生態習性　一年多世代發生，在春末至夏初及秋末數量特別多，常見於市郊的公園、柑橘園附近或林緣花叢間出沒，雄雌蝶皆喜愛訪花吸蜜而少見雄蝶吸水，雌蝶喜好將卵產在寄主低矮植株且全日照環境，由卵孵化後幼蟲皆棲於寄主葉上，直到化蛹前老熟幼蟲才移往鄰近植物上。

幼生期　卵為淡黃色球形，幼蟲為白、綠褐色相間的鳥糞狀色澤，老熟幼蟲為胸部有綠褐色眼紋的綠蟲。以過山香（*Clausena excavata*）、雙面刺（*Zanthoxylum nitidum*）及多種柑橘屬（*Citrus* spp.）等芸香科植物為食。

分布　平地至低山區頗為常見，如台北陽明山和觀音山、三峽滿月圓、宜蘭員山、南投埔里、台東知本及恆春半島等地。

保育等級　普通種

♂

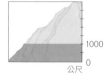

玉帶鳳蝶卵

1000
0
公尺

| 成蟲活動月份：北部 3 ～ 10 月，中南部全年 | 棲所：林緣、溪流沿岸、苗圃 |

命名者：Linnaeus

♂
菲律賓亞種（迷蝶）
（ssp. *ledebouria*）

白斑呈寬帶狀排列

帶狀白斑

♀
帶斑型

橙色弦月紋

大型白斑

♀
紅斑型

亞外緣有橙紅色弦月紋

前翅展：7～7.8公分

| 鳳蝶科 PAPILIONIDAE | 學名：*Papilio thaiwanus* | 命名者：Rothschild |

台灣鳳蝶 特有種

　　翅為黑色，後翅狹長無尾且翅緣呈鈍齒狀，肛角有橙紅色弦月紋。腹面在中室外側有白色斑，前翅基部外側、後翅內緣至外緣間有橙紅色斑。雌蝶在後翅面有與腹面位置相同的白斑，且外緣有模糊的橙紅色斑，可由此分辨雄雌。

生態習性　　一年有4～5個世代，主要發生期在4～9月間，常見於低山區的林緣和路旁的花叢間出沒。雌蝶經常將卵產於全日照環境的寄主樹冠的葉片上，由卵孵化後的幼蟲亦棲息於此，並在寄主高枝上化蛹。晴天時雄蝶常集聚在濕地上吸水，經常沿著溪流往中下游覓食、飛行，而雌蝶多在繁殖地附近的樹林邊緣活動，喜愛訪花吸蜜。

幼生期　　幼蟲以芸香科食茱萸（*Zanthoxylum ailanthoides*）、飛龍掌血（*Toddalia asiatica*）及樟科樟樹（*Cinnamomum camphora*）等植物為食。

分布　　平地至山區頗為常見，如台北陽明山、北橫公路、南投埔里、花蓮富源、高雄六龜及屏東雙流等地。台灣特有種。

保育等級　　普通種

橙紅色斑

中室外側有白色斑

♂

肛角有橙紅色弦月紋

後翅狹長無尾且翅緣呈鈍齒狀

2500

0

公尺

| 成蟲活動月份：3～10月 | 棲所：林緣、溪流沿岸 | 前翅展：8～9公分 |

鳳蝶科 PAPILIONIDAE	學名：*Papilio clytia*	命名者：Linnaeus

大斑鳳蝶（黃邊鳳蝶）

　　翅為寬大的灰白色，翅脈有黑褐色條斑，後翅腹面翅緣有灰黃色斑，雄蝶後翅面外緣的翅脈間有暗黃色斑，黑化型翅為黑褐色，其亞外緣有灰黃色帶斑。

生態習性　一年多個世代發生，成蟲在澎湖群島春至秋季出現，冬季當地以蛹越冬，主要發生期在夏、秋季間。雌蝶多在半日照環境的寄主群落產卵，卵多產於寄主頂芽或新葉上，孵化後幼蟲亦多靜伏於新葉中肋，老熟幼蟲則棲附於葉上或莖枝，最後並化蛹在寄主莖枝或鄰近雜物隱蔽處。成蟲飛行緩慢，天晴時常於公園及海岸林緣的草花上活動覓食，天晴時常見於花壇上吸蜜。

幼生期　卵為表面淋附橙色分泌物球形，老熟幼蟲表面有細長錐狀的肉突，呈紫紅色且體側及背側中央有灰黃白色的縱帶，頭部黑色，臭角深藍色。蛹為白褐色的枯枝狀且前胸凸出散生暗褐色細紋，頭部前端平整凸出。幼蟲以樟科之潺槁樹（*Litsea glutinosa*）為食。

分布　台灣地區原本僅見於金門離島，近年來伴隨潺槁樹引進澎湖群島造林而移入。目前已知如澎湖馬公、白沙及西嶼等地多有發現。台灣以外目前已知在中國大陸南部及中南半島至印度等地有分布。

保育等級　普通種

反折內有

翅脈間有暗黃色斑

外緣有暗黃色帶斑

雄蝶在馬纓丹上訪花

500
公尺 0

成蟲活動月份：3～10月	棲所：海岸林、公園	前翅展：9～10.1 公分

粉蝶科 PIERIDAE

中型蝴蝶，翅膀上斑紋色彩與分布地區有明顯關係，熱帶和亞熱帶地區種類以紅、白、黃、橙色為主，溫帶和寒帶地區種類則以白、黃、黑色較常見。成蟲喜愛在陽光充足的處所活動，常在花叢間吸蜜。雄蝶如同鳳蝶科雄蝶般有群集溼地吸水的習性，高雄縣「黃蝶翠谷」中的淡黃蝶沿著溪流大規模聚集吸水即為一個明顯的例子。目前全世界已知的種類超過1,300種，族群廣布世界各地，台灣地區產約34種，本書中介紹34種。

白艷粉蝶在聖誕紅訪花

紋黃蝶在黃波斯菊訪花

白絹粉蝶在小白頭翁花上吸蜜

粉蝶科 PIERIDAE	學名：*Aporia gigantea cheni*	命名者：Hsu & Chou

截脈絹粉蝶

　　翅為黑或灰黑色，前後翅各翅室內有白色斑，後翅腹面在基部外側有黃色斑。雌雄蝶外形頗為相近，雌蝶於前翅面或僅在中室內的灰白色斑上有稀疏的黑色鱗片，部分個體後翅腹面呈淡灰黃色斑，可由此辨識雌雄。

生態習性　一年一世代，雌蝶通常將卵集聚產於崩塌地或陡壁上的寄主葉裡，孵化後幼蟲亦棲息於此。成蟲飛行緩慢，發生期時可見於山區離路旁稍遠處訪花吸蜜，以崩塌地低矮草花和攀繞於喬木的蔓藤花叢間尤其常見。

幼生期　目前已知卵為黃色砲彈形，幼蟲以小蘗科之阿里山十大功勞（*Mahonia oiwakensis*）為寄主植物。

分布　中南部山區局部分布，如阿里山、南橫天池和屏東霧台等，數量並不多。台灣以外在中國大陸西南部有分布。

保育等級　稀有種

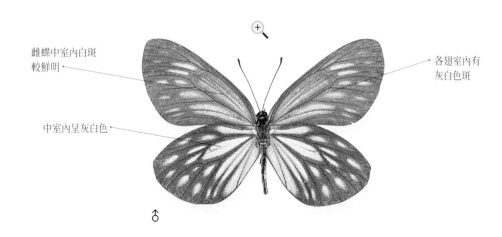

雌蝶中室內白斑較鮮明

各翅室內有灰白色斑

中室內呈灰白色

♂

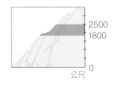

2500
1800
0
公尺

成蟲活動月份：4～5月	棲所：林緣、崩塌地	前翅展：5.2～5.6公分

| 粉蝶科 PIERIDAE | 學名：*Aporia agathon moltrechti* | 命名者：Oberthür |

流星絹粉蝶（高山粉蝶）

　　雄蝶翅為黑褐色，前翅各翅室內及後翅內緣有白色斑，後翅各翅室內（除了內緣之外）有黃色斑，腹面色澤較翅面淡色些。雌雄蝶外形頗為類似，雌蝶體形較大且翅色呈灰黑褐色。

生態習性　一年一世代，雌蝶通常將卵集聚產於濕涼林緣和溪旁林間的寄主葉裡，孵化後幼蟲亦棲息於此，越冬幼蟲則集聚躲匿於以細絲包裹枯葉的蟲巢中。成蟲飛行緩慢，發生期時可見於山區路旁訪花吸蜜，以低矮草花叢間尤其常見。另外，雄蝶亦嗜好在路旁、溪畔濕地上吸水。

幼生期　卵為黃色砲彈形，老熟幼蟲呈暗褐色且背部中央有黑色縱帶，外表散生灰白色長毛且密生灰黃色顆粒狀肉疣，蛹為淡黃色有黑色斑點，在野外以小檗科之台灣小檗（*Berberis kawakamii*）、阿里山十大功勞（*Mahonia oiwakensis*）為寄主植物。

分布　夏季時主要出現於各地中海拔山區，如北部的拉拉山、宜蘭思源埡口、中部的梨山一帶及南部的阿里山最為常見。台灣以外在中國大陸西南部至喜馬拉雅山區一帶有分布。

保育等級　普通種

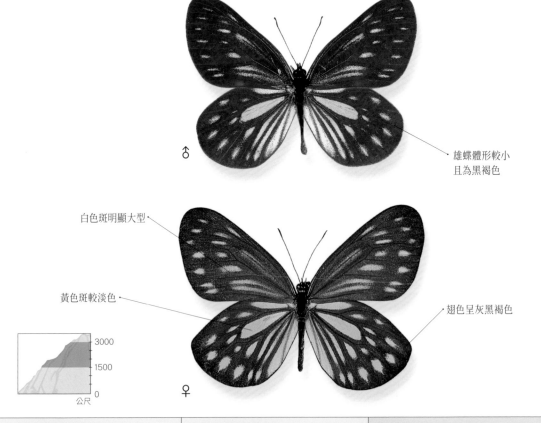

♂

雄蝶體形較小
且為黑褐色

白色斑明顯大型

黃色斑較淡色

翅色呈灰黑褐色

3000
1500
0
公尺

♀

| 成蟲活動月份：5～9月 | 棲所：林緣、溪流沿岸 | 前翅展：5.3～6.8公分 |

粉蝶科 PIERIDAE　　　學名：*Aporia genestieri insularis*　　　命名者：Shirôzu

白絹粉蝶（深山粉蝶）

　　雄蝶翅為白色，雌蝶翅為灰白色，翅緣和翅脈為灰黑色，後翅腹面在基部外側有黃色斑。雌雄蝶在翅色上有明顯不同，辨識上並不困難。

生態習性　一年一世代，雌蝶通常將卵集聚產於崩塌地或陡壁上的寄主葉裡，孵化後幼蟲亦棲息於此，越冬幼蟲則集聚躲匿於以細絲包裹枯葉的蟲巢中。成蟲飛行緩慢，發生期時可見於山區離路旁稍遠處訪花吸蜜，尤其常見在路旁低矮草花和攀繞於喬木的蔓藤花叢間活動。

幼生期　卵為黃色砲彈形，老熟幼蟲呈暗褐色，外表散生灰白色長毛且密生暗黃色顆粒狀肉疣，蛹為淡黃色且有黑褐色斑點，幼蟲以胡頹子科之鄧氏胡頹子（*Elaeagnus thunbergii*）為寄主植物。

分布　成蟲發生期時見於中北部各地山區頗為常見，如宜蘭南山、武陵農場及中橫新白楊等地。台灣以外在中國大陸中部亦有分布。

保育等級　稀有種

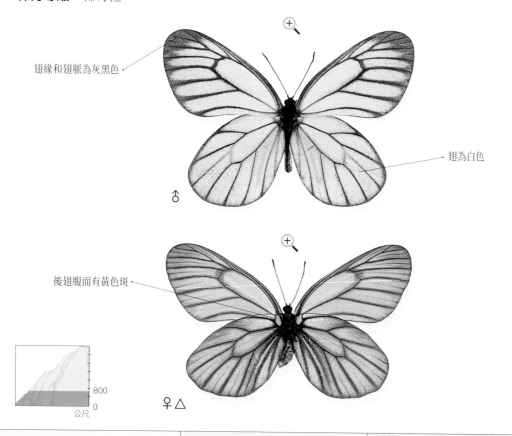

翅緣和翅脈為灰黑色

翅為白色

♂

後翅腹面有黃色斑

800
0
公尺

♀ △

| 成蟲活動月份：5～6月 | 棲所：林緣、崩塌地 | 前翅展：5.5～5.9公分 |

粉蝶科 PIERIDAE	學名：*Appias albina semperi*	命名者：Moore

尖粉蝶（尖翅粉蝶）

　　雄蝶翅為白色且翅端尖突，前翅前緣和外緣密生灰黑色鱗片。雌蝶有白和黃色兩型，翅面在前翅前緣、翅端和外緣及後翅外緣密生黑或灰黑色斑，腹面在前翅前緣經翅端下方至外緣有灰黑色斑。

生態習性　成蟲在南部全年出現，雌蝶通常將卵集聚或零星數個產於寄主新葉裡，隨著發育成長而逐漸分散開，受驚擾時會吐絲垂降或直接滾落於地面逃逸，最後並化蛹在寄主或鄰近植物葉上。成蟲飛行快速，休憩時常躲匿於樹蔭下，發生期時常見在市郊路旁或公園低矮草花叢間活動，尤其偏好白色系的菊科植物，雄蝶經常於溼地上吸水。

幼生期　卵為淡黃色砲彈形，老熟幼蟲呈淡綠色，體側有縱列白色帶，外表密生縱列的紫黑色顆粒狀肉疣，蛹為黃綠色且前端尖突，幼蟲以假黃楊科之鐵色（*Drypetes littoralis*）、台灣假黃楊（*Liodendron formosanum*）等植物為食。

分布　北至南部海岸林和丘陵地零星分布，如東北角海岸、龜山島、台北盆地外圍丘陵地、新竹仙腳石、台中豐原、台東知本、屏東恆春及蘭嶼等地。台灣以外在中國大陸南部、印度南部、東南亞地區及澳洲北部有分布。

保育等級　稀有種

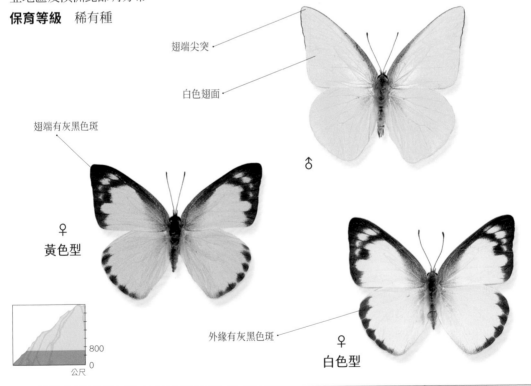

翅端尖突

白色翅面

♂

翅端有灰黑色斑

♀
黃色型

外緣有灰黑色斑

♀
白色型

800
0
公尺

成蟲活動月份：中北部 5 ～ 10 月，南部全年出現	棲所：林緣、溪流沿岸、市郊公園	前翅展：4.2 ～ 4.8 公分

粉蝶科 PIERIDAE	學名：*Appias indra aristoxemus*	命名者：Fruhstorfer

雲紋尖粉蝶（雲紋粉蝶）

　　雄蝶翅面為白色且翅端密生灰黑色鱗片，雌蝶翅面為灰白色另於後翅外緣呈灰黑色帶。腹面為黃褐色，在前翅基部至翅端間呈白色以及前緣經翅端下方至外緣有黑褐色斑。

生態習性　成蟲在南部全年出現，雌蝶通常將卵集聚或零星數個產於寄主新葉裡，隨著發育成長而逐漸分散開，受驚擾時亦會吐絲垂降於地面逃逸，最後並化蛹在寄主或鄰近植物葉上。成蟲嗜食菊科植物花蜜，常乘著氣流飄送，由低地往山區逸散，每年台東知本3、4月大發生期常見數以千計的雄蝶在溪畔群集吸水。

幼生期　卵的形態與尖翅尖粉蝶頗為相似，老熟幼蟲呈藍綠或黃綠色，體側有縱列黃色帶，外表密生大小不一的紫黑色顆粒狀肉疣，蛹為黃色且前端尖突，幼蟲以假黃楊科之鐵色（*Drypetes littoralis*）、交力坪鐵色（*D. karapinensis*）及台灣假黃楊（*Liodendron formosanum*）等植物為食。

分布　北至南部各地公園、丘陵地及低山區局部分布，如台北盆地外圍丘陵地、彰化田尾、高雄美濃、屏東滿洲、台東知本及蘭嶼等地。台灣以外在中國大陸南部、印度南部、斯里蘭卡及東南亞地區有分布。

保育等級　普通種

雄蝶翅端為灰黑色

翅面為白色

♂

翅端下方至外緣
有黑褐色斑

♂ △

後翅腹面為黃褐色

1000

0

公尺

♀

雌蝶後翅外緣呈灰黑色帶

成蟲活動月份：中北部 5～10月，南部全年	棲所：林緣、溪流沿岸、都會區公園	前翅展：4.5～5.2公分

粉蝶科 PIERIDAE	學名：*Appias lyncida eleonora*	命名者：Boisduval

異色尖粉蝶（台灣粉蝶）

　　雄蝶翅面為白色且翅緣密生鋸齒狀灰黑色鱗片，腹面外緣有灰褐色帶，前翅呈白色，翅端的斑點和後翅為黃色。雌蝶翅為灰黑色且有灰白色斑，腹面在後翅前緣有灰黃色橫帶。

生態習性　成蟲在南部全年出現，中北部春、夏季節數量頗多。雌蝶通常將卵單獨或零星數個產於寄主新葉、頂芽上，孵化後幼蟲亦棲息於此。老熟幼蟲則多靜伏於葉面中肋上，受驚擾時會吐出綠色唾液來禦敵，最後並化蛹在寄主或鄰近植物位置較隱蔽的葉上。成蟲常見於山區路旁花叢中吸蜜，正午氣溫較高時雄蝶亦有群集在溪畔吸水的習性。

幼生期　卵為橙黃色砲彈形，老熟幼蟲呈綠色且體側有白色縱帶，外表散生藍黑色顆粒狀大小不一的肉疣，蛹為綠色且前端與體側有黃色突起，幼蟲以山柑科之魚木（*Crateva adansonii* subsp. *formosensis*）、小刺山柑（*Capparis micracantha* var. *henryi*）等植物為食。

分布　北至南部平地至山區頗為常見，如台北烏來、陽明山、南投埔里、花蓮富源、屏東恆春及蘭嶼等地。台灣以外在中國南部、東南亞地區及印度有分布。

保育等級　普通種

前緣灰褐色

翅緣密生鋸齒狀灰黑色鱗片

♂△

後翅腹面為黃色

♂

2500

0

公尺

有灰白色斑

翅面為灰黑色

♀

成蟲活動月份：中北部 3～11 月，南部全年	棲所：林緣、溪流沿岸	前翅展：5～5.6 公分

粉蝶科 PIERIDAE	學名：*Appias paulina minato*	命名者：Fruhstorfer

黃尖粉蝶（蘭嶼粉蝶）

翅面為白色，腹面除了前翅基部至翅端間為白色，其餘呈黃色。雄蝶在翅端的翅脈和外緣散生灰黑色鱗片及腹面翅端下方有黑褐色斑點。雌蝶翅面在翅端和前、後翅外緣及腹面翅端下方、後翅亞外緣有灰黑色斑。

生態習性　成蟲在南部全年出現，中、北部春末至秋季數量頗多。雌蝶通常將卵單獨產於寄主新葉、頂芽上，孵化後幼蟲亦棲息於此，老熟幼蟲則多靜伏於葉面中肋上，受驚擾時會搖晃胸部來禦敵，最後並化蛹在寄主或鄰近植物位置較隱蔽的葉裡。成蟲常見疾飛於市郊路旁花叢中吸蜜或停棲於樹冠上日光浴，正午氣溫較高時，雄蝶亦有群集在溪畔吸水的習性。

幼生期　卵為灰黃色砲彈形，老熟幼蟲呈暗黃綠色，外表密生整齊縱列的藍黑色顆粒狀肉疣，蛹為黃綠色且前端和體側有細長的尖突，幼蟲以假黃楊科之鐵色（*Drypetes littoralis*）、台灣假黃楊（*Liodendron formosanum*）等植物為食。

分布　北至南部海岸林、丘陵地及低山區局部分布，如台北盆地外圍丘陵地、東北角海岸、龜山島、花東海岸、新竹仙腳石、屏東恆春、台東知本及蘭嶼等地。台灣以外在日本琉球、中國南部、印度南部及東南亞地區有分布。

保育等級　稀有種

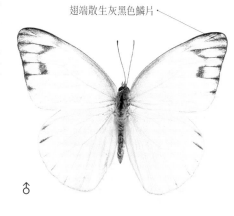

翅端散生灰黑色鱗片

♂

♀ △

後翅亞外緣有灰黑色斑

後翅外緣有灰黑色斑

♀

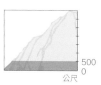

500
0
公尺

成蟲活動月份：南部全年，中、北部 5～10 月	棲所：海岸林、林緣、溪流沿岸	前翅展：4.7～5.6 公分

粉蝶科 PIERIDAE	學名：*Cepora iudith olga*	命名者：Eschscholtz

黃裙脈粉蝶（黃裙粉蝶）

前翅為白色，後翅及腹面翅端3個斑點為黃色。雄蝶在前、後翅前緣、外緣、翅脈及翅端密生灰黑色鱗片。雌蝶翅形寬圓，在前、後翅脈密生黑褐色鱗片，前緣、外緣及翅端有黑褐色斑。

生態習性　成蟲於蘭嶼全年出現，在台灣東南部低地偶有零星發現。雌蝶多在濕涼的林間寄主新葉裡或頂芽上產卵，孵化後幼蟲亦棲息於此，老熟幼蟲則多靜伏於葉面中肋上，受驚擾時會搖晃胸部來禦敵，最後並化蛹在寄主植物附近的植物葉面，而較少化蛹在寄主植物上。成蟲常見於海岸林樹冠上疾飛或飛降於林緣花叢中吸蜜，正午高溫時常飛入避風的林間休息。

幼生期　卵為橙紅色砲彈形，老熟幼蟲呈綠色，外表散生黃色顆粒狀小肉疙，蛹為綠色且背部有白褐色斑，前端與體側有短突起，幼蟲以山柑科之蘭嶼山柑（*Capparis lanceolaris*）、小刺山柑（*C. micracantha* var. *henryi*）及銳葉山柑（*C. acutifolia*）等植物為食。

分布　在東南部低地，如台東知本及蘭嶼有發現，數量上並不多。台灣以外在東南亞地區廣泛分布。

保育等級　稀有種

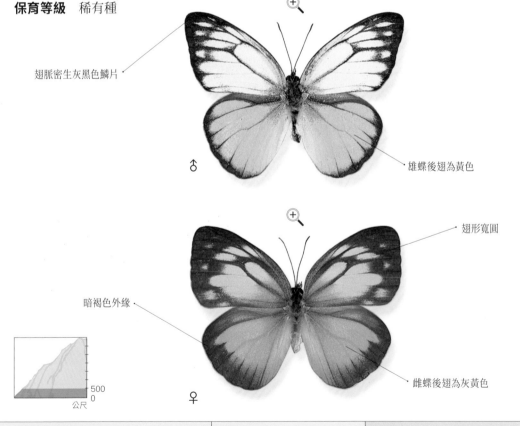

翅脈密生灰黑色鱗片

♂　雄蝶後翅為黃色

翅形寬圓

暗褐色外緣

500
0
公尺

♀　雌蝶後翅為灰黃色

成蟲活動月份：東南部偶見，蘭嶼全年	棲所：海岸林、林緣	前翅展：4.1～4.8公分

粉蝶科 PIERIDAE	學名：*Cepora nadina eunama*	命名者：Fruhstorfer

淡褐脈粉蝶（淡紫粉蝶）

　　翅為白色，腹面在後翅及翅端為黃色。雄蝶在前、後翅前緣、外緣及翅端密生灰黑色鱗片。雌蝶在前、後翅脈密生暗褐色鱗片，前緣、外緣及翅端有黑褐色斑。

生態習性　成蟲於春、夏季節數量頗多。雌蝶多選擇半日照的林緣產卵，以寄主新葉裡或頂芽上較常發現，孵化後幼蟲亦多靜伏於葉面中肋上，受驚擾時會吐出綠色唾液來禦敵，最後並化蛹在寄主植物或附近的植物較隱蔽的葉面。成蟲常見於低山區的路旁或疏林間訪花，雄蝶常集聚於溪畔或山徑濕地上吸水。

幼生期　卵為橙紅色砲彈形，老熟幼蟲呈綠色，外表散生淡藍色顆粒狀小肉疣，蛹為淡綠色且背部有白褐色斑，前端與體側有短突起，幼蟲以山柑科之銳葉山柑（*Capparis acutifolia*）及小刺山柑（*C. micracantha* var. *henryi*）等植物為食。

分布　南部平地至低山區頗為常見，如南投埔里、花蓮富源、高雄六龜、台南關仔嶺、屏東恆春、台東知本、蘭嶼及綠島等地。台灣以外在中國南部、東南亞地區（菲律賓除外）、印度南部及斯里蘭卡有分布。

保育等級　普通種

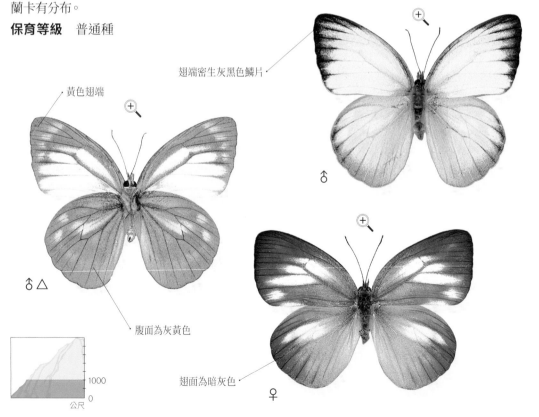

翅端密生灰黑色鱗片

黃色翅端

♂△

腹面為灰黃色

翅面為暗灰色

♂

♀

1000

公尺　0

成蟲活動月份：北部偶見，中南部全年	棲所：林緣、溪流沿岸	前翅展：4.5～4.9公分

粉蝶科 PIERIDAE	學名：*Cepora nerissa cibyra*	命名者：Fruhstorfer

黑脈粉蝶

翅為灰白色，腹面的翅脈上密生灰褐色鱗片，且翅的前緣、外緣密生灰黃色鱗片。雄蝶在翅前緣、翅脈及翅端密生灰黑色鱗片，雌蝶則密生灰褐色鱗片且翅形較寬圓，形態上有明顯不同。

生態習性　成蟲主要發生期在春至秋季間。雌蝶多選擇半日照的林緣產卵，以低矮的寄主新葉或頂芽上較常發現，孵化後幼蟲亦多靜伏於新葉面中肋上，受驚擾時會吐出綠色唾液來禦敵，最後並化蛹在鄰近寄主的其它植物較隱蔽的葉面。成蟲飛行迅速，常見於低山區的路旁、開闊地或林緣訪花，雄蝶常集聚於溪畔或山徑濕地上吸水。

幼生期　卵為紅色砲彈形，老熟幼蟲呈綠色且體側有黃白色縱帶，外表密生橫列紫黑色顆粒狀小肉疣，蛹為綠色且背部有白褐色斑，前端與體側有短突起，幼蟲以山柑科之蘭嶼山柑（*Capparis lanceolaris*）、小刺山柑（*C. micracantha* var. *henryi*）等植物為食。

分布　南部平地至低山區頗為常見，如高雄六龜、台南關仔嶺、屏東恆春、四重溪、台東知本和蘭嶼及綠島等地。台灣以外在中國南部、東南亞地區、印度南部及斯里蘭卡有分布。

保育等級　普通種

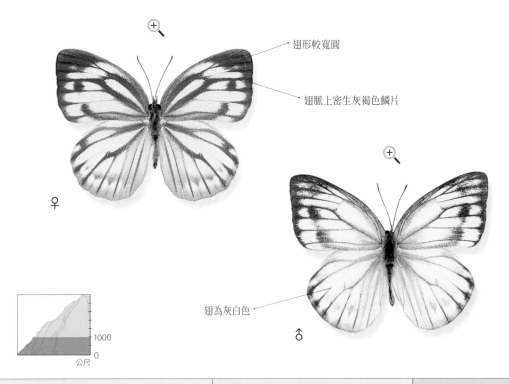

翅形較寬圓

翅脈上密生灰褐色鱗片

♀

翅為灰白色

♂

1000

公尺　0

成蟲活動月份：南部全年	棲所：林緣、溪流沿岸	前翅展：4.5～5公分

| 粉蝶科 PIERIDAE | 學名：*Delias pasithoe curasena* | 命名者：Fruhstorfer |

豔粉蝶（紅肩粉蝶）

翅為黑褐色，前翅各翅室有灰白色斑，後翅腹面基部外側有紅色斑及外緣至紅斑間有鮮黃色的斑紋。雄蝶在後翅面有灰白色斑且內緣有鮮黃色的斑紋。雌蝶則在各翅室有暗黃色斑且翅形較寬圓，形態上有明顯不同。

生態習性　成蟲主要發生期在秋至翌年春季間，夏季幼生期遭寄生性天敵（如寄生蠅、線蟲）及微生物感染為害嚴重。雌蝶多選擇野外著生於樹冠高枝或苗圃內低矮的寄主，在同一片葉面上集聚產下近百個卵，孵化後幼蟲亦集聚於同一片葉上嚙食且有集體活動的特性，最後並在同一時段於鄰近位置化蛹。成蟲飛行緩慢，常見於低山區鄰近寄主的路旁、開曠地或林緣訪花。

幼生期　卵為黃色砲彈形，幼蟲呈鮮紅色且各體節有黃色環帶，外表散生細長黃毛，蛹為暗紅褐色，背部中央有淡紅色斑，擬態被天敵寄生模樣，幼蟲以桑寄生科之大葉桑寄生（*Scurrula liquidambaricola*）及園藝性植栽檀香科之檀香（*Santalum album*）等植物為食。

分布　平地至低山區局部分布，如台北烏來、宜蘭福山植物園、新竹北埔、南投水里、花蓮富源、高雄六龜、台南關仔嶺、屏東恆春、台東知本等地。台灣以外在馬祖、中國南部經緬甸印度北部的喜馬拉雅山區一帶及菲律賓有分布。

保育等級　普通種

翅端尖突

中央有灰白色斑

♂ △

外緣至紅斑間有鮮黃色斑紋

腹面基部外側有紅色斑

1500

0

公尺

豔粉蝶蛹，蛹擬態被天敵寄生模樣。

| 成蟲活動月份：全年 | 棲所：林緣、山區路旁、苗圃 | 前翅展：5.4～6.4公分 |

粉蝶科 PIERIDAE	學名：*Delias hyparete luzonensis*	命名者：C. & R. Felder

白豔粉蝶（紅紋粉蝶）

　　翅為白色，翅脈、前翅前緣、翅端及後翅面外緣和腹面亞外緣有灰黑色斑，後翅腹面外緣有鮮紅色的斑紋。雄蝶在後翅腹面基部中室外側有鮮黃色的斑紋，雌蝶則在後翅腹面基部至亞外緣呈鮮黃色，可依此辨識雌雄。

生態習性　成蟲主要發生期在冬至翌年春季間，夏季幼生期遭寄生性天敵及微生物感染為害嚴重。雌蝶多選擇著生於樹冠高枝的寄主同一片葉面上集聚產下數十個卵，孵化後幼蟲亦群集於同一片葉上囓食且有集體活動的特性，最後並在同一時段於鄰近位置陸續化蛹。成蟲飛行緩慢，常見於低山區鄰近寄主的路旁、果園或林緣低矮草花上吸蜜。

幼生期　卵為淡黃色砲彈形，幼蟲呈鮮黃色而頭部和末端體節黑色，外表散生細長黃色毛，蛹為黃色且前端與體側有一些黑色短突起，幼蟲以桑寄生科之大葉桑寄生（*Scurrula liquidambaricola*）植物為食。

分布　平地至低山區局部分布，如台北烏來、北橫公路、新竹關西、台中谷關、南投埔里、花蓮富源、台南關仔嶺、屏東恆春、台東知本等地。台灣以外在中國南部經緬甸至印度北部的喜馬拉雅山區及東南亞各地有分布。

保育等級　普通種

翅端有灰黑色斑

後翅面外緣為灰黑色

♂

腹面亞外緣有鮮紅色的斑紋

♀△

雌蝶後翅腹面基部至亞外緣間呈鮮黃色

1500

0

公尺

白艷粉蝶幼蟲，外表散生細長黃毛。

成蟲活動月份：全年	棲所：林緣、山區路旁	前翅展：5.7～6.4公分

粉蝶科 PIERIDAE	學名：*Delias lativitta formosana*	命名者：Matsumura

條斑豔粉蝶（胡麻斑粉蝶）

　　翅為灰黑色，翅面在後翅前緣、內緣有黃色斑及其它翅室內有灰白色斑，腹面在各翅室內有灰白色斑且翅端及後翅的灰白色斑上密生黃色鱗片。雌蝶翅面的灰白色斑較暗澹且後翅腹面中室下方的翅室內密生黃色鱗片；雄蝶為黃、白色鱗片交雜，可依此辨識雌雄。

生態習性　　成蟲主要發生期在春末至夏初間。雌蝶多選擇寄生於樹冠高枝的寄主同一片葉面上集聚產下數十個卵，孵化後幼蟲亦群集於同一片葉上嚙食，且有集體攝食和冬季棲附於寄主所寄生的母株樹縫越冬的特性，最後並在鄰近的位置陸續化蛹。成蟲飛行緩慢，常見於山區溪澗吸水及鄰近寄主的路旁、果園或林緣樹冠高空上滑翔，以及山頂開曠草地相互追逐和吸蜜。

幼生期　　卵為黃色砲彈形，幼蟲呈綠褐色，外表散生細長灰黃毛，蛹為黑褐色且前端與體側有短突起，背部中央有白褐色斑，幼蟲以檀香科之台灣槲寄生（*Viscum alniformosanae*）、椆櫟柿寄生（*V. liquidambaricolum*）植物為食。

分布　　廣布於各地山區，如桃園拉拉山、宜蘭南山、新竹觀霧、台中梨山、新中橫塔塔加、南橫關山及屏東霧台等地。台灣以外在中國西南部經緬甸至印度北部的喜馬拉雅山區有分布。

保育等級　　普通種

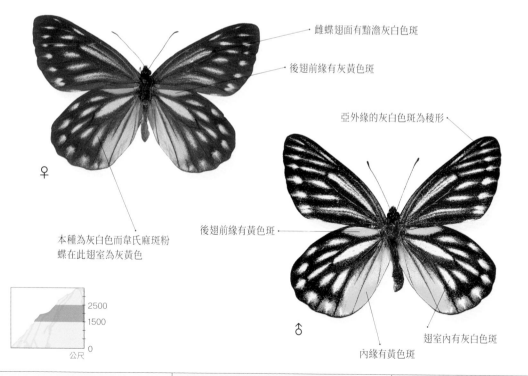

雌蝶翅面有黯澹灰白色斑

後翅前緣有灰黃色斑

亞外緣的灰白色斑為稜形

後翅前緣有黃色斑

本種為灰白色而韋氏麻斑粉蝶在此翅室為灰黃色

翅室內有灰白色斑

內緣有黃色斑

♀

♂

2500
1500
0
公尺

成蟲活動月份：5～10月	棲所：林緣、溪流沿岸、山頂開曠地	前翅展：6.1～6.5公分

粉蝶科 PIERIDAE	學名：*Delias berinda wilemani*	命名者：Jordan

黃裙豔粉蝶（韋氏胡麻斑粉蝶） 特有種

　　翅為灰黑色，翅面在後翅前緣基部外側、內緣附近有黃色斑及其它翅室內有灰白色斑，腹面在前翅各翅室內有灰白色斑且翅端及後翅的各翅室內密生黃色鱗片。雌蝶的翅形寬圓且翅面的灰白色斑較暗澹、前翅中室內有灰白色斑，可依此辨識雌雄。

生態習性　成蟲主要發生期在夏季。雌蝶多選擇寄生於樹冠的寄主同一片葉面上集聚產下約一百個卵，孵化後幼蟲亦群集於同一片葉上囓食且有集體攝食和隨著成長而分散成數個小集團於寄主所寄生的母株樹縫越冬的特性，最後並在鄰近寄主的位置陸續化蛹。成蟲飛行緩慢，常見於山區溪澗吸水及鄰近寄主的路旁、果園或林緣樹冠高空上滑翔，以及山頂開曠草地相互追逐和吸蜜。

幼生期　卵為黃色砲彈形，老熟幼蟲呈黑褐色，外表散生細長灰白色毛，蛹為黑褐色且前端與體側有短突起，表面有灰黃色斑，幼蟲以桑寄生科之椆樹桑寄生（*Loranthus delavayi*）、忍冬葉桑寄生（*Scurrula lonicerifolia*）等植物為食。

分布　廣布於各地山區，如北橫明池、宜蘭南山、台中梨山、武陵農場、阿里山、南橫大關山及高雄藤枝等地。台灣特有種。

保育等級　普通種

後翅前緣有灰黃色斑

翅室內有灰白色斑

亞外緣的灰白色斑為三角形

♀

後翅內緣灰白色

中室內白色斑明顯

2500
1200
0
公尺

♂

麻斑粉蝶無此塊黃斑

內緣附近有黃色斑

成蟲活動月份：5～10月	棲所：林緣、溪流沿岸、山頂開曠地	前翅展：6.7～7.5公分

粉蝶科 PIERIDAE	學名：*Ixias pyrene insignis*	命名者：Butler

異粉蝶（雌白黃蝶）

　　雄蝶為黃色，翅面在翅外緣、翅端及下方為灰黑色且翅端內有橙色斑，腹面在前翅後緣呈白色，後翅中央有數個灰紅色斑點。雌蝶翅形較寬圓，翅面為灰白色，在前後翅外緣、翅端及下方有黑褐色斑且翅面無橙色斑，腹面呈灰黃色且在前翅後緣至中央呈灰白色，前、後翅中央有數個灰褐色斑。

生態習性　成蟲主要發生期在春至夏季。雌蝶多選擇半日照的林緣產卵，以低矮老熟的寄主葉裡較常發現，孵化後幼蟲亦多靜伏於葉裡，或隨著成長而移棲於莖枝上，受驚擾時會吐出綠色唾液禦敵，最後並化蛹在鄰近寄主植物的其它植物較隱蔽的葉裡。成蟲飛行緩慢且低飛，常見於低山區的路旁、開曠地或林緣訪花，雄蝶常集聚於溪畔或山徑濕地上與其它蝴蝶一同吸水。

幼生期　卵為橙紅色砲彈形，老熟幼蟲呈綠色且體側有淡紅色縱帶，外表密生紅黑色粉粒狀大小不一的細點，蛹為灰綠色且體側扁平而前端尖突，幼蟲以山柑科之銳葉山柑（*Capparis acutifolia*）為食。

分布　中南部平地至低山區，北部偶見，如台北烏來、台中谷關、南投埔里、花蓮富源、台南關仔嶺、屏東滿洲、屏東雙流及台東知本等地。台灣以外在中國南部至印度及東南亞各地（婆羅洲之外）有分布。

保育等級　普通種

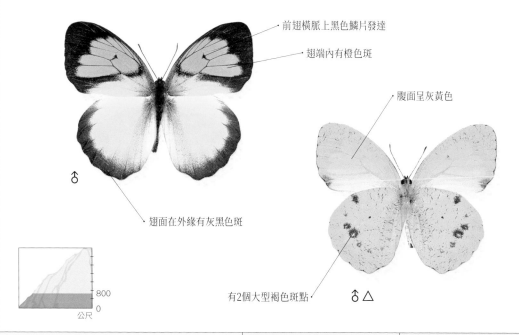

前翅橫脈上黑色鱗片發達

翅端內有橙色斑

腹面呈灰黃色

♂

翅面在外緣有灰黑色斑

有2個大型褐色斑點　　♂ △

800
0
公尺

成蟲活動月份：北部偶見，中南部全年	棲所：林緣、溪流沿岸	前翅展：4.2～4.8 公分

粉蝶科 PIERIDAE	學名：*Leptosia nina niobe*	命名者：Wallace

纖粉蝶（黑點粉蝶）

翅為白色，前翅中央稍外側有灰黑斑點，腹面在前翅前緣及整個後翅散生綠褐色鱗片。雌蝶的翅形略寬圓且前翅面的翅端上有灰黑色斑及腹部末端與後翅後緣平齊，雄蝶腹部的長度則明顯較短，可依此辨識雌雄。

生態習性　成蟲在中南部全年出現，北部春至秋季數量頗多。雌蝶通常將卵單獨產於涼濕的林緣或疏林間的寄主葉裡，孵化後幼蟲亦棲息於此。老熟幼蟲則多靜伏於葉面中肋上，受驚擾時會吐出綠色唾液禦敵，經常化蛹在寄主位置較隱蔽的枝條或葉柄，並依幼蟲時期的日照長短，蛹有綠或白褐色或紅褐色等不同色澤。成蟲飛行緩慢常見於低地林緣花叢中吸蜜或路旁吸水。

幼生期　卵為淡藍色梭形，老熟幼蟲呈灰綠色且外表散生藍綠色顆粒狀大小不一的小肉疣。蛹為帶蛹且體側扁平，前端略尖突。幼蟲以銳葉山柑（*Capparis acutifolia*）、山柑（*C. sikkimensis* subsp. *formosana*）、小刺山柑（*C. micracantha* var. *henryi*）、魚木（*Crateva adansonii* subsp. *formosensis*）等多種山柑科之植物及白花菜（*Cleome gynandra*）為食。

分布　平地至山區頗為常見，如陽明山、台北烏來、北橫公路、新竹寶山、台中東勢、南投埔里、花蓮富源、高雄美濃、屏東恆春、台東知本等地。台灣以外在中國南部經緬甸至印度及東南亞（新幾內亞除外）各地有分布。

保育等級　普通種

前翅中央稍外側有灰黑斑點

♀ △

腹部末端長度與後翅後緣平齊

後翅散生綠褐色鱗片

1500

0

公尺

纖粉蝶卵，卵通常單獨產於小刺山柑葉裡。

成蟲活動月份：全年	棲所：林緣、溪流沿岸	前翅展：3.5～4.1 公分

粉蝶科 PIERIDAE	學名：*Pieris canidia*	命名者：Linnaeus

緣點白粉蝶（台灣紋白蝶）

　　翅為白色，前翅中室外側和後緣中央及翅面在翅端和後翅外緣有灰黑色斑。雌蝶腹面在翅端和後翅密生灰黃色鱗片且前翅後緣中央的灰黑色斑大型明顯，可依此來辨別雌雄。

生態習性　成蟲主要發生期在冬至春季間，夏季在高山地區數量頗多。雌蝶多選擇日照充足的林緣開曠地、農耕地及溪畔草地產卵，以低矮的寄主新葉及頂芽上較常發現，孵化後幼蟲亦多靜伏於葉裡，受驚擾時會吐出綠色唾液禦敵，最後並化蛹在鄰近寄主植物的其它植物粗枝或牆垣。成蟲飛行緩慢且低飛，常見於農耕地或公園附近的路旁、荒地及林緣訪花，雄蝶有集聚於農地上吸食堆肥發酵汁液的習性。

幼生期　卵為黃色砲彈形，幼蟲呈藍綠色，背部中央的縱帶及體側散生顆粒點為黃色。蛹為綠或灰褐色且頭部前端、胸背、腹部體側有尖突。幼蟲為雜食性，以十字花科各種蔬菜，假黃楊科之台灣假黃楊（*Liodendron formosanum*），山柑科之銳葉山柑（*Capparis acutifolia*）及魚木（*Crateva adansonii* subsp. *formosensis*）等多種植物為食。

分布　平地至高山區廣泛分布，包括多數離島或外島如龜山島、澎湖、蘭嶼、綠島、金馬地區及彭佳嶼等。台灣以外並廣布於整個亞洲東部地區，為知名的農業害蟲。

保育等級　普通種

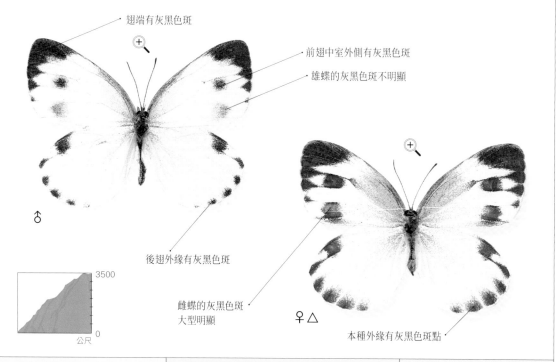

翅端有灰黑色斑

前翅中室外側有灰黑色斑

雄蝶的灰黑色斑不明顯

♂

後翅外緣有灰黑色斑

雌蝶的灰黑色斑大型明顯

3500

0

公尺

♀ △

本種外緣有灰黑色斑點

成蟲活動月份：全年	棲所：林緣、公園、農耕地、草地	前翅展：3.7～4.8 公分

粉蝶科 PIERIDAE	學名：*Talbotia naganum karumii*	命名者：Ikeda

飛龍白粉蝶（輕海紋白蝶）

　　雄蝶翅為白色，在前翅中室外側與翅端下方、翅面在前緣與翅端上有黑色鱗片，腹面在翅端和後翅密生淡黃色鱗片。雌蝶翅為灰白色，在前翅中室至翅端下方及後緣、前翅面在前緣、翅端及後翅外緣有黑褐色鱗片，腹面在翅端和後翅密生黃色鱗片。雌、雄蝶色澤明顯不同，可依此來辨別雌雄。

生態習性　成蟲主要發生期在春、夏季節間。雌蝶多選擇日照充足的寄主群落產卵，以樹冠附近或低矮的寄主葉裡較常發現，孵化後幼蟲亦多靜伏於葉裡，並直接嚙食新葉或將老熟葉片嚙食葉肉而留下葉脈，最後並化蛹在寄主葉裡、莖枝或鄰近的植物上。成蟲飛行緩慢，常見於北部東北季風迎風面的樹林外圍山徑、荒地上進行訪花活動，雄蝶有集聚於溪澗濕地吸水的習性。

幼生期　卵為白色砲彈形，老熟幼蟲呈藍綠色散生藍灰色顆粒點小肉疣且體側有黃色縱帶，蛹為淡藍綠色密生藍色顆粒細紋且頭部前端、胸背、腹部體側略尖突呈黃色。幼蟲以疊珠樹科之鐘萼木（*Bretschneidera sinensis*）為食。

分布　北部至東北部低山區，如陽明山、東北角海岸、龜山島、北橫明池及宜蘭蘇澳等地。台灣以外在中國南部經緬甸至印度北部的喜馬拉雅山區一帶有分布。

保育等級　稀有種

中室橫脈上有黑色斑

翅端上方有黑色鱗片

中室外側有黑圓斑

♂

飛龍白粉蝶雄蝶，有濕地吸水的習性。

1500
0
公尺

成蟲活動月份：北部 3 ～ 10 月	棲所：林緣、森林、溪流沿岸	前翅展：4.8 ～ 5.5 公分

粉蝶科 PIERIDAE	學名：*Pieris canidia*	命名者：Linnaeus

緣點白粉蝶（台灣紋白蝶）

　　翅為白色，前翅中室外側和後緣中央及翅面在翅端和後翅外緣有灰黑色斑。雌蝶腹面在翅端和後翅密生灰黃色鱗片且前翅後緣中央的灰黑色斑大型明顯，可依此來辨別雌雄。

生態習性　成蟲主要發生期在冬至春季間，夏季在高山地區數量頗多。雌蝶多選擇日照充足的林緣開曠地、農耕地及溪畔草地產卵，以低矮的寄主新葉及頂芽上較常發現，孵化後幼蟲亦多靜伏於葉裡，受驚擾時會吐出綠色唾液禦敵，最後並化蛹在鄰近寄主植物的其它植物粗枝或牆垣。成蟲飛行緩慢且低飛，常見於農耕地或公園附近的路旁、荒地及林緣訪花，雄蝶有集聚於農地上吸食堆肥發酵汁液的習性。

幼生期　卵為黃色砲彈形，幼蟲呈藍綠色，背部中央的縱帶及體側散生顆粒點為黃色。蛹為綠或灰褐色且頭部前端、胸背、腹部體側有尖突。幼蟲為雜食性，以十字花科各種蔬菜，假黃楊科之台灣假黃楊（*Liodendron formosanum*），山柑科之銳葉山柑（*Capparis acutifolia*）及魚木（*Crateva adansonii* subsp. *formosensis*）等多種植物為食。

分布　平地至高山區廣泛分布，包括多數離島或外島如龜山島、澎湖、蘭嶼、綠島、金馬地區及彭佳嶼等。台灣以外並廣布於整個亞洲東部地區，為知名的農業害蟲。

保育等級　普通種

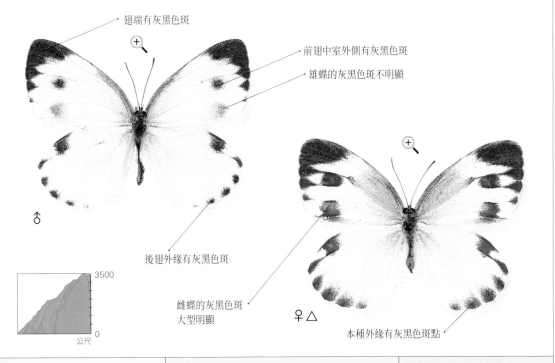

翅端有灰黑色斑

前翅中室外側有灰黑色斑

雄蝶的灰黑色斑不明顯

♂

後翅外緣有灰黑色斑

雌蝶的灰黑色斑大型明顯

♀ △

本種外緣有灰黑色斑點

3500

公尺　0

成蟲活動月份：全年	棲所：林緣、公園、農耕地、草地	前翅展：3.7～4.8公分

粉蝶科 PIERIDAE	學名：*Pieris rapae crucivora*	命名者：Boisduval

白粉蝶（紋白蝶）

　　翅為白色，前翅中室外側和後緣中央及翅面在翅端和後翅前緣中央有灰黑色斑。雌蝶腹面在翅端和後翅密生灰黃色鱗片（雄蝶為黃色）且前翅後緣中央及前緣的灰黑色鱗片大型明顯，可依此辨別雌雄。

生態習性　　成蟲主要發生期在冬至春季間，夏季在高山地區數量頗多。雌蝶多選擇日照充足的林緣開曠地、農耕地及路旁草地上產卵，以低矮的寄主葉面及頂芽上較常發現，孵化後幼蟲亦多靜伏於葉面，並將葉片嚙食或孔洞狀，最後並化蛹在寄主葉裡、莖枝或鄰近的建築物牆垣。成蟲飛行緩慢且低飛，常見於農耕地或公園附近的路旁及荒地訪花，雄蝶亦嗜食農地上堆肥發酵汁液。

幼生期　　卵為淡黃色砲彈形，老熟幼蟲呈綠色且體側散生顆粒點為黃色，蛹為綠或白褐色且頭部前端、胸背、腹部體側略尖突呈灰黃色。幼蟲為雜食性，以十字花科各種蔬菜，山柑科之魚木（*Crateva adansonii* subsp. *formosensis*）及金蓮花科之金蓮花（*Tropaeolum majus*）等多種植物為食。

分布　　平地至高山區廣泛分布，包括部分離島或外島如龜山島、澎湖及金馬地區等。台灣以外並廣布於整個歐、亞、澳、北非及北美洲等世界各地，為知名的農業害蟲。

保育等級　　普通種

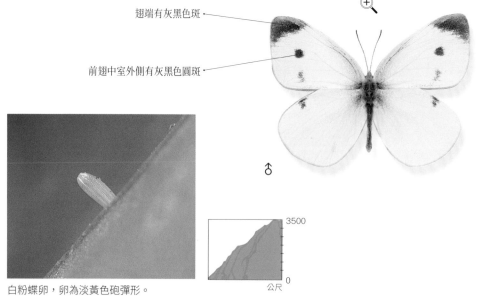

翅端有灰黑色斑

前翅中室外側有灰黑色圓斑

3500

0

公尺

白粉蝶卵，卵為淡黃色砲彈形。

成蟲活動月份：全年	棲所：林緣、公園、農耕地	前翅展：3.7～4.6公分

粉蝶科 PIERIDAE	學名：*Prioneris thestylis formosana*	命名者：Fruhstorfer

鋸粉蝶（斑粉蝶）

雄蝶翅為白色，在翅脈上有黑色鱗片，腹面在翅端和後翅密生黃色鱗片。雌蝶翅為灰白色，在翅脈上有灰黑色鱗片，腹面在翅端和後翅密生暗黃色鱗片。雌、雄蝶色澤明顯不同，可依此來辨別雌雄。本種體型較同科蝴蝶明顯大得多。

生態習性 成蟲在中南部全年出現，春、夏季節數量頗多，主要繁殖地在低海拔山區。雌蝶通常將卵單獨產附於寄主新葉面，幼蟲則多棲息於寄主莖枝或葉面，最後並化蛹在寄主枝條或鄰近植物葉裡。成蟲飛行快速，常乘著氣流往中海拔山區遷移，可見於低山區的路旁、開曠地或林緣訪花，雄蝶常集聚於溪畔或山徑濕地上吸水。

幼生期 卵為橙色砲彈形，老熟幼蟲呈綠色，外表散生藍綠色顆粒狀小肉疣，蛹為綠色且前端有短突起。幼蟲以山柑科之銳葉山柑（*Capparis acutifolia*）為食。

分布 中南部平地至低山區，北部偶見，如台北烏來、宜蘭南山、台中谷關、南投埔里、花蓮太魯閣、高雄六龜、屏東滿洲、屏東雙流及台東知本等地，在夏季也經常在宜蘭思源埡口（海拔1,950公尺）發現。台灣以外在中國南部經緬甸至印度北部的喜馬拉雅山區一帶及整個中南半島有分布。

保育等級 普通種

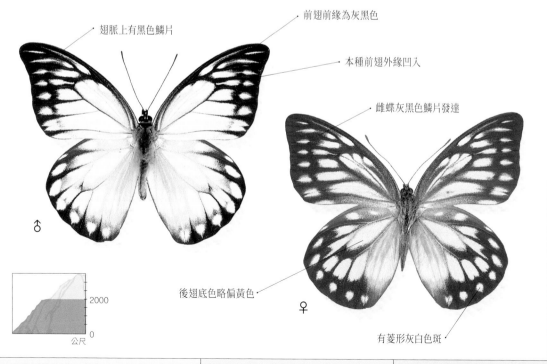

翅脈上有黑色鱗片

前翅前緣為灰黑色

本種前翅外緣凹入

雌蝶灰黑色鱗片發達

後翅底色略偏黃色

有菱形灰白色斑

2000

0

公尺

♂

♀

成蟲活動月份：全年	棲所：林緣、溪流沿岸	前翅展：6.4～7.2公分

粉蝶科 PIERIDAE	學名：*Talbotia naganum karumii*	命名者：Ikeda

飛龍白粉蝶（輕海紋白蝶）

　　雄蝶翅為白色，在前翅中室外側與翅端下方、翅面在前緣與翅端上有黑色鱗片，腹面在翅端和後翅密生淡黃色鱗片。雌蝶翅為灰白色，在前翅中室至翅端下方及後緣、前翅面在前緣、翅端及後翅外緣有黑褐色鱗片，腹面在翅端和後翅密生黃色鱗片。雌、雄蝶色澤明顯不同，可依此來辨別雌雄。

生態習性　　成蟲主要發生期在春、夏季節間。雌蝶多選擇日照充足的寄主群落產卵，以樹冠附近或低矮的寄主葉裡較常發現，孵化後幼蟲亦多靜伏於葉裡，並直接嚙食新葉或將老熟葉片嚙食葉肉而留下葉脈，最後並化蛹在寄主葉裡、莖枝或鄰近的植物上。成蟲飛行緩慢，常見於北部東北季風迎風面的樹林外圍山徑、荒地上進行訪花活動，雄蝶有集聚於溪澗濕地吸水的習性。

幼生期　　卵為白色砲彈形，老熟幼蟲呈藍綠色散生藍灰色顆粒點小肉疣且體側有黃色縱帶，蛹為淡藍綠色密生藍色顆粒細紋且頭部前端、胸背、腹部體側略尖突呈黃色。幼蟲以疊珠樹科之鐘萼木（*Bretschneidera sinensis*）為食。

分布　　北部至東北部低山區，如陽明山、東北角海岸、龜山島、北橫明池及宜蘭蘇澳等地。台灣以外在中國南部經緬甸至印度北部的喜馬拉雅山區一帶有分布。

保育等級　　稀有種

中室橫脈上有黑色斑

翅端上方有黑色鱗片

中室外側有黑圓斑

♂

飛龍白粉蝶雄蝶，有濕地吸水的習性。

1500

0

公尺

成蟲活動月份：北部 3～10 月	棲所：林緣、森林、溪流沿岸	前翅展：4.8～5.5 公分

粉蝶科 PIERIDAE	學名：*Hebomoia glaucippe formosana*	命名者：Fruhstorfer

橙端粉蝶（端紅蝶）

　　腹面密布黃褐色鱗片，在前翅基部至翅端下方為灰白色。翅面在前翅前緣、翅端外緣及後翅外緣、亞外緣有黑褐色鱗片。雄蝶翅端內有鮮橙色斑且翅面為灰白色，雌蝶翅形寬圓些且翅面散生黃色鱗片而與雄蝶在色澤上明顯不同。

生態習性　成蟲在各地低山區十分常見。主要發生期在春、夏季間，冬季南部仍有發生。雌蝶多在林緣或溪畔的寄主群落產卵，卵多產於寄主葉上，孵化後幼蟲亦棲附於葉面，隨著發育成長而移至莖枝或成葉上棲息，最後並化蛹在寄主莖枝上或鄰近植物較隱蔽處。成蟲飛行快速，常見於溪畔、林緣及路旁開曠地的草花上覓食，氣溫較高時常見雄蝶飛降於溪畔或路旁濕地吸水。

幼生期　卵為橙黃色梭形，老熟幼蟲呈灰綠色散生藍黑色顆粒且體側有橙黃色的縱帶及紫黑色眼斑，蛹為黃色且體側扁平而腹面隆突，頭部前端尖突。幼蟲以山柑科之魚木（*Crateva adansonii* subsp. *formosensis*）、銳葉山柑（*Capparis acutifolia*）、蘭嶼山柑（*C. lanceolaris*）、小刺山柑（*C. micracantha* var. *henryi*）及山柑（*C. sikkimensis* subsp. *formosana*）等植物為食。

分布　北至南部平地至山區，以低山區較常見，如台北烏來和陽明山、北橫公路、宜蘭牛鬥、新竹尖石、台中谷關、南投埔里、花蓮富源、台南關仔嶺、高雄美濃、台東知本、屏東雙流及恆春等地。台灣以外在中國南部至印度、斯里蘭卡及東南亞地區有分布。

保育等級　普通種

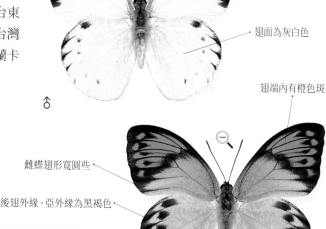

翅端內有鮮橙色斑

翅面為灰白色

翅端內有橙色斑

♂

雌蝶翅形寬圓些

後翅外緣、亞外緣為黑褐色

2500

0

公尺

♀ △

翅面散生黃色鱗片

老熟幼蟲有紫黑色眼斑

成蟲活動月份：全年	棲所：林緣、溪流沿岸	前翅展：7.2～8公分

粉蝶科 PIERIDAE	學名：*Catopsilia pomona*	命名者：Fabricius

遷粉蝶（銀紋淡黃蝶）

　　成蟲有二型。無紋型：雄蝶翅為白色，在前、後翅基部外側至中央密生鮮黃色鱗片，翅面在翅端的外緣有黑色鱗片。雌蝶翅為灰白色，翅面在前、後翅基部外側至中央及腹面在前翅前緣至翅端與後翅密生淡黃色鱗片，翅面在翅端的外緣、中室外側及後翅外緣有黑褐色鱗片。銀紋型：雄蝶翅為白色，在前、後翅基部外側至中央密生鮮黃色鱗片，翅面在翅端的外緣有黑色鱗片，腹面閃現琉璃光澤且中室外側有淡紅色斑點。雌蝶翅面為淡黃色，翅面在前翅前緣、外緣、中室外側及後翅外緣有黑褐色鱗片，腹面閃現琉璃光澤、中室外側有淡紅色斑點且有鮮黃色及灰黃色兩種不同類型。

生態習性　成蟲主要發生期在春、夏季。雌蝶多選擇日照充足的寄主群落產卵，以寄主新葉面或頂芽較常發現，孵化後幼蟲亦多靜伏於葉面中肋，並直接嚙食新葉或將葉片嚙食成小孔洞，最後並化蛹在寄主葉裡、莖枝或鄰近的植物上。成蟲飛行快速，常見於公園、林緣及市郊荒地上進行訪花活動，雄蝶有集聚於溪澗溼地吸水的習性，高雄美濃的「黃蝶翠谷」盛況即為本種大發生所形成。

幼生期　卵為白色細長梭形，老熟幼蟲呈暗黃綠色散生紫黑色顆粒點且體側有紫黑色縱帶，蛹為淡綠色且腹部體側扁平有黃色縱帶，在頭部前端略尖突。幼蟲以豆科之阿勃勒（*Cassia fistula*）、鐵刀木（*C. siamea*）、黃槐（*C. surattensis*）及決明（*C. tora*）為食。

分布　北至南部都會區至低山區，如台北植物園、台北動物園、台中科博館、宜蘭員山、南投埔里、高雄美濃和六龜、屏東墾丁及台東知本等地。台灣以外在整個亞洲熱帶地區及澳洲北部有分布。

保育等級　普通種

翅端外緣有黑色鱗片

翅基部外側至中央密生鮮黃色鱗片

♂
無紋型

中室外側有淡紅色斑點

腹面閃現琉璃光澤

♀ △
銀紋型

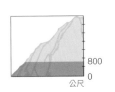

800
0
公尺

成蟲活動月份：全年	棲所：林緣、荒地、公園、溪流沿岸	前翅展：4.8～5.6公分

| 粉蝶科 PIERIDAE | 學名：*Catopsilia pyranthe* | 命名者：Linnaeus |

細波遷粉蝶（水青粉蝶）

　　雄蝶翅為灰白色，翅面在前翅中室橫脈及翅端的外緣有黑色鱗片，腹面在前翅前緣至翅端與後翅散生淡黃色鱗片。雌蝶翅為灰白色，翅面在翅端的外緣、中室外側及後翅外緣有黑褐色鱗片，腹面在前翅前緣至翅端與後翅散生淡黃色鱗片。雌蝶後翅外緣為寬大黑褐色帶與雄蝶明顯不同，可依此辨別雌雄。

生態習性　成蟲主要發生期在春末至秋季間。雌蝶多在正午高溫且全日照的寄主群落產卵，卵多直立或橫倒產於寄主新葉葉面或頂芽上，孵化後幼蟲亦多靜伏於葉面中肋，並直接嚙食新葉或將葉片嚙食成小孔洞，最後並化蛹在寄主葉裡、莖枝或鄰近的植物上。成蟲飛行快速，常見於公園、農耕區及市郊荒地上的低矮草花上覓食。

幼生期　卵為白色細長梭形，老熟幼蟲呈淡綠色散生紫黑色顆粒點且體側有黃色並列的紫黑色斑點的縱帶，蛹為淡綠色且腹部體側扁平有縱帶，頭部前端略尖突，背部為黃色。幼蟲以豆科之翼柄決明（*Cassia alata*）、阿勃勒（*C. fistula*）、望江南（*C. occidentalis*）及決明（*C. tora*）為食。

分布　北至南部都會區至低山區，如台北植物園、台北動物園、台中東勢、宜蘭員山、南投埔里、花蓮富源、屏東恆春及台東知本等地。台灣以外在整個亞洲熱帶地區至北非及澳洲北部有分布。

保育等級　普通種

翅端上方黑色

前翅中室橫脈有黑色鱗片

♂

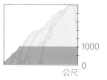

1000

0

公尺

細波遷粉蝶成蟲，雌蝶常見於大花咸豐草上覓食。

| 成蟲活動月份：全年 | 棲所：林緣、荒地、公園、溪流沿岸 | 前翅展：4.7～5.5公分 |

| 粉蝶科 PIERIDAE | 學名：*Catopsilia scylla cornelia* | 命名者：Fabricius |

黃裙遷粉蝶（大黃裙粉蝶）

　　雄蝶翅為暗黃色，前翅面及腹面內緣為白色且在翅端的外緣有黑褐色鱗片。雌蝶翅為淡黃色，前翅面及腹面後緣為白色且散生灰黃色鱗片，在翅面的外緣、亞外緣、中室外側及後翅外緣有黑褐色鱗片，腹面閃現琉璃光澤且在中室外側斑點及前翅亞外緣有灰紅色鱗片。雌蝶翅面在前翅亞外緣、後翅外緣有黑褐色鱗片及腹面閃現琉璃光澤與雄蝶有明顯不同，可依此辨別雌雄。

生態習性　成蟲在南部全年出現，夏至秋季則擴散至各地，主要發生期在夏季。雌蝶多在正午高溫且全日照的寄主群落產卵，卵多直立或橫倒產於寄主葉面或頂芽上，孵化後幼蟲亦多靜伏於葉面中肋，並直接嚙食新葉，最後並化蛹在寄主葉裡、莖枝或鄰近的植物上。成蟲飛行快速，常見於公園、草地、河堤及市郊荒地上低矮草花上覓食，氣溫較高時常見雄蝶飛降於溪澗濕地吸水。

幼生期　卵為白色細長梭形，老熟幼蟲呈淡綠色散生紫黑色顆粒點，體側有黃色且並列紫黑色斑點的縱帶。蛹為淡綠色且腹部體側扁平有縱帶，頭部前端略尖突，背部為黃色。幼蟲以豆科之翼柄決明（*Cassia alata*）、阿勃勒（*C. fistula*）及決明（*C. tora*）為食。

分布　北至南部都會區至低山區，如台北植物園、宜蘭員山、彰化八卦山、高雄澄清湖、屏東恆春、花蓮鯉魚潭及台東知本和蘭嶼等地。台灣以外在整個亞洲熱帶地區及澳洲北部有分布。

保育等級　普通種

翅端外緣有黑褐色鱗片
前翅面為白色
♂
後翅為暗黃色

黃裙遷粉蝶老熟幼蟲

前翅面為白色且散生灰黃色鱗片
外緣、亞外緣、中室外側有黑褐色鱗片
500
公尺 0
♀
翅為淡黃色

| 成蟲活動月份：全年 | 棲所：林緣、草地、公園 | 前翅展：4.9～5.8公分 |

| 粉蝶科 PIERIDAE | 學名：*Colias erate formosana* | 命名者：Shirôzu |

紋黃蝶（斑緣豆粉蝶）

　　雄蝶翅膀底色為黃色，雌蝶為灰白色，雌、雄色澤上完全不同。翅面在前翅端、中室外側斑點及前、後翅外緣為灰黑色。腹面在前翅中室外側及亞外緣縱列斑點為灰黑色，後翅中室外側斑點為灰紅色。

生態習性　成蟲在平地全年出現，主要發生期在夏至秋季間。雌蝶多在正午高溫時於寄主群落產卵，卵多產於寄主葉面，孵化後幼蟲亦多靜伏於葉面中肋，老熟幼蟲則棲附於葉柄或莖上，最後並化蛹在寄主莖上或鄰近的植物離地面不遠處。成蟲飛行快速常見於山徑、草地、海濱及山區荒地上的矮草花上覓食或追逐。

幼生期　卵為橙紅色梭形，老熟幼蟲呈綠色，體側有淡黃色且並列橙色斑點的縱帶。蛹為黃綠色，腹部體側扁平有淡黃色縱帶，頭部前端尖突。幼蟲以豆科之菽草（*Trifolium repens*）、苜蓿（*Medicago polymorpha*）及百脈根（*Lotus corniculatus* var. *japonicus*）為食。

分布　北至南部海濱至山區（如桃園竹圍、東北角海岸、台中梨山、阿里山及台東蘭嶼等地）。台灣以外在整個亞洲溫帶至東部地區有分布。

保育等級　普通種

中室橫脈上有黑圓斑

底色為黃色

♂

中室有與橫脈平齊的黑斑

灰黑色翅端

底色為灰白色

2500

0

公尺

♀ △

外緣灰黑色

於大花咸豐草上覓食的雄蝶

| 成蟲活動月份：全年 | 棲所：林緣、草地、海濱 | 前翅展：4.1～5公分 |

粉蝶科 PIERIDAE	學名：*Eurema alitha esakii*	命名者：*Shirôzu*

島嶼黃蝶（江崎黃蝶）

　　雄蝶翅膀為黃色，雌蝶為淡黃色，雌、雄色澤明顯不同。翅面在前翅端、前緣、外緣及後翅外緣斑紋（夏季高溫型外緣呈帶狀）為黑褐色，而腹面散生斑點為灰黑色。

生態習性　　成蟲在中南部平地全年出現，北部冬季較少發現。主要發生期在春至夏季間。雌蝶多在半日照環境的寄主群落產卵，卵多產於寄主新葉面，孵化後幼蟲亦多靜伏於葉面中肋，老熟幼蟲則棲附於成葉面或莖枝上，最後並化蛹在寄主莖枝上較隱蔽處。成蟲飛行緩慢，常見於山徑、公園及林緣路旁的低矮草花上覓食，氣溫較高時常見雄蝶飛降於溪澗或路旁濕地吸水。

幼生期　　卵為白色細長梭形，老熟幼蟲呈藍綠色且體側有灰白色的縱帶，蛹為綠色且體側扁平散生黑褐色顆粒紋，頭部前端尖突。幼蟲以豆科之黃槐（*Cassia surattensis*）、決明（*C. tora*）、蓮實藤（*Caesalpinia minax*）及鼠李科之桶鉤藤（*Rhamnus formosana*）為食。

分布　　北至南部海濱至山區，如台北植物園、台北烏來、台中后里、南投埔里、高雄美濃及屏東四重溪等地。台灣以外在菲律賓亦有分布。

保育等級　　普通種

翅端、前緣及外緣為黑色

有向內側尖突的凹紋

雄蝶翅膀為黃色

♂

夏季高溫型

後翅外緣為黑色

♀

後翅各翅脈外緣有黑色點紋

1000
0
公尺

島嶼黃蝶老熟幼蟲

成蟲活動月份：全年	棲所：林緣、公園、山徑	前翅展：4～4.5公分

粉蝶科 PIERIDAE	學名：*Eurema andersoni godana*	命名者：Fruhstorfer

淡色黃蝶

翅緣呈圓弧形，雄蝶翅為黃色，雌蝶為鮮黃色，雌、雄色澤明顯不同。翅面在前翅端、前緣、外緣及後翅外緣斑點（夏季高溫型外緣呈帶狀）為黑色，腹面散生斑點且中室內僅有一個斑點為灰黑色。

生態習性　成蟲在北及南部平地十分常見。主要發生期在春至夏季間。雌蝶多在林緣環境的寄主群落產卵，卵多產於寄主新葉面，孵化後幼蟲亦多靜伏於葉面中肋，老熟幼蟲則棲附於莖蔓上，最後並化蛹在寄主莖枝上較隱蔽處。成蟲飛行緩慢，常見於山徑、疏林及林緣路旁的低矮草花上覓食，氣溫較高時常見雄蝶飛降於溪澗或路旁濕地吸水。

幼生期　卵為白色細長梭形，老熟幼蟲呈綠色且體側有灰白色的縱帶，蛹為綠色且體側扁平而胸部隆起，頭部前端尖突。幼蟲以鼠李科之翼核木（*Ventilago elegans*）及光果翼核木（*V. leiocarpa*）為食。

分布　北及南部平地至低山區，如台北汐止、台北烏來、北橫公路、高雄六龜、屏東雙流及恆春等地。台灣以外在中國南部及東南亞地區亦有分布。

保育等級　普通種

前翅端、前緣、外緣均為黑色

↑
夏季高溫型

本種翅緣呈圓弧形

外緣為黑色

呈圓弧形凹紋

1000
0
公尺

雌蝶為鮮黃色

在野棉花上訪花的雌蝶

成蟲活動月份：全年	棲所：林緣、山徑	前翅展：4.2～4.6公分

粉蝶科 PIERIDAE	學名：*Eurema blanda arsakia*	命名者：Fruhstorfer

亮色黃蝶（台灣黃蝶）

　　雄蝶翅為黃色且翅緣略呈圓弧形，雌蝶為淡黃色且翅緣平直，雌、雄色澤明顯不同。翅面在前翅端外緣及後翅外緣顆粒點（夏季高溫型外緣呈帶狀）為黑色，而腹面散生斑點且中室內有三個斑點為黑褐色。

生態習性　成蟲在北至南部平地十分常見。主要發生期在春、夏季間。雌蝶多在林緣環境的寄主群落產卵，卵多產於寄主新葉上，孵化後幼蟲亦多靜伏於葉面中肋，老熟幼蟲則棲附於莖枝或葉面上，最後並化蛹在寄主莖枝上較隱蔽處。成蟲飛行緩慢，常見於山徑、公園及林緣路旁的低矮草花上覓食，氣溫較高時常見雄蝶飛降於溪澗或路旁濕地集聚一起吸水。

幼生期　卵為白色細長梭形，老熟幼蟲呈綠色且體側有灰白色的縱帶，頭部黑褐色，蛹為黑褐色貌似遭天敵寄生模樣且體側扁平而胸部隆起，頭部前端尖突。幼蟲以豆科之大葉合歡（*Albizia lebbeck*）及頷垂豆（*Archidendron lucidum*）為食。

分布　北至南部平地至低山區，如台北汐止、台北烏來、北橫公路、南投埔里、高雄六龜、屏東雙流及恆春等地。台灣以外在東南亞熱帶地區及印度南部亦有分布。

保育等級　普通種

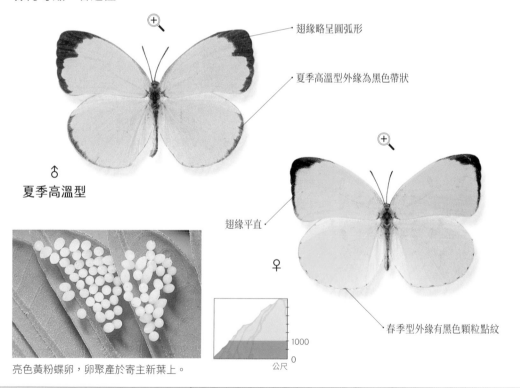

翅緣略呈圓弧形

夏季高溫型外緣為黑色帶狀

♂

夏季高溫型

翅緣平直

♀

1000

0

公尺

春季型外緣有黑色顆粒點紋

亮色黃粉蝶卵，卵聚產於寄主新葉上。

成蟲活動月份：全年	棲所：林緣、山徑	前翅展：4.2～4.7公分

| 粉蝶科 PIERIDAE | 學名：*Eurema brigitta hainana* | 命名者：Moore |

星黃蝶

　　翅形較狹長，雄蝶翅為鮮黃色，雌蝶為灰黃色，雌、雄色澤明顯不同。翅面在前翅端、前緣、外緣及後翅外緣呈帶狀為灰黑色，而腹面散生顆粒狀斑點。

生態習性　成蟲在北至南部低山區十分常見。主要發生期在春至夏季間。雌蝶多在路旁荒地的寄主群落產卵，卵多產於寄主葉上，孵化後幼蟲亦多靜伏於羽狀子葉面中肋，老熟幼蟲則棲附於莖枝上，最後並化蛹在寄主莖枝上或鄰近植物較隱蔽處。成蟲飛行緩慢，常見於溪畔、耕地外圍及林緣路旁的低矮草花上覓食，氣溫較高時常見雄蝶飛降於溪畔或路旁溼地吸水。

幼生期　卵為灰黃色且細長梭形，老熟幼蟲呈灰綠色、背部中央有一條暗綠色及體側有灰白色的縱帶，蛹為淡灰綠色且體側扁平有淡綠色的縱帶而胸部隆起，頭部前端尖突。幼蟲以豆科之假含羞草（*Chamaecrista mimosoides*）、大葉假含羞草（*C. leschenaultiana*）、美洲含羞草（*Mimosa diplotricha*）為食。

分布　北至南部平地至低山區，如桃園復興、新竹尖石、南投集集、花蓮富源、高雄六龜、屏東雙流及台東知本等地。台灣以外在整個亞洲熱帶至亞熱帶地區、澳洲北部及非洲北部有分布。

保育等級　普通種

翅端、前緣及外緣
為灰黑色

翅形狹長

後翅外緣呈帶狀灰黑色

1000
0
公尺

| 成蟲活動月份：全年 | 棲所：林緣、耕地外圍、溪流沿岸 | 前翅展：4.1～4.5 公分 |

粉蝶科 PIERIDAE	學名：*Eurema mandarina*	命名者：de l'Orza

北黃蝶 (北黃粉蝶)

　　翅的底色為黃色，前翅緣毛呈黃色，後翅緣有或稍有稜角尖突。雄蝶為黃色，雌蝶為淡黃色且大型些，雌、雄蝶色澤明顯不同。翅面在前翅端、前緣、外緣及後翅外緣斑紋為黑色，而腹面散生黑褐色斑及密生黑褐色點紋。

生態習性　成蟲在南部平地全年出現，中北部冬季較少發現。主要發生期在春季間。雌蝶多在半日照環境的寄主群落產卵，卵多產於寄主頂芽或新葉上，孵化後幼蟲亦多靜伏於新葉中肋，老熟幼蟲則棲附於葉上或莖枝，最後並化蛹在寄主莖枝較隱蔽處。成蟲飛行緩慢，天晴時常於山徑、市郊公園及林緣路旁的低矮草花上活動覓食，氣溫較高時常見雄蝶飛降於溪澗或路旁濕地吸水。

幼生期　卵為灰白色細長梭形，老熟幼蟲呈淡灰綠色且體側有灰白色的縱帶，頭部黃綠色，蛹為綠色且體側扁平散生黑褐色顆粒紋，頭部前端尖突。幼蟲以鼠李科之桶鉤藤 (*Rhamnus formosana*) 為食。

分布　北至南部海濱至低山區，如台北烏來、北橫公路、新竹尖石、苗栗大湖、南投埔里、嘉義梅山、台南東山、高雄美濃及屏東四重溪等地。台灣以外目前已知在日本、朝鮮半島及中國有分布。

保育等級　普通種

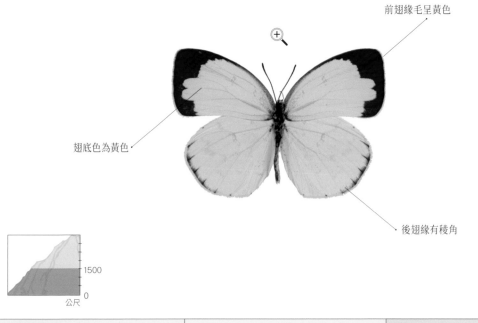

前翅緣毛呈黃色

翅底色為黃色

後翅緣有稜角

1500

0

公尺

成蟲活動月份：全年	棲所：林緣、市郊公園、山徑	前翅展：3.8～4.4公分

粉蝶科 PIERIDAE	學名：*Eurema hecabe*	命名者：Linnaeus

黃蝶（荷氏黃蝶）

　　前翅緣平直而後翅緣有稜角，雄蝶翅為淡黃色，雌蝶為黃色，雌、雄色澤明顯不同。翅面在前翅端、前緣、外緣及後翅外緣斑點（夏季高溫型外緣呈細帶狀）為黑褐色，而腹面散生斑點且中室內有二個斑點為褐色。

生態習性　成蟲在各地十分普遍常見。主要發生期在春至夏季間。雌蝶多在林緣環境的寄主群落產卵，卵多產於寄主新葉面，孵化後幼蟲亦多靜伏於葉面中肋，老熟幼蟲則棲附於莖上，最後並化蛹在寄主莖枝上較隱蔽處。成蟲飛行緩慢，常見於山徑、疏林及林緣路旁的低矮草花上覓食，氣溫較高時常見雄蝶飛降於溪澗或路旁濕地吸水。

幼生期　卵為白色細長梭形，老熟幼蟲呈綠色且體側有灰白色的縱帶，蛹為綠色，體側扁平而胸部隆起，頭部前端尖突。幼蟲以豆科之合歡（*Albizia julibrissin*）、阿勃勒（*Cassia fistula*）、黃槐（*C. surattensis*）、決明（*C. tora*）及鼠李科之桶鉤藤（*Rhamnus formosana*）為食。

分布　廣布於各地由都會區至山區，如台北植物園、陽明山、北橫公路、台中梨山、花蓮鯉魚潭、高雄六龜、屏東雙流及恆春等地。台灣以外廣布於亞洲東部及澳洲等地。

保育等級　普通種

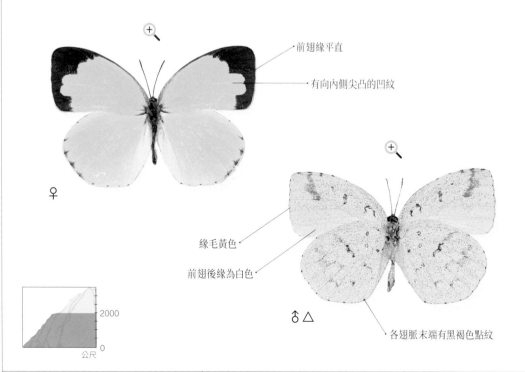

前翅緣平直

有向內側尖凸的凹紋

♀

緣毛黃色

前翅後緣為白色

♂ △

各翅脈末端有黑褐色點紋

2000

0

公尺

成蟲活動月份：全年	棲所：林緣、耕地外圍、溪流沿岸	前翅展：4.2～4.7公分

粉蝶科 PIERIDAE	學名：*Eurema laeta punctissima*	命名者：Matsumura

角翅黃蝶 (端黑黃蝶)

翅面在前翅端、前緣、外緣及後翅外緣斑點 (夏季高溫型外緣呈細帶狀) 為黑褐色，腹面散生灰紅色鱗片，中室外側有一個紅褐色斑點。

生態習性 成蟲在中南部低山區十分常見，偶見於北部地區。主要發生期在春至夏季間。雌蝶多在林緣開曠地或耕地外圍的寄主群落產卵，卵多產於寄主羽狀子葉面，孵化後幼蟲亦棲附於葉面，隨著發育成長而移至莖枝上棲息，最後並化蛹在寄主莖枝上或鄰近植物較隱蔽處。成蟲飛行緩慢，常見於溪畔、耕地外圍及林緣路旁的低矮草花上覓食，氣溫較高時常見雄蝶飛降於溪畔或路旁濕地吸水。

幼生期 卵為白色細長梭形，老熟幼蟲呈灰綠色且體側有灰白色的縱帶，蛹為綠色，體側扁平而胸部隆起，頭部前端尖突。幼蟲以豆科之假含羞草 (*Chamaecrista mimosoides*)、大葉假含羞草 (*C. leschenaultiana*)、美洲含羞草 (*Mimosa diplotricha*) 為食。

分布 北至南部平地至低山區，以中南部較常見，如台北陽明山和烏來、台中谷關、南投埔里、嘉義奮起湖、台南關仔嶺、高雄六龜、屏東雙流及恆春等地。台灣以外在日本、中國、整個東南亞地區至印度及澳洲北部亦有分布。

保育等級 普通種

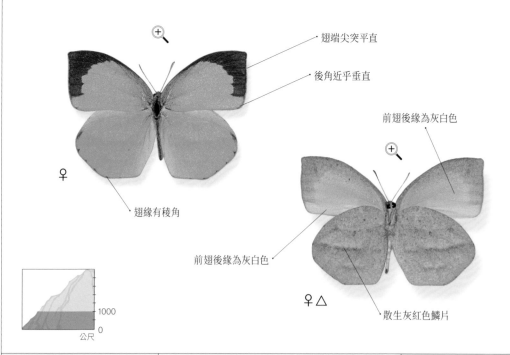

翅端尖突平直
後角近乎垂直
前翅後緣為灰白色
♀
翅緣有稜角
前翅後緣為灰白色
♀ △
散生灰紅色鱗片
1000
0
公尺

成蟲活動月份：全年	棲所：林緣開曠地、耕地外圍、溪流沿岸	前翅展：3.8～4.3公分

粉蝶科 PIERIDAE	學名：*Gonepteryx amintha formosana*	命名者：Fruhstorfer

圓翅鉤粉蝶（紅點粉蝶）

翅端鉤狀尖突，在前、後翅中室外側有一個橙色斑點。雄蝶翅面為黃色而腹面為淡白綠色，雌蝶翅為白色，雌、雄蝶色澤明顯不同。

生態習性 成蟲在中北部低山區十分常見，偶見於南部地區。主要發生期在春一夏季間。雌蝶多在林緣或溪畔的寄主群落產卵，卵多產於寄主頂芽或新葉上，孵化後幼蟲亦棲附於新葉面，隨著發育成長而移至莖枝或成葉上棲息，最後並化蛹在寄主莖枝上或鄰近植物較隱蔽處。成蟲飛行緩慢，常見於溪畔、林緣及路旁開曠地的草花上覓食，氣溫較高時常見雄蝶飛降於溪畔或路旁濕地吸水。

幼生期 卵為黃綠色酒瓶模樣，老熟幼蟲呈藍綠色散生藍灰色顆粒且體側有灰白色的細縱帶，蛹為黃綠色，體側扁平而腹面隆凸，頭部前端尖突彎曲。幼蟲以鼠李科之桶鉤藤（*Rhamnus formosana*）及小葉鼠李（*R. parvifolia*）為食。

分布 北至南部平地至高山區，以中北部低山區較常見，如台北烏來、北橫公路、宜蘭牛鬥、新竹尖石、台中谷關、南投埔里、嘉義東埔、高雄多納、屏東雙流及恆春等地。台灣以外在中國南部亦有分布。

保育等級 普通種

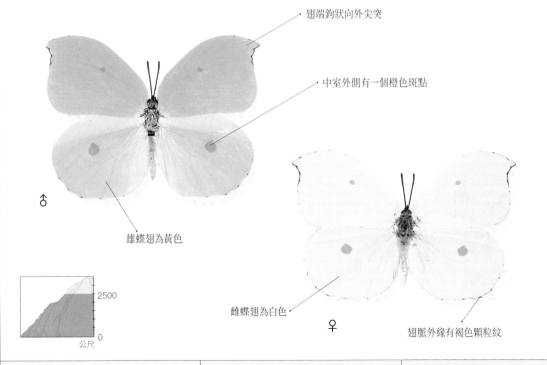

翅端鉤狀向外尖突

中室外側有一個橙色斑點

♂

雄蝶翅為黃色

2500

0

公尺

雌蝶翅為白色

♀

翅脈外緣有褐色顆粒紋

成蟲活動月份：3～10月	棲所：林緣、溪流沿岸、路旁開曠地	前翅展：5.7～6.3公分

粉蝶科 PIERIDAE	學名：*Gonepteryx taiwana*	命名者：Paravicini

台灣鉤粉蝶（小紅點粉蝶）特有種

　　翅端鉤狀尖突，在前、後翅中室外側有一個橙黃色斑點，後翅緣呈鈍齒狀。雄蝶翅面為淡黃白色而腹面為淡黃綠色，雌蝶翅面為白色散生淡黃色鱗片而腹面為黃綠色。雌、雄在色澤明顯不同且雌蝶翅形寬圓些。

生態習性　成蟲在中北部山區十分常見，偶見於南部地區。主要發生期在春至夏季間。雌蝶多在林緣或溪畔的寄主群落產卵，卵多產於寄主頂芽或新葉上，孵化後幼蟲亦棲附於新葉面，隨著發育成長而移至莖枝或成葉上棲息，最後並化蛹在寄主莖枝上或鄰近植物較隱蔽處。成蟲飛行緩慢，常見於溪畔、林緣及路旁開曠地的草花上覓食，氣溫較高時常見雄蝶飛降於溪畔或路旁濕地吸水。

幼生期　卵為藍灰色酒瓶模樣，老熟幼蟲呈白綠色散生藍灰色顆粒且體側有灰白色不明顯的細縱帶，蛹為淡綠色且體側扁平而腹面隆凸，頭部前端尖突彎曲。幼蟲以鼠李科之小葉鼠李（*Rhamnus parvifolia*）及中原氏鼠李（*R. nakaharae*）為食。

分布　北至南部低山至山區，如桃園拉拉山、宜蘭南山、新竹觀霧、台中梨山、南投霧社、嘉義阿里山、南橫天池及高雄藤枝等地。台灣特有種。

保育等級　普通種

翅端鉤狀尖突

雄蝶翅面為淡黃白色

翅面為白色散生淡黃色鱗片

♂

中室外側有一個橙黃色斑點

2500
1000
0
公尺

♀

後翅緣呈鈍齒狀

成蟲活動月份：3～9月	棲所：林緣、溪流沿岸、山徑	前翅展：4.8～5.4公分

蛺蝶科 NYMPHALIDAE

中型蝴蝶，斑紋多變化且色彩豐富，本科的特徵是前腳不發達而踱縮，僅以中、後腳攀附。對於環境的反應頗敏銳，受到小驚擾即會振翅疾飛而滯空滑翔，並重複前述的反應和動作。成蟲食性以訪花吸蜜或吸食動物排遺、樹液較為普遍，偶見吸食溼地水份或露水。活動處所大多為林緣和山徑附近。蛺蝶過去被分為很多科，包含斑蝶科、眼蝶科、環紋蝶科、喙蝶科等，但現今的分子及形態資料均支持將這些科併為一科，全世界約有6,700種，台灣約有130餘種，本書介紹127種。除了極少數種類偶見於寒帶地區外，絕大數種類分布在熱帶至亞熱帶地區，溫帶地區種類則較少。

青眼蛺蝶在短柱山茶訪花

達邦波眼蝶吸食光萼野百合花蜜

雌擬幻蛺蝶在百日草上訪花

蛺蝶科 NYMPHALIDAE	學名：*Danaus chrysippus*	命名者：Linnaeus

金斑蝶 (樺斑蝶)

　　翅為橙色，翅面在翅端、後翅外緣及中室外側斑點呈黑褐色，翅端下方及後翅外緣斑點為白色，而腹面在翅端為橙色，其它斑紋與翅面相似。雄蝶在後翅中室下方有黑色圓斑 (性徵)，雌蝶則無此黑圓斑，可依此來辨識雌雄。

生態習性　成蟲主要發生期在春末至秋季間。雌蝶喜好在高溫且全日照的寄主群落產卵，卵多產於寄主葉裡或新芽上，孵化後幼蟲亦多靜伏於葉裡中肋，並直接將葉片嚙食成小孔洞或破碎狀，最後並化蛹在寄主葉裡或鄰近的植物上。成蟲飛行緩慢，常見於公園、住家庭院附近及市郊荒地上的低矮草花上覓食。

幼生期　卵為白色橢圓形。老熟幼蟲呈白色有黑及黃色環帶，蟲體上有3對黑色肉棘。蛹為淡綠或橙黃色且腹部有黑色橫帶上鑲著金色顆粒點。幼蟲以夾竹桃科之尖尾鳳 (*Asclepias curassavica*)、釘頭果 (*A. fruticosa*) 及薄葉牛皮消 (*Cynanchum boudieri*) 為食。

分布　北至南部平地至低山區，其中以都會區或市郊公園較為常見，如台北植物園和烏來、台中自然科學博物館、南投埔里、台南關仔嶺、高雄美濃及屏東恆春等地。台灣以外在美洲、北非、南歐、西亞、中國南部、整個東南亞地區及澳洲有分布。

保育等級　普通種

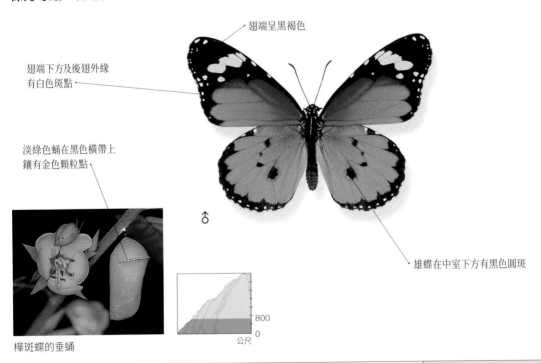

翅端呈黑褐色

翅端下方及後翅外緣有白色斑點

淡綠色蛹在黑色橫帶上鑲有金色顆粒點

雄蝶在中室下方有黑色圓斑

♂

800
0
公尺

樺斑蝶的垂蛹

成蟲活動月份：中北部 4～12月，南部全年出現	棲所：林緣、耕地外圍、公園	前翅展：5.8～7公分

蛺蝶科 NYMPHALIDAE	學名：*Danaus genutia*	命名者：Cramer

虎斑蝶（黑脈樺斑蝶）

　　翅為橙黃色，各室翅脈黑色，翅面在翅端及前、後翅外緣呈黑色，翅端內及前、後翅外緣斑點為白色，而腹面在翅端為橙色，其它斑紋與翅面相似。雄蝶在後翅中室下方有黑色膨大的圓斑（性徵），雌蝶則無此黑圓斑，可依此來辨識雌雄。

生態習性　　成蟲主要發生期在春末至秋季間。雌蝶喜好在高溫且半日照的寄主群落產卵，卵多產於寄主葉裡，孵化後幼蟲亦多靜伏於葉裡，並直接將葉片嚙食成不規則的破碎狀，最後並化蛹在寄主葉裡中肋或鄰近的植物上。成蟲飛行緩慢，常見於市郊的公園、住家庭院及低山區路旁的低矮草花上覓食。

幼生期　　卵為白色橢圓形。老熟幼蟲呈黑色，有白及黃色斑點所排列成之縱帶，蟲體上有3對基部紅色的黑色肉棘。蛹為淡綠或淡橙色且腹部有黑色橫帶上鑲有金色顆粒點。幼蟲以夾竹桃科之台灣牛皮消（*Cynanchum formosanum*）、薄葉牛皮消（*C. boudieri*）及台灣牛嬭菜（*Marsdenia formosana*）為食。

分布　　北至南部平地至山區，如台北觀音山和四獸山、宜蘭南山、東北角海岸、台中東勢、南投埔里、花蓮太魯閣、高雄六龜、屏東雙流及恆春等地。台灣以外在日本沖繩、中國南部、整個東南亞地區至印度至中亞亦有分布。

保育等級　　普通種

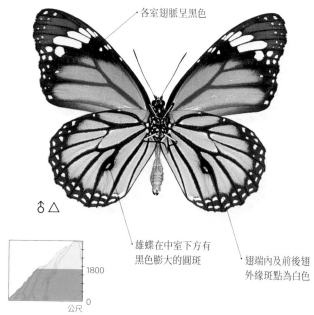

各室翅脈呈黑色

♂ △

雄蝶在中室下方有
黑色膨大的圓斑

翅端內及前後翅
外緣斑點為白色

1800
0
公尺

馬櫻丹花上吸蜜的雌蝶，雌蝶在後翅中室下方無黑色圓斑。

成蟲活動月份：中北部 4 ～ 12 月，南部全年出現	棲所：林緣、溪流沿岸、市郊花園	前翅展：6.4 ～ 7.2 公分

蛺蝶科 NYMPHALIDAE	學名：*Danaus melanippus edmondii*	命名者：Bougainville

白虎斑蝶（黑脈白斑蝶）

　　翅為白色，各室翅脈、翅端下方及前後翅外緣呈黑色，在翅端及後翅外緣有白色斑點，而腹面斑紋與翅面相似。雄蝶在後翅中室下方有黑色圓斑（性徵），雌蝶則無此黑圓斑，可依此來辨識雌雄。

生態習性　　成蟲主要發生期在春至秋季間。雌蝶喜好在高溫且半日照的寄主上產卵，卵多產於寄主葉裡，孵化後幼蟲亦多靜伏於葉裡，並將葉片嚙食成C型的食痕，老熟幼蟲則棲附於寄主莖蔓或葉上，最後並化蛹在寄主葉裡中肋或鄰近的植物上。成蟲飛行緩慢，偶見於市郊公園及海岸林緣的低矮草花上覓食。

幼生期　　卵為白色橢圓形。老熟幼蟲呈黑色且密布白色顆粒紋，各體節在背部及體側有1對黃色斑點所排列成之縱帶，蟲體上有3對基部紅色的黑色肉棘。蛹為淡黃綠色且腹部有金色橫帶上鑲有黑色顆粒點。幼蟲以夾竹桃科之蘭嶼牛皮消（*Cynanchum lanhsuense*）、薄葉牛皮消（*C. boudieri*）為食。

分布　　偶見於北至南部平地至低地，如台北木柵、台東知本和蘭嶼及屏東恆春等地。台灣以外在菲律賓、婆羅洲及印尼亦有分布。

保育等級　　稀有種

各室翅脈、翅端下方及前、後翅外緣呈黑色

在翅端及後翅外緣有白色斑點

翅為白色

雄蝶在中室下方有黑色圓斑

♂

500
0
公尺

長穗木上訪花的雄蝶

成蟲活動月份：4～12月	棲所：林緣、市郊公園	前翅展：6.4～6.9公分

蛺蝶科 NYMPHALIDAE	學名：*Parantica aglea maghaba*	命名者：Fruhstorfer

絹斑蝶（姬小紋青斑蝶）

翅面為黑褐色，各翅室內有灰白色條斑。腹面為灰褐色，各翅室內有淡藍灰色條斑，斑紋位置與翅面相似。雄蝶前翅較突長且在後翅中室下方有污漬狀灰黑色斑（性徵），雌蝶則無此斑紋，可依此來辨識雌雄。

生態習性　成蟲主要發生期在春末至秋季間。雌蝶喜好在高溫涼濕且半日照的寄主上產卵，卵多產於寄主葉裡，孵化後幼蟲亦多棲息於葉裡，老熟幼蟲則棲附於寄主莖蔓或葉裡，最後並化蛹在寄主葉裡中肋或鄰近的植物低處。成蟲動作緩慢且低飛，常見於山徑、林緣及市郊公園的低矮草花上覓食。

幼生期　卵為白色砲彈形。老熟幼蟲呈暗紅色且密布白色顆粒紋，各體節在背部有2顆及體側有1顆黃色斑點所排列成1對之縱帶，蟲體上有2對灰白色的末端黑色肉棘。蛹為鮮黃綠色且背側有銀色或黑色斑點。幼蟲以夾竹桃科之蘭嶼鷗蔓（*Tylophora lanyuensis*）、鷗蔓（*T. ovata*）為食。

分布　北至南部平地至山區，如台北陽明山和烏來、新竹北埔、南投埔里、嘉義梅山、花蓮富源、高雄六龜、屏東恆春及台東知本等地。台灣以外在中國南部、中南半島至印度及斯里蘭卡亦有分布。

保育等級　普通種

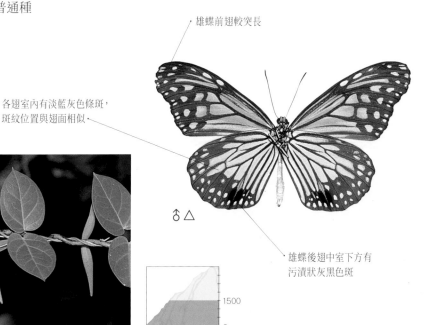

雄蝶前翅較突長

各翅室內有淡藍灰色條斑，斑紋位置與翅面相似

♂△

雄蝶後翅中室下方有污漬狀灰黑色斑

鷗蔓

1500

0

公尺

成蟲活動月份：北部 3 ～ 12 月，南部全年出現	棲所：林緣、林緣開曠地、溪流沿岸	前翅展：6.7 ～ 7.3 公分

蛺蝶科 NYMPHALIDAE	學名：*Parantica swinhoei*	命名者：Moore

斯氏絹斑蝶 (小青斑蝶、台灣青斑蝶)

　　翅為黑褐色，各翅室內有灰白色條斑，而腹面各翅室內有淡藍灰色條斑，斑紋位置與翅面相似。雄蝶前翅較突長且在後翅中室下方有污漬狀黑斑 (性徵)，雌蝶則無此斑紋，可依此來辨識雌雄。

生態習性　　成蟲主要發生期在春至秋季間。雌蝶喜好在溫暖且半日照的寄主群落產卵，卵多產於寄主葉裡，孵化後幼蟲亦多靜伏於葉裡，老熟幼蟲則棲附於寄主莖蔓或葉裡，最後並化蛹在鄰近寄主的其它植物葉裡。成蟲飛行緩慢，常見於山徑、林緣及市郊公園的低矮草花上覓食。

幼生期　　卵為白色砲彈形。老熟幼蟲呈紫黑色且密布白色顆粒紋，各體節在背部及體側有1對黃色斑點所排列成之縱帶，蟲體上有2對灰白色的肉棘。蛹為黃綠色且腹部有金色橫帶上鑲有黑色點紋且背側有金色斑點。幼蟲以夾竹桃科之台灣牛嬭菜 (*Marsdenia formosana*)、絨毛芙蓉蘭 (*M. tinctoria*) 為食。

分布　　北至南部平地至低山區，如台北陽明山和烏來、台中谷關、南投埔里、嘉義奮起湖、花蓮鯉魚潭、高雄六龜及屏東雙流等地。台灣以外在中國南部及中南半島有分布。

保育等級　　普通種

翅為黑褐色

腹面各翅室內有淡藍灰色條斑

♂ △

雄蝶在後翅中室下方有污漬狀黑斑

斯氏絹斑蝶雌蝶，雌蝶後翅中室下方無污漬狀黑斑。

2500

0

公尺

成蟲活動月份：中北部 3 ～ 12 月，南部全年	棲所：林緣、溪流沿岸、林緣開曠地、公園	前翅展：7.1 ～ 8 公分

蛺蝶科 NYMPHALIDAE	學名：*Parantica sita niphonica*	命名者：Moore

大絹斑蝶（青斑蝶）

　　前翅為黑色，後翅為褐色，各翅室內有灰白色條斑，而腹面各翅室內有淡灰白色條斑，斑紋位置與翅面相似。雄蝶前翅較突長且在後翅中室下方有污漬狀灰黑色斑（性徵），雌蝶則無此斑紋且色澤略淡，可依此來辨識雌雄。

生態習性　　成蟲主要發生期在春至秋季間，南部冬季仍時有發現。雌蝶喜好在濕涼且半日照的寄主群落產卵，卵多產於寄主葉裡，孵化後幼蟲亦多棲息於葉裡，老熟幼蟲則棲附於寄主莖蔓或葉裡，最後並化蛹在鄰近寄主的其它植物低處葉裡。成蟲飛行緩慢，常見於山徑、林緣及市郊公園的低矮草花上覓食，雄蝶亦嗜好飛降於濕地吸水。

幼生期　　卵為白色砲彈形。老熟幼蟲呈黑色且密布白色顆粒紋，各體節在背部及體側有1對大型鮮黃色斑所排列成之縱帶，蟲體上有 2 對灰黑色的肉棘。蛹為黃綠色且腹部有黑色點紋排列成橫帶及散生數個銀白色斑。幼蟲以夾竹桃科之台灣牛皮消（*Cynanchum formosanum*）、台灣牛嬭菜（*Marsdenia formosana*）、蘭嶼鷗蔓（*Tylophora lanyuensis*）及鷗蔓（*T. ovata*）為食。

分布　　北至南部平地至山區，如台北陽明山、宜蘭南山、台中梨山、南投霧社、嘉義阿里山、花蓮天祥、高雄六龜、屏東雙流及台東知本等地。台灣以外在日本、朝鮮半島、中國、整個東南亞地區至印度及阿富汗有分布。

保育等級　　普通種

前翅為黑色

腹面各翅室內有淡灰白色條斑

後翅為褐色

♂△

2500

0

公尺

雄蝶在後翅中室下方後翅為褐色有污漬狀灰黑色斑

台灣牛嬭菜

成蟲活動月份：中北部 3～12 月，南部全年出現	棲所：林緣、溪流沿岸	前翅展：9～9.8公分

蛺蝶科 NYMPHALIDAE	學名：*Tirumala limniace limniace*	命名者：Cramer

淡紋青斑蝶（淡小紋青斑蝶）

　　翅面及前翅腹面基部至翅端間為黑褐色，各翅室內有淡藍灰色條斑，而腹面為黃褐色，斑紋色澤、位置與翅面相似。雄蝶在後翅中室下方有扁平袋狀突出（性徵），雌蝶則無此斑紋且各翅室內淡藍灰色條斑色澤略淡，可依此來辨識雌雄。

生態習性　成蟲主要發生期在夏至秋季間，南部冬季仍時有發現。雌蝶喜好在高溫時於全日照的寄主群落產卵，卵多產於寄主葉裡，孵化後幼蟲亦多棲息於葉裡，老熟幼蟲亦棲附於寄主葉裡，化蛹時多移往寄主附近的其它植物低處葉裡前蛹。成蟲飛行緩慢，常見於山徑、海岸林緣及樹林外圍等日照充足的低矮花上覓食，雄蝶偶見飛降於濕地吸水。

幼生期　卵為白色砲彈形。老熟幼蟲呈淡黃色，各體節有黑色環帶，蟲體上有2對灰黑色且基部淡黃色的肉棘。蛹為黃綠色且腹部有黑色點紋排列成橫帶及散生數個銀白色斑。幼蟲以夾竹桃科之華他卡藤（*Dregea volubilis*）、布朗藤（*Heterostemma brownii*）為食。

分布　北至南部平地至山區，其中以南部數量較多，如台北汐止和木柵、苗栗獅頭山、台南關仔嶺、高雄美濃、屏東雙流、恆春及台東知本等地。台灣以外在中國南部、整個東南亞地區至印度及巴基斯坦有分布。

保育等級　普通種

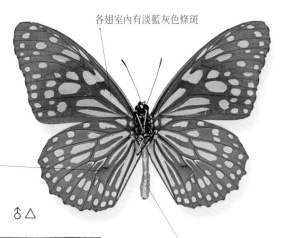

各翅室內有淡藍灰色條斑

雄蝶在中室下方有扁平袋狀突出

♂△

腹面為黃褐色

老熟幼蟲呈淡黃色且有黑色斑紋

台灣華他卡藤的花

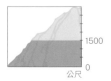

1500

0

公尺

成蟲活動月份：中北部 4～12月，南部全年出現	棲所：林緣、公園、林緣開曠地	前翅展：7.5～8公分

蛺蝶科 NYMPHALIDAE	學名：*Tirumala septentrionis*	命名者：Butler

小紋青斑蝶

　　翅面及前翅腹面基部至翅端間為黑褐色，各翅室內有淡藍灰色條斑，而腹面為黃褐色，斑紋色澤、位置與翅面相似。雄蝶在後翅中室下方有扁平袋狀突出（性徵），雌蝶則無此斑紋且各翅室內淡藍灰色條斑色澤略淡，可依此來辨識雌雄。

生態習性　成蟲主要發生期在夏至秋季間，南部冬季仍偶有發現。雌蝶喜好在高溫時於全日照的寄主群落產卵，卵多產於寄主葉裡，孵化後幼蟲亦多棲息於葉裡，老熟幼蟲亦棲附於寄主葉裡，化蛹時多移往寄主附近的其它植物低處葉裡前蛹。成蟲飛行緩慢，常見於山徑、海岸林緣及樹林外圍等日照充足的低矮花上覓食，雄蝶偶見飛降於濕地吸水。

幼生期　卵為白色砲彈形。老熟幼蟲呈灰白色，各體節有灰黑色環帶，蟲體上有2對灰黑色且基部灰白色的肉棘。蛹為淡黃綠色且腹部有金色點紋排列成橫帶且外鑲黑色細紋。幼蟲以夾竹桃科之布朗藤（*Heterostemma brownii*）為食。

分布　北至南部平地至山區，其中以中北部數量較多，如台北烏來和木柵、東北角海岸、苗栗獅頭山、台中大坑、高雄六龜、花蓮富源、屏東雙流、恆春及台東知本等地。台灣以外在中國南部、整個東南亞地區經印度至中亞及澳洲北部有分布。

保育等級　普通種

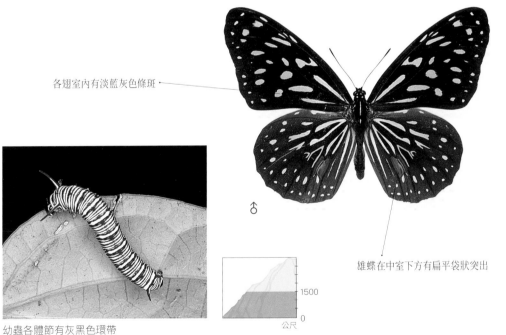

各翅室內有淡藍灰色條斑

♂

雄蝶在中室下方有扁平袋狀突出

1500

0

公尺

幼蟲各體節有灰黑色環帶

成蟲活動月份：中北部 3 ～ 12 月，南部全年出現	棲所：林緣、溪流沿岸、林緣開曠地	前翅展：7.4 ～ 8.1 公分

蛺蝶科 NYMPHALIDAE	學名：*Ideopsis similis*	命名者：Linnaeus

旖斑蝶（琉球青斑蝶）

　　翅面為灰黑色，腹面色澤略淡，各翅室內有條斑，而外緣有斑點為淡藍灰色。雌雄蝶色彩斑紋相似，雌蝶翅形略寬圓，雄蝶在後翅面內緣呈灰褐色（性徵），可依此來辨識雌雄。

生態習性　成蟲主要發生期在夏至秋季間，南部冬季仍時有發現。雌蝶喜好在高溫時於全日照的寄主群落產卵，卵多產於寄主新芽或葉裡，孵化後幼蟲亦多棲息於葉裡，幼蟲受驚擾有捲曲蟲體假死的習性，老熟幼蟲棲附於寄主莖蔓或葉裡，化蛹時多移往寄主附近的其它植物低處葉裡前蛹。成蟲飛行緩慢，常見於山徑、林緣及林間開曠地等日照充足的花叢間覓食，雄蝶偶見飛降於濕地吸水。

幼生期　卵為灰白色橄欖形。老熟幼蟲呈紫黑色，體表密生灰白色顆粒紋，蟲體上有2對紫黑色且基部暗紅色的肉棘。蛹為淡綠色且腹部有黑色斑點紋排列成橫帶。幼蟲以夾竹桃科之蘭嶼鷗蔓（*Tylophora lanyuensis*）、鷗蔓（*T. ovata*）為食。

分布　北至南部平地至山區，如台北烏來和陽明山、東北角海岸、苗栗獅頭山、南投集集、高雄六龜、花蓮天祥、屏東雙流、恆春及台東知本等地。台灣以外在中國東南部、整個東南亞地區及斯里蘭卡有分布。

保育等級　普通種

翅面為灰黑色

各翅室內有條斑

♂

雄蝶在後翅面
內緣呈灰褐色

外緣有斑點為
淡藍灰色

2500

0

公尺

卵為灰白色橄欖形有縱列脈紋

成蟲活動月份：中北部 3 ～ 12 月，南部全年出現	棲所：公園、溪流沿岸、林緣開曠地	前翅展：7 ～ 7.5 公分

蛺蝶科 NYMPHALIDAE	學名：*Euploea eunice hobsoni*	命名者：Butler

圓翅紫斑蝶

翅面為黑褐色且閃現藍色琉璃光澤，各翅室亞外緣及前翅中央有淡藍灰色斑，而腹面色澤略淡，與翅面相似位置有白色斑。雄蝶在前翅後緣有弧形突出，雌蝶則後緣平直，而雄蝶在後翅面前緣至中室呈灰褐色（性徵），可依此辨識雌雄。

生態習性　成蟲主要發生期在春至夏季間，冬季則遷往南部蝴蝶谷內越冬避寒。雌蝶喜好於全日照的寄主寄主新芽或嫩葉裡產卵，孵化後幼蟲亦多棲息於葉裡，老熟幼蟲亦棲附於寄主莖枝或葉上，化蛹於寄主枝條或葉裡。成蟲飛行緩慢，常見於山徑、林緣及公園等日照較充足的花叢中覓食，越冬期間常見雄、雌蝶飛降於濕地上吸水。

幼生期　卵為灰黃色橄欖形。老熟幼蟲呈灰黑色而密布白色環帶，蟲體上有4對灰黑色且基部鮮紅色的肉棘。蛹為灰黃色且閃現銀色金屬光澤。幼蟲以桑科之榕樹（*Ficus microcarpa*）、白肉榕（*F. virgata*）及薜荔（*F. pumila var. pumila*）為食。

分布　北至南部都會區至山區，如台北植物園和烏來、新竹北埔、台中豐原、彰化八卦山、嘉義梅山、台南關仔嶺、高雄六龜、屏東高樹、雙流及台東知本等地。台灣以外在中國東南部、整個東南亞地區及澳洲北部亦有分布。

保育等級　普通種

各翅室亞外緣及前翅中央有淡藍灰色斑

翅面為黑褐色且閃現藍色琉璃光澤

雄蝶在前翅後緣有弧形突出

♂

雌蝶後緣平直

♀

幼蟲正在葉裡進行排遺

1500
0
公尺

成蟲活動月份：中北部 3 〜 11 月，南部全年出現	棲所：林緣、山徑、公園	前翅展：7 〜 7.6 公分

蛺蝶科 NYMPHALIDAE	學名：*Euploea mulciber barsine*	命名者：Fruhstorfer

異紋紫斑蝶（端紫斑蝶）

　　雄蝶翅為黑褐色，前翅後緣略呈弧形，前翅面閃現藍色琉璃光澤且散生淡藍色斑點，在後翅面前緣至中室呈灰褐色（性徵），腹面在前後翅中室外側散生白色斑點。雌蝶為暗褐色，前翅後緣平直，前翅面閃現藍色琉璃光澤，翅端散生的斑點和前翅內側、後翅各翅室內的條斑呈白色。

生態習性　　成蟲主要發生期在春至夏季間，冬季則遷往南部越冬避寒，為越冬型蝴蝶谷內重要成員之一。雌蝶喜好於全日照較高位置的寄主新芽或嫩葉裡產卵，孵化後幼蟲亦多棲息於葉裡，老熟幼蟲亦棲附於寄主莖枝或葉上，化蛹於寄主葉裡或鄰近植物上。成蟲飛行緩慢，常見於山徑、林緣路旁及公園等日照較充足的花叢中覓食，越冬期間雄雌蝶常見飛降於濕地上吸水。

幼生期　　卵為灰黃色砲彈形。老熟幼蟲呈灰紅色而密布淡黃色環帶，體側有鮮黃色斑，蟲體上有3對末端灰黑色的肉棘。蛹為灰黃色且腹側閃現銀色金屬光澤。幼蟲以桑科之天仙果（*Ficus formosana*）、榕樹（*F. microcarpa*）、薜荔（*F. pumila* var. *pumila*）及白肉榕（*F. virgata*）為食。

分布　　北至南部都會區至山區，如台北植物園和四獸山、桃園虎頭山、新竹北埔、彰化八卦山、嘉義梅山、台南關仔嶺、高雄六龜、屏東高樹、雙流及台東知本等地。台灣以外在中國南部、東南亞大部份地區亦有分布。

保育等級　　普通種

前翅面閃現藍色琉璃光澤且散生淡藍色斑點

後翅面前緣至中室呈灰褐色

雄蝶前翅後緣略呈弧形

翅為黑褐色

♂

前翅面閃現淡藍色琉璃光澤

雌蝶為暗褐色前翅後緣平直

前、後翅各翅室內的條斑呈白色

♀

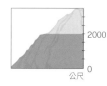

2000

0

公尺

成蟲活動月份：中北部 3～11 月，南部全年出現	棲所：林緣、溪流沿岸、山徑、公園	前翅展：6.6～7.5 公分

蛺蝶科 NYMPHALIDAE	學名：*Euploea camaralzeman cratis*	命名者：Butler

白列紫斑蝶（玉帶紫斑蝶、白帶斑蝶）

　　翅面為黑褐色，翅端散生白色斑點，後翅各翅室外緣、中室外側有帶狀排列的白色斑紋，而腹面與翅面斑紋位置相似且白色斑紋發達，在翅基部外側有明顯或不明顯白斑。雄蝶外表無明顯的性徵，惟其前翅後緣呈弧形，雌蝶則後緣平直，可依此辨識雌雄。

生態習性　　成蟲於台東蘭嶼全年皆有發現，而台灣南部偶有採集記錄。雌蝶喜好於全日照的寄主寄主新芽或嫩葉裡產卵，孵化後幼蟲亦多棲息於葉裡，老熟幼蟲亦棲附於寄主莖枝或葉上，化蛹於寄主枝條或葉裡。成蟲飛行緩慢，惟數量上並不多見，偶見於海岸林緣及濱海的公園等日照充足的花叢中覓食。

幼生期　　卵為灰黃色砲彈形。老熟幼蟲呈灰黑色而密布淡黃色環帶，蟲體上有4對灰黑色的肉棘。蛹為暗黃色且閃現銀色金屬光澤。幼蟲以桑科之榕樹（*Ficus microcarpa*）為食。

分布　　主要分布於台東蘭嶼島上，台灣本島如屏東恆春半島、台東蘭嶼和知本及台北木柵以及澎湖花嶼等地偶有發現。台灣以外在整個東南亞地區有分布。

保育等級　　稀有種

基部外側有明顯或不明顯白斑

雌蝶後緣平直

中室外側有帶狀排列的白色斑紋

翅端散生白色斑點

翅面為黑褐色

雄蝶前翅後緣呈弧形

500
0
公尺

♀

♂

成蟲活動月份：南部全年偶見	棲所：濱海的林緣與公園	前翅展：6.8～7.3公分

| 蛺蝶科 NYMPHALIDAE | 學名：*Euploea sylvester swinhoei* | 命名者：Wallace & Moore |

雙標紫斑蝶（斯氏紫斑蝶）

　　翅面為黑褐色且閃現藍色琉璃光澤，各翅室外緣有淡藍灰色斑，而腹面色澤略淡，與翅面相似位置有白色斑，前翅中央有3個淡藍灰色斑點。雄蝶在前翅後緣有2個灰黑橫帶（性徵）且呈弧形突出，雌蝶則後緣平直，而腹面與雄蝶性徵相同位置有淡藍灰色橫帶，可依此辨識雌雄。

生態習性　成蟲主要發生期在春至夏季間，冬季則遷往南部蝴蝶谷內越冬避寒。雌蝶喜好於半日照的寄主新芽或葉裡產卵，孵化後幼蟲亦多棲息於葉裡，老熟幼蟲亦棲附於寄主莖蔓或葉裡，化蛹於寄主莖蔓上。成蟲飛行緩慢，常見於低地路旁、林緣及市郊公園等日照充足的花叢中覓食，越冬期間雄、雌蝶亦常見飛降於濕地上吸水。

幼生期　卵為灰白色砲彈形。老熟幼蟲呈灰黃色而蟲體上有3對灰黑色且末端灰白色的肉棘。蛹為灰黃或黃綠色且閃現琉璃光澤。幼蟲以夾竹桃科之武靴藤（*Gymnema sylvestre*）為食。

分布　北至南部平地至低山區，如台北觀音山、新竹北埔、苗栗獅頭山、台中鐵鉆山、彰化八卦山、台南關仔嶺、高雄六龜、屏東高樹、恆春及台東知本等地。台灣以外在中國東南部、整個東南亞地區至印度及澳洲北部亦有分布。

保育等級　普通種

翅面閃現藍色琉璃光澤

雄蝶在前翅後緣有2個灰黑橫帶

各翅室外緣有淡藍灰色斑

♂

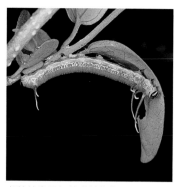

老熟幼蟲呈灰黃或黃綠色

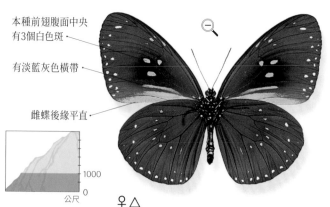

本種前翅腹面中央有3個白色斑

有淡藍灰色橫帶

雌蝶後緣平直

1000

0

公尺

♀△

| 成蟲活動月份：中北部 4～11月，南部全年出現 | 棲所：林緣、市郊公園、山徑 | 前翅展：6.7～7.2公分 |

| 蛺蝶科 NYMPHALIDAE | 學名：*Euploea tulliolus koxinga* | 命名者：Fruhstorfer |

小紫斑蝶

　　翅面為黑褐色且前翅閃現藍色琉璃光澤，各翅室亞外緣有排列呈帶狀的白色斑點，而腹面色澤略淡，與翅面相似位置及前翅中央有白色斑點。雄蝶在前翅後緣有弧形突出，雌蝶則後緣平直，雄蝶在後翅中室內有灰褐色斑（性徵），可依此辨識雌雄。

生態習性　成蟲主要發生期在春至夏季間，冬季則遷往南部越冬，為越冬型蝴蝶谷內重要成員之一。雌蝶喜好於林緣位置較高的寄主蔓莖新芽或嫩葉裡產卵，孵化後幼蟲亦多棲息於葉裡，老熟幼蟲亦棲附於寄主莖枝或葉裡，化蛹於較隱蔽的寄主或鄰近植物枝條或葉裡。成蟲飛行緩慢，常見於山徑、林緣及市郊公園等日照較充足的花叢中覓食，越冬期間雄雌蝶常見飛降於濕地上吸水。

幼生期　卵為淡黃色橄欖形。老熟幼蟲呈紅褐色而各體節有5條白色環帶，蟲體上有3對暗紅色而末端黑色的肉棘。蛹為淡黃色且閃現金色金屬光澤。幼蟲以桑科之盤龍木（*Malaisia scandens*）為食。

分布　北至南部平地至低山區，如台北四獸山和觀音山、桃園虎頭山、新竹仙腳石、台中大坑、彰化八卦山、花蓮富源、台南關仔嶺、高雄六龜、屏東高樹、雙流及台東知本等地。台灣以外在中國南部、整個東南亞地區及澳洲北部亦有分布。

保育等級　普通種

前翅閃現藍色琉璃光澤

各翅室亞外緣有排列呈帶狀的白色斑點

雄蝶在前翅後緣有弧形突出

雄蝶在後翅中室有灰褐色斑

♂

1000
0
公尺

小紫斑蝶幼蟲，蟲體上有3對肉棘。

| 成蟲活動月份：中北部 4～12月，南部全年出現 | 棲所：林緣、市郊公園、山徑 | 前翅展：5.7～6.5公分 |

蛺蝶科 NYMPHALIDAE	學名：*Idea leuconoe clara*	命名者：Butler

大白斑蝶

　　翅的底色為白色，翅脈、各翅室外緣、亞外緣有排列呈斷續帶狀的黑色斑紋。雌、雄蝶斑紋色澤相似，並無直接明顯的性徵，雌蝶翅形略寬圓且基部外側的底色為白色微黃，可依此辨識雌雄。

生態習性　成蟲主要發生期在春至夏季間。雌蝶喜好於寄主群落的葉裡產卵，孵化後幼蟲亦多棲息於葉裡，並嚙食葉肉成圓形孔洞，老熟幼蟲亦棲附於寄主莖蔓或葉裡，化蛹於較隱蔽的寄主或鄰近植物枝條或葉裡。成蟲飛行緩慢，常見於海岸珊瑚礁岩、海岸林樹冠及濱海公園等全日照環境中訪花覓食。

幼生期　卵為淡黃色橢圓形。幼蟲呈黑、白色環帶相間的斑馬紋，蟲體上有3對黑色的肉棘，各體節的體側鮮紅色圓斑。蛹為黃色表面散生黑色斑點，且閃現金色金屬光澤。幼蟲以夾竹桃科之爬森藤（*Parsonia laevigata*）為食。

分布　北、東及南部平地至低地，如東北角海岸、龜山島、花東海岸、屏東恆春及各地蝴蝶園。台灣以外在日本沖繩、整個東南亞地區有分布。

保育等級　普通種

翅的底色為白色

翅脈、各翅室有排列呈斷續帶狀的黑色斑紋

♂

800
0
公尺

大白斑蝶蛹，蛹表面閃現金色金屬光澤。

成蟲活動月份：中北部 4～12月，南部全年出現	棲所：海岸林緣、山徑、溪流沿岸	前翅展：9.5～11.5公分

蛺蝶科 NYMPHALIDAE	學名：*Idea leuconoe kwashotoensis*	命名者：Sonan

大白斑蝶-綠島亞種（綠島大白斑蝶）特有種

　　翅的底色為白色，翅脈、各翅室外緣、亞外緣有排列接連呈粗大帶狀的黑色斑紋。雌、雄蝶斑紋色澤相似，並無直接明顯的性徵，雌蝶翅形略寬圓且基部外側的底色為白色微黃，可依此辨識雌雄。本種和大白斑蝶在形態上頗為相似，惟本種翅上的黑斑紋呈粗大接連之帶狀，這與大白斑蝶呈斷續帶狀排列不同。

生態習性　成蟲主要發生期在春至夏季間。雌蝶喜好於寄主群落的葉裡產卵，孵化後幼蟲亦多棲息於葉裡，並嚙食葉肉成圓形孔洞，老熟幼蟲亦棲附於寄主莖蔓或葉裡，化蛹於較隱蔽的寄主或鄰近植物枝條或葉裡。成蟲飛行緩慢，常見於海岸珊瑚礁岩、海岸林樹冠及濱海路旁等全日照環境中訪花覓食。

幼生期　卵為淡黃色橄欖形。幼蟲呈黑色，蟲體上有3對黑色的肉棘，各體節體側有明顯或部份消失的鮮紅色圓斑。而蛹為黃色表面散生黑色斑點，且閃現金色金屬光澤。幼蟲以夾竹桃科之爬森藤（*Parsonia laevigata*）為食。

分布　分布於台東綠島，為台灣特有種。

保育等級　稀有種

各翅室有排列接連呈粗大帶狀的黑色斑紋

基部外側的底色為白色微黃

♀

翅的底色為白色

綠島大白斑蝶幼蟲，蟲體上有3對黑色的肉。

300
0
公尺

成蟲活動月份：全年出現	棲所：海岸林緣、珊瑚礁岩	前翅展：9～10.5公分

蛺蝶科 NYMPHALIDAE	學名：*Elymnias hypermnestra hainana*	命名者：Moore

藍紋鋸眼蝶（紫蛇目蝶）

翅緣鈍齒狀，翅面為黑褐色，由翅端至前翅亞外緣各室內有淡藍色斑點，腹面密布紫灰色鱗片。雄蝶體型較雌蝶略小，前翅腹面在後緣內側無鱗片及後翅面中室上方有灰黑色毛簇（性徵），雌蝶另於後翅面亞外緣有稀疏的淡藍色斑點，可依此辨識雌雄。

生態習性　成蟲主要發生期在春末至秋季間，冬季數量較少。雌蝶喜好在高溫潮溼且半日照環境的寄主群落產卵，卵多產於寄主新葉裡或新芽上，孵化後幼蟲亦多靜伏於葉裡中肋，並直接將葉片嚙食成溝槽狀，最後並化蛹在寄主葉裡或鄰近低矮的植物隱蔽處。成蟲飛行緩慢，常見躲匿於公園、苗圃、住家庭院附近及低地林叢間，嗜食發酵腐果汁液。

幼生期　卵為黃色球形，幼蟲為鮮綠色，在背部有黃色縱紋延伸至腹部末端的一對燕尾狀尖突，蛹為淡綠色，背部有外圈紅色細紋的黃斑。幼蟲以棕櫚科之山棕（*Arenga tremula*）、黃椰子（*Chrysalidocarpus lutescens*）及蒲葵（*Livistona chinensis* var. *subglobosa*）等景觀植物為食。

分布　北至南部平地至低山區，其中以校園或低地公園較為常見，如台北植物園、大安森林公園和烏來、桃園角板山、台中公園、彰化花壇、台南關仔嶺、高雄美濃及屏東墾丁公園等地。台灣以外在中國南部、整個東南亞地區至印度和斯里蘭卡有分布。

保育等級　普通種

由翅端至前翅亞外緣
各室內有淡藍色斑點

♀

後翅面亞外緣有稀疏的
淡藍色斑點

翅緣鈍齒狀

後翅面中室上方有
灰黑色毛簇

♂

800
0
公尺

成蟲活動月份：北部 3 ～ 12 月，中南部全年出	棲所：公園、苗圃、林緣、溪流沿岸	前翅展：5.3 ～ 6.1 公分

蛺蝶科 NYMPHALIDAE	學名：*Lethe bojonia*	命名者：Fruhstorfer

大深山黛眼蝶（波氏蔭蝶）特有種

　　翅為黑褐色，後翅緣鈍齒狀且翅面有4個、腹面有6個黑眼紋，雄蝶體型較雌蝶略小，後翅面由基部至中央有黑褐色毛簇（性徵），腹面黑眼紋外圈有紫灰色環。雄蝶腹面在翅端下方有翅面筆直的紫白色斜紋。雌蝶則在翅端下方有粗大的白色斜帶。雄蝶有黑褐色毛簇，且翅色較雌蝶暗色及翅形小型，可依前述特徵來區別雄雌。

生態習性　成蟲除了冬季外，全年偶有發現，主要發生期在夏季間。成蟲動作敏捷且飛行快速，偶見於山區竹林周圍及林緣路旁進行日光浴，嗜食樹液和動物排遺，嗜食樹液和動物排遺。

幼生期　尚待查明，幼蟲可能以禾本科之竹類為寄主植物。

分布　零星分布在各地低山區，如北橫公路、新竹尖石及嘉義竹崎等地。台灣特有種。

保育等級　稀有種

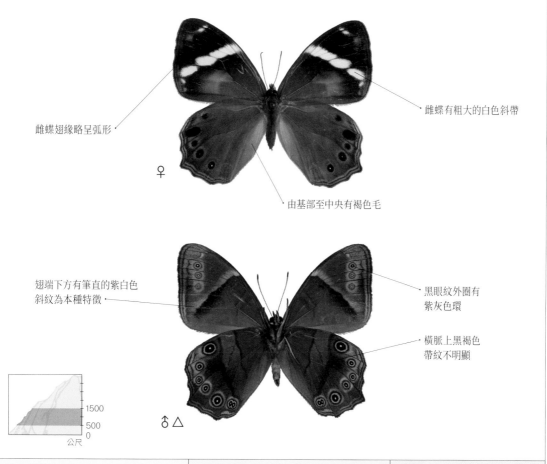

雌蝶翅緣略呈弧形

♀

雌蝶有粗大的白色斜帶

由基部至中央有褐色毛

翅端下方有筆直的紫白色斜紋為本種特徵

黑眼紋外圈有紫灰色環

橫脈上黑褐色帶紋不明顯

1500
500
0
公尺

♂ △

成蟲活動月份：4～11月	棲所：林緣、竹林	前翅展：5.5～5.9公分

蛺蝶科 NYMPHALIDAE	學名：*Lethe christophi hanako*	命名者：Fruhstorfer

柯氏黛眼蝶（深山蔭蝶）

　　後翅緣鈍齒狀且翅面亞外緣有黑圓斑，前後翅腹面中央有數條黑褐色細帶。雄蝶為暗紅褐色，體型較雌蝶略小，在後翅面中室下方有黑褐色毛簇（性徵），雌蝶為褐色，在翅端有3個白色斑點，可依此辨識雌雄。

生態習性　成蟲在春末至夏季間出現。雌蝶喜好在山區全日照環境的寄主群落間產卵，卵多產於寄主葉裡，孵化後幼蟲亦多靜伏於葉裡中肋，藉由暗紅、綠及白褐體色來和棲息環境擬態，最後並化蛹在低矮寄主葉裡或鄰近的植物隱蔽處。成蟲飛行緩慢，常見躲匿於山區路旁、箭竹林附近及樹林間，嗜食動物排遺及發酵腐果汁液。

幼生期　卵為灰白色球形，老熟幼蟲為白褐色，在背部前半側有鮮綠色斑，頭部有1對尖細長突出及腹部末端有併合的燕尾狀尖突，蛹為淡灰褐色，頭部有1對長突起。幼蟲以禾本科之玉山箭竹（*Yushania niitakayamensis*）為食。

分布　北至南部山區，其中以箭竹林群落或林緣山徑較為常見，如宜蘭太平山、苗栗觀霧、中橫大禹嶺和翠峰、新中橫塔塔加、高雄藤枝及南橫天池等地。台灣以外在中國中、西部至中南半島北部有分布。

保育等級　普通種

後翅緣鈍齒狀

略尖突的尾突

有黑褐色毛簇

3個白色斑點

後翅緣鈍齒狀

翅面亞外緣有黑圓斑

2800
1800
0
公尺

中室下方有黑褐色毛簇

成蟲活動月份：6～8月	棲所：山徑、林緣、溪流沿岸	前翅展：5.1～5.8 公分

蛺蝶科 NYMPHALIDAE	學名：*Lethe butleri periscelis*	命名者：Fruhstorfer

巴氏黛眼蝶（台灣黑蔭蝶）

　　翅為灰褐色，前後翅外緣有2條併列的白褐色細紋，翅面在翅端有1個、後翅有2個及腹面在前翅亞外緣有4個和後翅亞外緣有6個黑眼紋。雄蝶體型較雌蝶略小，外表無明顯性徵，前翅外緣平直與後緣垂直，而雌蝶前翅外緣則呈圓弧形，可依此辨識雌雄。

生態習性　成蟲主要發生期在春末至秋季間，常見躲匿於林緣、芒草叢及林間開曠地，嗜食發酵腐果汁液。

幼生期　幼生期尚待查明，目前已知幼蟲以禾本科植物為食。

分布　中至南部低山區，其中以低地林緣和山徑較為常見，如台中谷關、南投國姓、日月潭、嘉義梅山、台南關仔嶺、高雄六龜及台東紅葉等地。台灣以外在中國中部有分布。

保育等級　普通種

前翅外緣平直與後緣垂直

♂ △

腹面在後翅亞外緣
有6個黑眼紋

前翅外緣則呈圓弧形

前後翅外緣有2條併列的
白褐色細紋

♀

翅面在後翅有2個黑眼紋

1200
300
0
公尺

成蟲活動月份：5～8月	棲所：山徑、林緣、溪流沿岸	前翅展：4.7～5.1公分

蛺蝶科 NYMPHALIDAE	學名：*Lethe europa pavida*	命名者：Fruhstorfer

長紋黛眼蝶（白條蔭蝶、玉帶蔭蝶）

　　前翅外緣為鈍齒狀而後翅外緣略尖突，翅端及前、後翅外緣各室內有明顯或模糊的白色條紋。雄蝶體型較雌蝶略小，翅為暗褐色，腹面在前後翅亞外緣各室內有黑褐色霉斑。雌蝶翅為黑褐色，翅端下方有粗大的白色帶，腹面在前後翅亞外緣各室內有較大型黑褐色霉斑。

生態習性　　成蟲主要發生期在春末至秋季間，冬季數量較少。雌蝶喜好在早晨、黃昏及陰天等天候環境下在寄主群落產卵，卵多產於寄主低矮處的葉裡，孵化後幼蟲白晝多靜伏於葉裡中肋，以光線昏暗或夜晚時進食較為常見，並化蛹在寄主葉裡或鄰近植物的低矮隱蔽處。成蟲飛行緩慢，常見躲匿於竹林內、市郊耕地及低地公園附近，雄蝶有時會盤踞高枝具有領域性，嗜食動物排遺和發酵腐果汁液。

幼生期　　卵為淡綠色球形，幼蟲為淡綠色，在背部有橙黃色斑紋而頭部有1對尖細突出及腹部末端有併合的針狀尖突，蛹為淡綠色，胸部隆起且體側有淡黃色斑帶。幼蟲以禾本科之蓬萊竹（*Bambusa multiplex*）、綠竹（*B. oldhamii*）及桂竹（*Phyllostachys makinoi*）為食。

分布　　北至南部平地至低山區，其中以竹林或低地山徑較為常見，如台北觀音山、大屯山和烏來、桃園角板山、宜蘭員山、台中大坑、彰化八卦山、台南關仔嶺、高雄美濃屏東滿州及台東知本等地。台灣以外在中國南部至印度北部及整個東南亞地區有分布。

保育等級　　普通種

翅端有明顯或模糊的白色條紋

翅為暗褐色

後翅外緣為鈍齒狀

略尖突的尾突

1500

0

公尺

休憩中的長紋黛眼蝶雌蝶，雌蝶在翅端下方有粗大的白色帶。

成蟲活動月份：北部 3 ～ 12 月，中南部全年出現	棲所：竹林、低地山徑	前翅展：5 ～ 5.7 公分

| 蛺蝶科 NYMPHALIDAE | 學名：*Lethe chandica ratnacri* | 命名者：Fruhstorfer |

曲紋黛眼蝶（雌褐蔭蝶）

後翅緣呈鈍齒狀。雄蝶翅為黑褐色，腹面在亞外緣有紫灰色縱帶且各翅室內有黑眼紋。雌蝶翅為紅褐色，翅端黑色，在翅端下方有白色帶，後翅面亞外緣有黑圓斑，在前、後翅腹面亞外緣有白褐色縱帶且各翅室內有黑眼紋。

生態習性　成蟲主要發生期在春末至秋季間，冬季數量較少。雌蝶喜好在高溫且半日照環境的寄主群落產卵，卵常產於低處的寄主葉裡，孵化後幼蟲白晝多靜伏於葉裡中肋，以夜晚或光線昏暗時進食較為頻繁，最後並化蛹在寄主葉裡或鄰近低矮的植物隱蔽處。成蟲飛行緩慢，常見躲匿於竹林、耕地附近及市郊公園，嗜食發酵腐果汁液。

幼生期　卵為淡綠色球形，幼蟲為鮮綠色，在背部有黃色斑紋而頭部有1對尖細長突出及腹部末端有併合的燕尾狀尖突，蛹為淡綠色，胸部隆起且體側有黃色斑帶。幼蟲以禾本科之芒（*Miscanthus sinensis*）、桂竹（*Phyllostachys makinoi*）為食。

分布　北至南部平地至山區，其中以竹林或低地山徑較為常見，如台北陽明山和烏來、桃園巴陵、新竹尖石、台中谷關、彰化八卦山、台南關仔嶺、高雄美濃及屏東墾丁公園等地。台灣以外在中國中南部至喜馬拉雅山區及整個東南亞地區有分布。

保育等級　普通種

在翅端下方有白色帶

雌蝶翅為紅褐色，翅端黑色。

後翅面亞外緣有黑圓斑

♀

後翅緣呈鈍齒狀

剛孵化的幼蟲為白色

2000

0

公尺

| 成蟲活動月份：北部 3～12 月，中南部全年出現 | 棲所：市郊公園、竹林、耕地 | 前翅展：5.2～5.9 公分 |

蛺蝶科 NYMPHALIDAE	學名：*Lethe gemina zaitha*	命名者：Fruhstorfer

攣斑黛眼蝶（阿里山褐蔭蝶）

翅面為橙褐色，外緣有1條暗褐色細紋，翅端有1個、後翅亞外緣有5個黑色圓斑點，腹面色澤略淡，外緣有1條紫灰色細紋，翅端有1個、後翅有3個黑色眼紋。雄蝶體型較雌蝶小型，並無明顯的性徵。

生態習性　成蟲一年一世代，發生期在夏季間。成蟲喜好在天晴時路旁林緣活動，其動作敏捷受到驚擾就躲匿於疏林或草叢中，在野外並不容易發現到牠們出沒，嗜食動物排遺和發酵腐果汁液。

幼生期　目前已知幼蟲以禾本科之玉山箭竹（*Yushania niitakayamensis*）為食。

分布　中至南部山區，以箭竹林群落或林緣山徑較為常見，如苗栗觀霧、中橫翠峰、新中橫塔塔加、高雄藤枝、出雲山及南橫天池等地。台灣以外在中國西部至喜馬拉雅山區有分布。

保育等級　稀有種

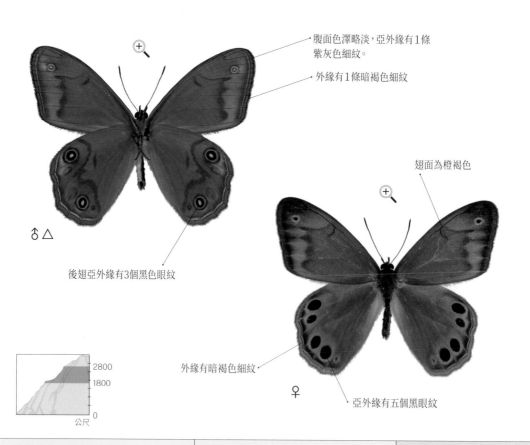

腹面色澤略淡，亞外緣有1條紫灰色細紋。

外緣有1條暗褐色細紋

翅面為橙褐色

♂△

後翅亞外緣有3個黑色眼紋

外緣有暗褐色細紋

亞外緣有五個黑眼紋

♀

2800
1800
0
公尺

成蟲活動月份：6～8月	棲所：樹林、崩塌地	前翅展：4.7～5.4公分

蛺蝶科 NYMPHALIDAE	學名：*Lethe insana formosana*	命名者：Fruhstorfer

深山黛眼蝶（深山玉帶蔭蝶、深山白條蔭蝶）

　　後翅緣鈍齒狀且翅面有4個、腹面有6個黑眼紋。雄蝶體型較雌蝶略小，翅為黑褐色，腹面密布紫灰色鱗片，在翅端下方有白褐色斜帶。雌蝶為褐色，在翅端上有點紋及下方有斜帶為白色，雌雄蝶外形明顯不同。

生態習性　成蟲主要發生期在春末至秋季間。雌蝶喜好在天晴時將卵產於寄主群落低矮處，卵多產於寄主葉裡，孵化後幼蟲亦多靜伏於寄主中肋附近，嚙食部份葉緣而殘留中肋及其附近纖維質較硬的葉肉，以光線昏暗的清晨或夜晚時進食較為常見，最後並化蛹在寄主葉裡較低矮的隱蔽處。成蟲動作敏捷，常見於箭竹林外圍及山徑陡坡上進行日光浴，嗜食樹液和發酵腐果汁，雄蝶經常於山澗溼地或溼壁上吸水。

幼生期　卵為白色球形，幼蟲伴隨著棲息環境不同，有黃綠至紅褐色等許多種顏色變化，在頭部及腹部末端有1對併合的尖細長突起，蛹為淡灰褐色且散生黑褐色細紋，胸部有尖突隆起。幼蟲以玉山箭竹（*Yushania niitakayamensis*）為食。

分布　北至南部山區，如宜蘭太平山、思源埡口、苗栗觀霧、中橫大禹嶺和翠峰、新中橫塔塔加、高雄藤枝及南橫天池等地。台灣以外在中國南部至中南半島北部及喜馬拉雅山區有分布。

保育等級　普通種

雄蝶翅為黑褐色

翅端上有白色點紋

翅端下方有白色斜帶

翅緣鈍齒狀

後翅面有4個黑眼紋

♂

雌蝶為褐色

♀

2800
1800
0
公尺

成蟲活動月份：4～10月	棲所：箭竹林、山徑陡坡、林緣	前翅展：4.2～5.1公分

蛺蝶科 NYMPHALIDAE	學名：*Lethe mataja*	命名者：Fruhstorfer

台灣黛眼蝶（大玉帶黑蔭蝶） 特有種

　　翅為暗褐色，後翅緣鈍齒狀且翅端下方有白色斜帶。腹面在外緣有2條併合的白褐色帶紋，中央有2條黑褐色細帶，翅端有2個、後翅有6個黑眼紋。雄蝶體型較雌蝶略小，在後翅面中室下方有黑色毛簇（性徵），可依此來辨識雌雄。

生態習性　成蟲主要發生期在春末至秋季間。雌蝶喜好在天晴時將卵產於寄主群落低矮處，卵多產於寄主葉上，孵化後幼蟲多靜伏於寄主葉裡中肋附近，囓食部份葉緣而殘留中肋及其附近纖維質較硬的葉肉，以光線昏暗的清晨或夜晚時進食較為頻繁，最後並化蛹在寄主或鄰近植物較低矮的葉裡隱蔽處。成蟲動作敏捷，常見於樹林外圍及山徑陡坡上活動，雄蝶經常於林緣路旁的溼地或葉上吸食水份、鳥類排遺及樹幹汁液。

幼生期　卵為灰白色球形，幼蟲為黃綠色且體表有黃色細紋，在頭部及腹部末端各有1對尖細的長突起，蛹為綠色且散生紅褐色細紋，胸部有尖突隆起。幼蟲以芒（*Miscanthus sinensis*）、桂竹（*Phyllostachys makinoi*）為食。

分布　北至南部低地至山區，如北橫明池、宜蘭南山、新竹尖石、苗栗觀霧、中橫谷關和霧社、雲林草嶺、嘉義奮起湖、花蓮紅葉、高雄扇平和寶來及南橫利稻等地。台灣特有種。

保育等級　稀有種

翅端下方有白色斜帶

後翅面中室下方有黑色毛簇

後翅緣鈍齒狀

♂

雌蝶白色紋帶較寬大

翅為暗褐色

♀

1500
500
0
公尺

成蟲活動月份：5～10月	棲所：林緣、山徑、溪流沿岸	前翅展：4.3～4.7公分

| 蛺蝶科 NYMPHALIDAE | 學名：*Lethe rohria daemoniaca* | 命名者：Fruhstorfer |

波紋黛眼蝶（波紋玉帶蔭蝶、波紋白條蔭蝶）

　　翅為暗褐色，前翅外緣為鈍齒狀而後翅外緣有尖突，翅端有明顯的白色斑點。雄蝶體型較雌蝶略小些，腹面在前後翅亞外緣各室內有黑褐色霉狀眼斑，中央有數條白褐色細紋，翅端下方有白褐色斜帶。雌蝶在翅端下方有粗大的白色斜帶，腹面在前翅端、後翅亞外緣各室內有黑褐色外圈紫灰色的霉狀眼斑，中央有數條暗紫色細紋。

生態習性　成蟲全年出現，主要發生期在春末至夏季間，冬季數量較少。雌蝶喜好在半日照且蔽風溫暖的環境下，在寄主群落產卵，卵多產於寄主低矮處的葉裡，孵化後幼蟲白晝多靜伏於葉裡中肋，以光線昏暗或夜晚時進食較為常見，化蛹在寄主葉裡或鄰近植物的低矮隱蔽處。成蟲飛行快速且低飛，常見於山區路旁、市郊公園及林緣開曠地附近活動，嗜食樹液、動物排遺和發酵腐果汁液，雄蝶有時會盤踞高枝具有領域性。

幼生期　卵為灰白色球形，幼蟲為淡藍綠色，在體側密生黃色顆粒狀肉疣，而頭部有1對尖細突出及腹部末端有併合的尖突起，蛹為淡藍綠色，胸部隆起且體側有灰黃色斑帶。幼蟲以禾本科之五節芒（*Miscanthus floridulus*）、芒（*M. sinensis*）為食。

分布　北至南部平地至低山區頗為常見，如台北陽明山、深坑和烏來、北橫公路、宜蘭礁溪、台中谷關、彰化八卦山、嘉義梅山、台南關仔嶺、高雄美濃、屏東雙流及台東知本等地。台灣以外在中國南部至印度、斯里蘭卡及印尼有分布。

保育等級　普通種

翅端有明顯的白色斑點

前翅外緣為鈍齒狀

雌蝶有粗大的白色斜帶

♀

在前翅端、後翅亞外緣各室內有黑褐色外圈紫灰色的霉狀眼斑

中央有數條暗紫色細紋

♀ △

波紋黛眼蝶蛹，蛹為淡黃綠色且體側有灰黃色斑帶。

2500

0

公尺

| 成蟲活動月份：全年 | 棲所：林緣、林間開曠地、溪流沿岸 | 前翅展：4.8～5.5 公分 |

蛺蝶科 NYMPHALIDAE	學名：*Lethe verma cintamani*	命名者：Fruhstorfer

玉帶黛眼蝶（玉帶黑蔭蝶）

　　翅為黑褐色，後翅外緣為鈍齒形，翅端下方有白褐色斜帶，翅緣有雙重併合的帶狀白褐色細紋，腹面在翅端有2個、後翅亞外緣有6個黑色眼斑，中央有2條紫褐色細紋。雄蝶體型較雌蝶略小些且前翅腹面在後緣及後翅面在前緣呈灰白色，雌蝶翅端下方的白褐色斜帶較粗大，可依此辨識雄雌。

生態習性　成蟲除了冬季低溫而數量較少外，其它季節則經常發現。雌蝶喜好在全日照環境下在寄主群落中產卵，卵多產於寄主低矮處的葉裡，孵化後幼蟲白晝多靜伏於葉端中肋上，隨著發育成長而移棲至莖、葉上，以光線昏暗或夜晚時進食較為常見，化蛹在植物低矮隱蔽處的莖、枝或葉裡中肋。成蟲飛行緩慢且低飛，常見於山區路旁、疏林間及林緣開曠地附近活動，嗜食樹液、動物排遺和發酵腐果汁液，雄蝶有時會盤踞高枝具有領域性。

幼生期　卵為灰白色球形，老熟幼蟲為黃綠色，在背部密生黃色顆粒狀肉疣且中央有消失或明顯的暗紅斑，而頭部有1對尖細突出及腹部末端有併合的尖突起，蛹為淡黃綠色，胸部隆起且頭部有1對尖錐突出。幼蟲以禾本科之五節芒（*Miscanthus floridulus*）、芒（*M. sinensis*）、桂竹（*Phyllostachys makinoi*）及棕葉狗尾草（*Setaria palmifolia*）等植物為食。

分布　北至南部低地至山區頗為常見，如三峽滿月圓、北橫公路、桃園拉拉山、宜蘭福山、新竹尖石、中橫公路、嘉義阿里山、高雄藤枝及台東利稻等地。台灣以外在中國中部至喜馬拉雅山區及中南半島有分布。

保育等級　普通種

翅緣有雙重併合的帶狀白褐色細紋

翅端下方有白褐色斜帶

翅端下方的白褐色斜帶較粗大

後翅外緣為鈍齒形

黑色眼紋

中央有2條紫褐色細紋

2000
500
0
公尺

♂

♀ △

成蟲活動月份：3～10月	棲所：林緣、山區路旁、疏林	前翅展：4.5～5.3公分

| 蛺蝶科 NYMPHALIDAE | 學名：*Minois nagasawae* | 命名者：Matsumura |

永澤蛇眼蝶（永澤蛇目蝶） 特有種

　　雄蝶翅為暗褐色且後翅緣為鈍齒形，前翅端和亞外緣在臀角上方各有1個大型黑眼紋。後翅面亞外緣各翅室內有稍小的黑眼紋。腹面在外緣有併合的雙重白褐色細紋，後翅由中央至外緣密布灰褐色鱗片。雌雄蝶無明顯性徵可供區別，雌蝶翅形較雄蝶大型且底色為黃褐色，可依此特徵來區別雌雄。

生態習性　成蟲一年一世代，發生期在夏季間。成蟲飛行緩慢且沿地面低飛，喜好在全日照的草原活動，常見於山頂鞍部的草原、山徑進行日光浴、吸食葉上露水和動物排遺汁液等。

幼生期　幼生期尚待查明，目前已知幼蟲以禾本科之玉山箭竹（*Yushania niitakayamensis*）為食。

分布　北至南部高山區，如大霸尖山、雪山、合歡山、新中橫塔塔加、八通關、玉山及南橫大關山等地。台灣特有種。

保育等級　稀有種

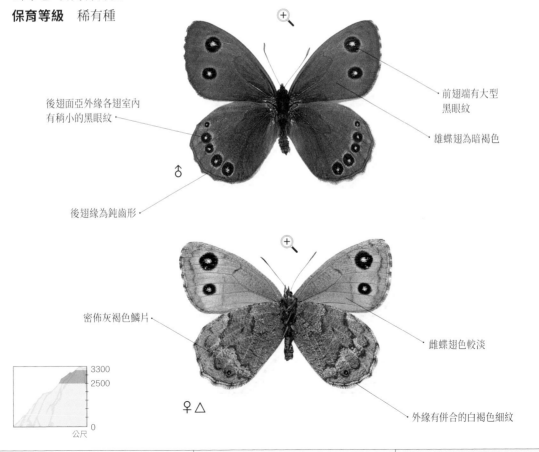

後翅面亞外緣各翅室內有稍小的黑眼紋

前翅端有大型黑眼紋

雄蝶翅為暗褐色

♂

後翅緣為鈍齒形

密佈灰褐色鱗片

雌蝶翅色較淡

♀ △

外緣有併合的白褐色細紋

3300
2500
0
公尺

| 成蟲活動月份：7～8月 | 棲所：山頂和鞍部的草原 | 前翅展：4.2～5公分 |

| 蛺蝶科 NYMPHALIDAE | 學名：*Palaeonympha opalina macrophthalmia* | 命名者：Fruhstorfer |

古眼蝶（銀蛇目蝶）

　　雄蝶翅為白褐色，雌蝶翅為黃褐色，外緣有併列的3條灰黑色細紋。翅面在翅端和後翅亞外緣在肛角上方各有1個黑眼紋。腹面由中央至外緣密布有灰白色鱗片，中央、內緣有灰黑色帶，前翅在翅端有1個、後翅亞外緣在肛角上方有2個及前緣有1個內鑲銀色顆粒點的黑眼紋，在前翅亞外緣中央、後翅亞外緣中央及前緣有銀斑。雌蝶翅形較雄蝶寬大些且色澤明顯不同，可依此特徵差異來區別雄雌。

生態習性　成蟲主要發生期在春季間。雌蝶喜好在全日照且潮溼處的寄主群落葉裡產卵，孵化後幼蟲多棲附於寄主葉裡或莖上，以頭部朝葉的先端而腹部向著葉柄的方向棲息著，幼蟲受驚擾時則墜地捲曲假死，化蛹於寄主離根部不遠處的莖枝或葉裡。成蟲飛行緩慢且低飛，常見於路旁、林緣草叢間及山徑上吸食樹液、葉上露水和發酵腐果汁液等。

幼生期　已知卵為淡黃色球形，老熟幼蟲為白褐色且背側有灰黑色縱帶、頭部色澤較暗且腹部末端有燕尾狀的短尖突。蛹為灰褐色而背側有板狀突起且密布灰黑色細紋。幼蟲以禾本科之淡竹葉（*Lophatherum gracile*）、芒（*Miscanthus sinensis*）及求米草（*Oplismenus hirtellus*）等為食。

分布　北至南部低山區，如台北滿月圓、宜蘭福山、北橫公路、新竹尖石、中橫公路、新中橫公路及阿里山等地。台灣以外在中國中至西部有分布。

保育等級　普通種

前翅面在翅端有1個黑眼紋

後翅亞外緣在肛角上方有1個黑眼紋

♀

翅外緣有併列的3條灰黑色細紋

內鑲銀色顆粒點的黑眼紋

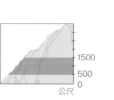

♂ △

古眼蝶蛹

1500
500
0
公尺

腹面由中央至外緣密布有灰白色鱗片

前、後翅亞外緣中央及後翅前緣有銀斑

| 成蟲活動月份：4～6月 | 棲所：林緣、溪流沿岸 | 前翅展：4.2～4.9公分 |

蛺蝶科 NYMPHALIDAE	學名：*Neope armandii lacticolora*	命名者：Fruhstorfer

白斑蔭眼蝶（白色黃斑蔭蝶）

翅為暗褐色，後翅面內緣至中央密布淡褐色毛，腹面及前翅面布有白色斑，後翅外緣為鈍齒形且翅面中央呈白色斑塊及有帶狀排列的眼紋，腹面在翅端有2個、後翅亞外緣有6～7個黑或黃色眼斑。雄蝶翅形較雌蝶狹長些且雌蝶前翅面在後緣稍上方有白色橫帶，可依此辨識雄雌。

生態習性 成蟲主要發生期在春末至秋季間。雌蝶喜好在午後將卵產於寄主群落低矮處，卵多聚產於寄主葉裡，每回約數十個。成蟲動作敏捷，常見於箭竹林外圍及山徑陡坡上進行日光浴，嗜食樹液和動物排遺，雄蝶經常於山澗溼地或溼壁上吸水。

幼生期 已知卵為灰白色球形且集聚產下蝶卵，幼蟲以玉山箭竹（*Yushania niitakayamensis*）為食。

分布 北至南部山區，如宜蘭太平山和思源埡口、苗栗觀霧、中橫公路、新中橫塔塔加、高雄出雲山及南橫天池等地。台灣以外在中國中部至中南半島北部有分布。

保育等級 普通種

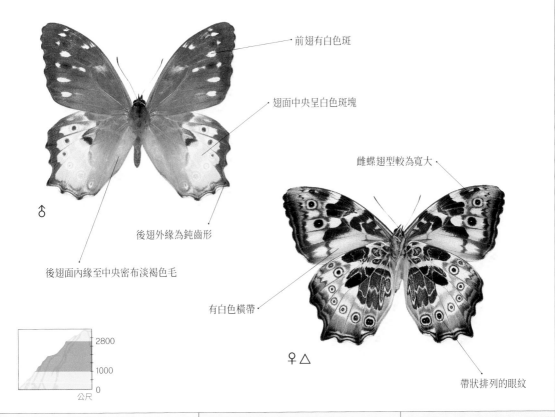

前翅有白色斑

翅面中央呈白色斑塊

雌蝶翅型較為寬大

♂

後翅外緣為鈍齒形

後翅面內緣至中央密布淡褐色毛

有白色橫帶

2800
1000
0
公尺

♀ △

帶狀排列的眼紋

成蟲活動月份：5～9月	棲所：林緣、溪流沿岸	前翅展：4.8～5.6公分

蛺蝶科 NYMPHALIDAE	學名：*Neope bremeri taiwana*	命名者：Matsumura

布氏蔭眼蝶（渡邊黃斑蔭蝶、台灣黃斑蔭蝶）

　　翅為暗褐色且中央有帶狀排列外圈暗黃色斑的黑眼紋，後翅外緣為鈍齒形，後翅面內緣至中央密布暗褐色毛，腹面密布黑褐色模樣霉斑在亞外緣各室內有外圈暗黃色環的黑眼斑。雄蝶翅形較雌蝶狹長些且雌蝶腹面在中央有粗大白色縱帶，可依此辨識雄雌。

生態習性　成蟲主要發生期在春至秋季間。雌蝶喜好在清晨或黃昏時段將卵聚產於寄主葉裡，每回約數十個，孵化後幼蟲多集聚於同一葉片上，隨著發育成長而移棲至其它葉寄主上，老熟幼蟲有吐縛絲帶來折曲葉片造「蟲巢」習性，最後並化蛹在蟲巢裡。成蟲飛行緩慢且低飛，常見於山區路旁、溪澗陡壁上吸水及竹林外圍開曠地附近吸食樹液、動物排遺和發酵腐果汁液。

幼生期　已知卵為灰黃色球形且集聚產下蝶卵，老熟幼蟲為白褐色且頭部暗褐色，在背部有帶狀排列的暗褐斑，而腹部末端有燕尾狀的尖突起，蛹為淡褐色密布黑褐色細紋呈膠囊模樣。幼蟲以禾本科之桂竹（*Phyllostachys makinoi*）、玉山箭竹（*Yushania niitakayamensis*）為食。

分布　北至南部低地至山區，如台北烏來和三峽滿月圓、宜蘭南山、北橫公路、苗栗觀霧、中橫公路、花蓮紅葉、嘉義阿里山、高雄藤枝及南橫天池等地。台灣以外在中國中部以南至海南島有分布。

保育等級　普通種

外圈有暗黃色斑的黑眼紋

有粗大暗黃斑的黑眼紋

♂

後翅面內緣至中央密布暗褐色毛

後翅外緣為鈍齒形

2200

300

公尺 0

♀ △

雌蝶翅型較為寬大

成蟲活動月份：3～10月	棲所：林緣、竹林	前翅展：5.8～6.3公分

蛺蝶科 NYMPHALIDAE	學名：*Neope muirheadi nagasawae*	命名者：Matsumura

褐翅蔭眼蝶（永澤黃斑蔭蝶）

翅為暗褐色且中央有帶狀排列外圈暗黃色斑的黑眼紋，後翅外緣為鈍齒形，後翅面內緣至中央密布暗褐色毛，腹面密布暗褐色模樣霉斑，亞外緣各室內有外圈暗黃色環的黑眼斑。雄蝶翅形較雌蝶狹長些且雌蝶腹面在中央有粗大白色縱帶，可依此辨識雄雌。

生態習性　成蟲主要發生期在春至秋季間。雌蝶喜好在清晨或黃昏時段將卵聚產於寄主葉裡，每回約數十個，孵化後幼蟲多集聚於同一片葉裡，隨著發育成長而分成數個小集團移棲至其它寄主葉裡，老熟幼蟲有吐縛絲帶來折捲葉片造「蟲巢」習性，最後並化蛹在蟲巢裡。成蟲飛行緩慢且低飛，常見於山區路旁、竹林間及溪澗溼壁上吸食水分、樹液、動物排遺和發酵腐果汁液等。

幼生期　已知卵為灰黃色球形且集聚產下蝶卵，老熟幼蟲為墨綠色且頭部褐色，蟲體密布白褐色縱帶，而腹部末端有燕尾狀的尖突起，蛹為暗褐色而腹部密布白褐色細紋呈膠囊模樣。幼蟲以禾本科綠竹（*Bambusa oldhamii*）、桂竹（*Phyllostachys makinoi*）為食。

分布　北至南部平地至山區，如台北觀音山、烏來和三峽滿月圓、宜蘭員山、北橫公路、新竹尖石、中橫公路、花蓮富源、嘉義梅山、高雄六龜及屏東雙流等地。台灣以外在中國東南部至中南半島北部有分布。

保育等級　普通種

帶狀排列的黑眼紋

翅面中央呈帶狀排列的黑色點紋

♀ △

密佈暗褐色霉斑

♂

1800

0

公尺

後翅外緣為鈍齒形

後翅面內緣至中央密布黑褐色毛

成蟲活動月份：中北部 3～11 月，南部全年出現	棲所：竹林、林緣、溪流沿岸	前翅展：5.4～6.2公分

蛺蝶科 NYMPHALIDAE	學名：*Neope pulaha didia*	命名者：Fruhstorfer

黃斑蔭眼蝶（阿里山黃斑蔭蝶）

　　翅為黑褐色且後翅外緣為鈍齒形，後翅面內緣至中央密布黑褐色毛，翅面中央至外緣有暗黃色斑及帶狀排列的眼紋，腹面密布黑褐色模樣霉斑在翅端及後翅亞外緣各室內有外圈暗黃色環的黑眼斑。雄蝶翅形較雌蝶狹長些且前翅面後緣稍上方有幾呈黑色斑（性徵），另外雌蝶翅面的暗黃色斑較大些，可依此辨識雄雌。

生態習性　　成蟲主要發生期在夏季期間，其動作敏捷，天晴時常見於山區林緣、箭竹林外圍及山徑陡坡上進行日光浴，嗜食樹液和動物排遺，雄蝶經常於山澗溼地或溼壁上吸水。

幼生期　　已知卵為淡灰白色球形且集聚產下蝶卵，老熟幼蟲為白褐色且頭部暗褐色，蟲體背部有黑褐色縱帶，而腹部末端有燕尾狀的尖突起。幼蟲以玉山箭竹（*Yushania niitakayamensis*）為食。

分布　　北至南部山區，如宜蘭太平山和思源埡口、苗栗觀霧、中橫大禹嶺和翠峰、新中橫塔塔加、高雄出雲山及南橫天池等地。台灣以外在中國中部至中南半島北部及喜馬拉雅山區有分布。

保育等級　　普通種

翅型較雄蝶圓鈍些

雌蝶暗黃色斑較大型

♂

雄蝶後緣稍上方有幾呈黑色斑

翅面中央至外緣有暗黃色斑及縱列的眼紋

2800
1300
0
公尺

後翅外緣為鈍齒形

♀

後翅面內緣至中央密布黑褐色毛

成蟲活動月份：6～8月	棲所：林緣、山徑	前翅展：4.1～5公分

蛺蝶科 NYMPHALIDAE	學名：*Penthema formosanum*	命名者：Rothschild

台灣斑眼蝶（白條斑蔭蝶） 特有種

　　翅面為黑色而腹面褐色，翅緣為波形，各翅室內除了後翅內緣有白色斑，餘為灰白色斑。雌雄蝶並無明顯性徵，雌蝶翅形較雄蝶寬圓大型。

生態習性　成蟲主要發生期在夏至秋季間。雌蝶喜好在正午時段將卵單一或數個卵聚產於陰涼處的寄主葉裡，孵化後幼蟲多棲附於竹葉裡，隨著發育成長而移棲至寄主葉面，幼蟲休憩時有挺舉胸部擬態竹葉的習性，最後並化蛹於寄主莖枝上，其貌似乾捲的枯竹葉狀。成蟲飛行緩慢且低飛，常見於林緣路旁、竹林間吸食水份、樹液、動物排遺和發酵腐果汁液等。

幼生期　已知卵為灰白色球形，老熟幼蟲體形扁平貌似乾枯竹葉為白褐色且頭部和腹部末端尾狀的尖突併合呈褐色，蛹為淡灰褐色而頭部下顎有針狀突出且密布灰黑色細紋呈細長尖錐模樣。幼蟲以禾本科之蓬萊竹（*Bambusa multiplex*）、綠竹（*B. oldhamii*）、桂竹（*Phyllostachys makinoi*）為食。

分布　北至南部平地至山區，如台北觀音山、大屯山和烏來、宜蘭礁溪、新竹尖石、台中大坑、台南關仔嶺、高雄六龜、屏東雙流及台東知本等地。台灣以外在馬祖有分布。台灣特有種。

保育等級　普通種

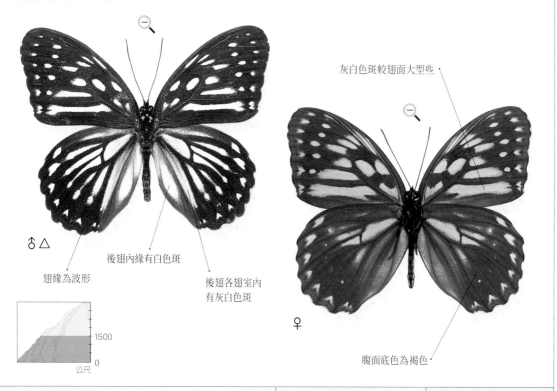

灰白色斑較翅面大型些

後翅內緣有白色斑

翅緣為波形

後翅各翅室內有灰白色斑

♂ △

1500

0

公尺

♀

腹面底色為褐色

成蟲活動月份：中北部 3～11 月，南部全年出現	棲所：林緣、溪流沿岸	前翅展：7.6～8.9 公分

蛺蝶科 NYMPHALIDAE	學名：*Melanitis leda leda*	命名者：Linnaeus

暮眼蝶（樹蔭蝶）

　　翅為黑褐色而腹面密布灰白色細紋（除了前翅腹面後緣外），翅端尖突且翅面在稍下方有2個及後翅肛角上方有2個稍小的黑眼紋。腹面在翅端稍下方有2個及後翅亞外緣各翅室內有大小不一的黑眼紋。雌雄蝶並無明顯性徵，雌蝶翅形較雄蝶寬圓大型，最好直接觀察腹部末端交尾器來區別。

生態習性　成蟲主要發生期在春末至秋季間。雌蝶喜好在晴天時將卵產於涼溼的寄主群落葉裡，孵化後幼蟲多棲附於葉裡，隨著發育成長而移棲至離根部不遠的寄主葉裡，化蛹於寄主葉裡中肋。成蟲動作緩慢且低飛，常見於林緣路旁、樹林間及山徑，嗜食葉上水份、樹液和發酵腐果汁液等。

幼生期　已知卵為灰黃色球形，老熟幼蟲為淡黃綠色及背部有綠色縱帶而頭部黑色有1對狼牙棒般的突起，腹部末端有燕尾狀的尖突起。幼蟲以禾本科之五節芒（*Miscanthus floridulus*）、芒（*M. sinensis*）及棕葉狗尾草（*Setaria palmifolia*）等為食。

分布　北至南部平地至低山區，如台北觀音山、烏來和木柵、基隆彭佳嶼、宜蘭礁溪、桃園虎頭山、新竹北埔、台中大坑、台南關仔嶺、高雄六龜、屏東雙流及台東知本等地。台灣以外在亞、非及澳洲熱帶和亞熱帶地區有分布。

保育等級　普通種

翅端尖突

翅端的大型眼紋白斑點置中

翅為黑褐色

後翅肛角上方有2個
稍小的黑眼紋

1000
0
公尺

吸食石塊上水分的雄蝶

成蟲活動月份：中北部 3～12月，南部全年出現	棲所：林緣、溪流沿岸	前翅展：6～6.9公分

蛺蝶科 NYMPHALIDAE	學名：*Melanitis phedima polishana*	命名者：Fruhstorfer

森林暮眼蝶（黑樹蔭蝶）

　　翅為黑褐色而腹面密布灰白、褐色枯葉紋和霉斑（除了前翅腹面後緣為白褐色），翅端尖突且翅面在稍下方有2個及後翅肛角上方有2個稍小的黑眼紋。腹面在翅端稍下方有2個及後翅亞外緣各翅室內有大小不一的黑眼紋。雌雄蝶並無明顯性徵，雌蝶翅形較雄蝶寬圓大型，最好直接觀察腹部末端交尾器來區別。本種與暮眼蝶在形態上頗為類似，可由本種在翅端的大型眼紋白斑點在外側，而暮眼蝶則置中來鑑別。

生態習性　成蟲主要發生期在春末至秋季間。雌蝶喜好在晴天時將卵產於涼溼的寄主群落葉裡，孵化後幼蟲多棲附於葉裡，隨著發育成長而移棲至離根部不遠的寄主葉裡，化蛹於寄主葉裡中肋。成蟲動作緩慢且低飛，常見於林緣路旁、樹林間及山徑，嗜食葉上水份、樹液和發酵腐果汁液等。

幼生期　已知卵為灰黃色球形，老熟幼蟲為淡黃綠色及背部有密生淡綠色縱紋而頭部黑褐色有1對狼牙棒般的突起，腹部末端有燕尾狀色澤稍淡的尖突起。幼蟲以禾本科之五節芒（*Miscanthus floridulus*）、芒（*M. sinensis*）及棕葉狗尾草（*Setaria palmifolia*）等為食。

分布　北至南部平地至低山區，如台北陽明山、烏來和外雙溪、宜蘭礁溪、桃園虎頭山、新竹仙腳石、台中豐原、台南關仔嶺、高雄六龜、屏東雙流及台東知本等地。台灣以外在日本南部、中國南部至中南半島、印度及東南亞地區有分布。

保育等級　普通種

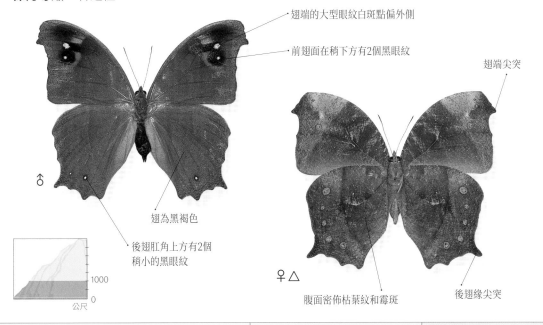

翅端的大型眼紋白斑點偏外側

前翅面在稍下方有2個黑眼紋

翅端尖突

翅為黑褐色

後翅肛角上方有2個稍小的黑眼紋

♂

1000

公尺　0

♀ △

腹面密佈枯葉紋和霉斑

後翅緣尖突

成蟲活動月份：中北部 3～12月，南部全年出現	棲所：林緣路旁、樹林間及山徑	前翅展：5.8～6.5公分

蛺蝶科 NYMPHALIDAE	學名：*Mycalesis sangaica mara*	命名者：Fruhstorfer

淺色眉眼蝶 (單環蝶)

　　翅為暗褐色，外緣有併合的雙重白褐色細紋，翅端有1個小型、亞外緣在臀角上方有1個大型黑眼紋，後翅面亞外緣中央有2個小型黑眼紋。腹面在中央有灰白色帶，後翅各翅室內亞外緣有小型黑眼紋。雄蝶在後翅面前緣有黑褐色毛簇 (性徵)，且前翅腹面後緣內側呈灰白色，雌蝶翅形較雄蝶寬圓大型，可依前述特徵來區別雄雌。

生態習性　成蟲主要發生期在春末至夏季間。雌蝶喜好在全日照且潮溼處的寄主群落葉裡產卵，孵化後幼蟲多棲附於寄主葉裡或莖上，頭部朝葉的先端而腹部向著葉柄的方向棲息著，化蛹於寄主離根部不遠處的莖枝或葉裡。成蟲飛行緩慢且低飛，常見於林緣草叢、山徑及疏林間吸食樹液和發酵腐果汁液等。

幼生期　已知卵為灰白色球形。老熟幼蟲為白褐色且背部有灰黑色縱帶，頭部褐色且腹部末端有燕尾狀的短尖突。蛹為褐色而背側隆起且腹部密布白褐色細紋。幼蟲以禾本科之柳葉箬 (*Isachne globosa*)、五節芒 (*Miscanthus floridulus*)、芒 (*M. sinensis*)、求米草 (*Oplismenus hirtellus*) 及棕葉狗尾草 (*Setaria palmifolia*) 等植物為食。

分布　北至南部平地至山區，如台北觀音山、滿月圓和烏來、宜蘭仁澤、北橫公路、新竹尖石、苗栗獅頭山、花蓮富源、嘉義東埔、高雄六龜、屏東雙流及台東知本等地。台灣以外在中國各地廣泛分布。

保育等級　普通種

腹面在中央有灰白色帶

♂ △

後翅各翅室內有
小型黑眼紋

外緣有併合的雙重
白褐色細紋

雌蝶翅端的黑眼紋
較大型

雌蝶後翅面有一個明顯的
黑眼紋

♀

後翅外緣有白褐色縱帶

1500
0
公尺

成蟲活動月份：中北部 3～11月，南部全年出現	棲所：林緣草叢、疏林間及山徑	前翅展：3.4～4.2 公分

蛺蝶科 NYMPHALIDAE	學名：*Mycalesis perseus blasius*	命名者：Fabricius

曲斑眉眼蝶（無紋蛇目蝶）

　　翅面黑褐色，翅端下方有1個外圈灰黃色環的大型黑眼紋，外緣有併合的雙重灰色細紋。腹面呈暗褐色且中央有1條灰白色帶，亞外緣有呈弧形排列前翅共5個及後翅共7個大或小型黑眼紋，且眼紋外側有紫灰色輪廓狀細紋，外緣有併合的雙重白褐色細紋。雄蝶在後翅面前緣有白褐色毛簇（性徵），且翅色較雌蝶暗色及翅形小型，可依前述特徵來區別雄雌。

生態習性　成蟲主要發生期在春末、秋季。目前觀察所知，成蟲嗜食草花花蜜、發酵果汁及葉上露水。

幼生期　尚待查明，推測幼蟲應如同其它該屬蝶種以禾本科植物為食。

分布　在台灣僅於中南部平地至低地偶有發現，如南投埔里、嘉義梅山、台南關仔嶺、高雄美濃、屏東恆春及台東知本等地。台灣以外在中國南部至印度、東南亞各地及澳洲北部等地有分布。

保育等級　稀有種

中央有1條灰白色帶

♂ △

後翅7個黑眼紋

翅面黑褐色

有1個外圍黃環的黑眼紋

有白褐色毛簇

800
0
公尺

♂

雄蝶常停棲於地面

成蟲活動月份：全年	棲所：林緣、疏林	前翅展：3.9～4.2公分

蛺蝶科 NYMPHALIDAE	學名：*Mycalesis francisca formosana*	命名者：Fruhstorfer

眉眼蝶（小蛇目蝶）

　　翅為黑褐色，外緣有併合的雙重白褐色細紋，翅端有1個小型、亞外緣在臀角上方有1個大型黑眼紋。腹面在中央有紫灰色帶，後翅各翅室內亞外緣有小型黑眼紋。雄蝶在後翅面前緣有灰白色毛簇（性徵）且前翅腹面後緣內側呈灰白色，雌蝶翅形較雄蝶寬圓大型，我們可依前述特徵區別雌雄。

生態習性　　成蟲主要發生期在夏至秋季間。雌蝶喜好在全日照且潮溼處的寄主群落葉裡產卵，孵化後幼蟲多棲附於寄主葉裡或莖上，幼蟲受驚擾時有捲曲蟲體且墜地「假死」的習性，最後並化蛹於寄主莖枝或葉裡。成蟲飛行緩慢且低飛，常見於林緣路旁、林間開曠草地上訪花、吸食溼地水份、樹液和發酵腐果汁液等。

幼生期　　已知卵為灰黃色球形，老熟幼蟲為白褐色、頭部黑褐色且腹部末端有燕尾狀的短尖突，蛹為灰綠色而背部隆突且密布墨綠色細紋。幼蟲以禾本科之白茅（*Imperata cylindrica* var. *major*）、五節芒（*Miscanthus floridulus*）、芒（*M. sinensis*）、求米草（*Oplismenus hirtellus*）及棕葉狗尾草（*Setaria palmifolia*）等為食。

分布　　北至南部平地至低山區，如台北觀音山、四獸山和烏來、宜蘭龜山島和仁澤、新竹北埔、台中大坑、台南關仔嶺、高雄美濃、屏東雙流及台東知本等地。台灣以外在亞洲東部至中南半島北部及喜馬拉雅山區有分布。

保育等級　　普通種

翅端有1個小型黑眼紋

亞外緣在臀角上方有1個大型黑眼紋

♂

外緣有併合的雙重白褐色細紋

中央有紫灰色帶

♀ △

亞外緣內側有小型黑眼紋

眉眼蝶的卵

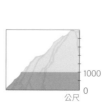

1000

0

公尺

成蟲活動月份：中北部 3～11月，南部全年出現	棲所：林緣路旁、林間開曠地及山徑	前翅展：3.7～4.1 公分

蛺蝶科 NYMPHALIDAE	學名：*Mycalesis gotama nanda*	命名者：Fruhstorfer

稻眉眼蝶（姬蛇目蝶）

　　翅為暗褐色，外緣有併合的雙重灰褐色細紋，翅端有1個小型、亞外緣在臀角上方有1個大型黑眼紋。腹面在中央有灰白色帶，亞外緣至外緣密生灰白色鱗片，後翅各翅室內亞外緣有小型黑眼紋。雄蝶在後翅面前緣有灰褐色毛簇（性徵）且前翅腹面後緣內側呈灰褐色，雌蝶翅形較雄蝶寬圓大型，可依前述特徵來區別雄雌。

生態習性　成蟲主要發生期在春末至夏季間。雌蝶喜好在全日照且潮溼處的寄主群落葉裡產卵，孵化後幼蟲多棲附於寄主葉裡或莖上，幼蟲受驚擾時有先搖晃胸部來禦敵的習性，或者墜地捲曲假死，化蛹於寄主離根部不遠處的莖枝或葉裡。成蟲飛行緩慢且低飛，常見於林緣路旁、林間開曠草地上訪花、吸食樹液和發酵腐果汁液等。

幼生期　已知卵為灰黃綠色球形，老熟幼蟲為白褐色且背部有1條黑褐色縱帶、頭部黑褐色且腹部末端有燕尾狀的尖突，蛹為淡綠色而背側隆起且密布灰白色細紋。幼蟲以禾本科之柳葉箬（*Isachne globosa*）、五節芒（*Miscanthus floridulus*）、芒（*M. sinensis*）、求米草（*Oplismenus hirtellus*）及棕葉狗尾草（*Setaria palmifolia*）等為食。

分布　北至南部平地至低山區，如台北觀音山、四獸山和烏來、宜蘭龜山島和仁澤、新竹北埔、台中大坑、花蓮鯉魚潭、台南關仔嶺、高雄美濃、屏東雙流及台東知本等地。台灣以外在亞洲東部至中南半島北部及喜馬拉雅山區有分布。

保育等級　普通種

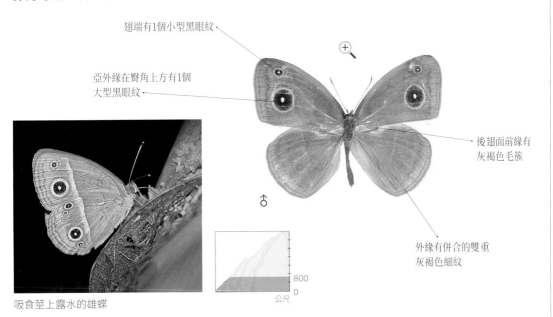

翅端有1個小型黑眼紋

亞外緣在臀角上方有1個大型黑眼紋

後翅面前緣有灰褐色毛簇

外緣有併合的雙重灰褐色細紋

♂

800
0
公尺

吸食莖上露水的雄蝶

成蟲活動月份：中北部 3～11 月，南部全年出現	棲所：林緣路旁、林間開曠地及山徑	前翅展：3.5～4.2公分

蛺蝶科 NYMPHALIDAE	學名：*Mycalesis mineus mineus*	命名者：Linnaeus

小眉眼蝶（圓翅單環蝶）

翅為黑褐色，外緣有併合的雙重白褐色細紋，前翅亞外緣在臀角上方有1個大型黑眼紋。腹面在中央有白褐色帶，亞外緣至外緣密生白褐色鱗片，翅端和亞外緣在臀角上方各有1個及後翅各翅室內亞外緣有小型黑眼紋。雄蝶在後翅面前緣內側呈白褐色且著生灰褐色毛簇（性徵），雌蝶翅形較雄蝶寬圓大型，可依前述特徵來區別雄雌。

生態習性　成蟲主要發生期在春末至夏季間。雌蝶喜好在半日照且潮溼處的寄主群落葉裡產卵，孵化後幼蟲多棲附於寄主葉裡或莖上，幼蟲受驚擾時有墜地捲曲假死的習性，化蛹於寄主離根部不遠處的莖枝或葉裡。成蟲飛行緩慢且低飛，常見於林緣路旁、疏林間活動，嗜吸食樹液、溼地水份和發酵腐果汁液等。

幼生期　已知卵為灰白色球形，老熟幼蟲為白褐色或淡綠褐色且背部有1條暗色縱帶、頭部黑褐色且腹部末端有燕尾狀的尖突，蛹為灰綠色而腹部膨大且密布暗色細紋。幼蟲以禾本科之柳葉箬（*Isachne globosa*）、五節芒（*Miscanthus floridulus*）及狼尾草（*Pennisetum alopecuroides*）等植物為食。

分布　北至南部平地至低地，如台北觀音山和鶯歌、新竹北埔、台中大坑、花蓮鯉魚潭、台南關仔嶺、高雄美濃和六龜、屏東雙流和恆春及台東知本等地。台灣以外在中國南部至中南半島及印度北部有分布。

保育等級　普通種

臀角上方有1個大型黑眼紋

雄蝶在後翅面前緣內側著生灰褐色毛簇

外緣有併合的雙重白褐色細紋

♂

亞外緣至外緣密生白褐色鱗片

腹面中央有白褐色帶

♂ △

各翅室內亞外緣有小型黑眼紋

成蟲停棲於枯葉上具有擬態效果

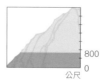

800
0
公尺

成蟲活動月份：中北部 4～11 月，南部全年出現	棲所：林緣路旁、疏林間及郊區步道	前翅展：3.5～4.1 公分

蛺蝶科 NYMPHALIDAE	學名：*Mycalesis kagina*	命名者：Fruhstorfer

嘉義眉眼蝶（嘉義小蛇目蝶）

　　翅為褐色，外緣有不清晰的併合雙重白褐色細紋，翅端有1個小型接連1個大型、亞外緣在臀角上方有1個大型和後翅面亞外緣中央有3個小型及1個大型外圈黃環的黑眼紋。腹面在中央稍外側有鮮明的白褐色縱帶，另在後翅亞外緣前側多有2個小型黑眼紋。雄蝶在後翅面前緣有淡褐色毛簇（性徵），且前翅腹面後緣內側呈灰白色，可依前述特徵來區別雄雌。

生態習性　成蟲主要發生期在春末至夏季間。成蟲飛行緩慢且低飛，偶見於林緣路旁、疏林間活動，嗜食溼地水分和發酵腐果汁液。

幼生期　尚待查明，推測幼蟲應如同其它該屬蝶種以禾本科植物為食。

分布　北至南部平地至低地偶見，如台北烏來、宜蘭牛鬥、新竹北埔、苗栗南庄、南投埔里、嘉義竹崎、高雄六龜、台東知本及屏東三地門及恆春有發現。台灣以外在中南半島北部至喜瑪拉雅山區一帶有分布。

保育等級　稀有種

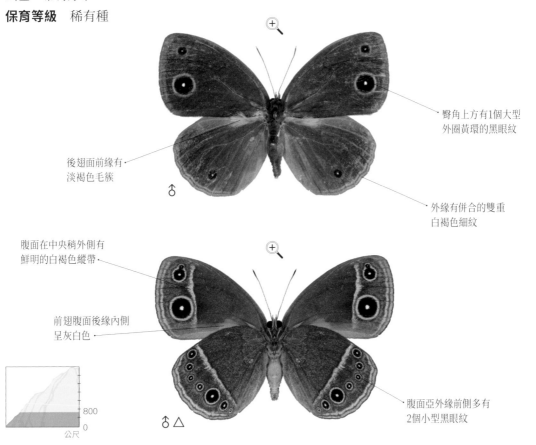

臀角上方有1個大型
外圈黃環的黑眼紋

後翅面前緣有
淡褐色毛簇

♂

外緣有併合的雙重
白褐色細紋

腹面在中央稍外側有
鮮明的白褐色縱帶

前翅腹面後緣內側
呈灰白色

800
0
公尺

♂ △

腹面亞外緣前側多有
2個小型黑眼紋

成蟲活動月份：3～12月	棲所：林緣、疏林、溪流沿岸	前翅展：4.8～5.2公分

蛺蝶科 NYMPHALIDAE	學名：*Mycalesis zonata*	命名者：Matsumura

切翅眉眼蝶 (切翅單環蝶)

　　翅為暗褐色且翅緣為鈍齒形，翅端的翅緣呈平直截角且有1個小型黑眼紋，亞外緣在臀角上方有1個大型黑眼紋。腹面在中央有灰白色，外緣有併合的雙重白褐色細紋，前翅在亞外緣臀角上方各翅室內、後翅亞外緣各翅室內有大或小型黑眼紋。雄蝶在後翅面前緣有白褐色毛簇 (性徵) 且前翅腹面後緣內側呈白褐色，雌蝶翅形較雄蝶寬圓大型，可依前述特徵區別雄雌。

生態習性　成蟲主要發生期在春末至夏季間。雌蝶喜好在全日照且潮溼處的寄主群落葉裡產卵，孵化後幼蟲多棲附於寄主葉裡或莖上，以頭部朝葉的先端而腹部向著葉柄的方向棲息著，幼蟲受驚擾時則墜地捲曲假死，化蛹於寄主離根部不遠處的莖枝或葉裡。成蟲飛行緩慢且低飛，常見於路旁、林緣草叢間及山徑上吸食樹液、葉上露水和發酵腐果汁液等。

幼生期　已知卵為灰白色球形，老熟幼蟲有白褐或灰綠色兩型且背側有1條暗色縱帶，頭部黑褐色，腹部末端有燕尾狀的短尖突。蛹為淡綠色而背部隆起且密布灰白色細紋。幼蟲以禾本科之柳葉箬 (*Isachne globosa*)、五節芒 (*Miscanthus floridulus*)、芒 (*M. sinensis*)、求米草 (*Oplismenus hirtellus*) 及棕葉狗尾草 (*Setaria palmifolia*) 等為食。

分布　北至南部平地至低山區，如台北觀音山、四獸山和烏來、宜蘭龜山島和仁澤、新竹北埔、台中大坑、花蓮鯉魚潭、台南關仔嶺、高雄美濃、屏東雙流及台東知本等地。台灣以外在中國南部有分布。

保育等級　普通種

翅端的翅緣呈平直截角

亞外緣在臀角上方有1個大型黑眼紋

雄蝶在後翅面前緣有白褐色毛簇

翅端有1個小型黑眼紋

翅緣為鈍齒形

切翅眉眼蝶幼蟲

♂

1000
0
公尺

成蟲活動月份：中北部 3 ～ 11 月，南部全年出現	棲所：林緣、路旁草叢及山徑	前翅展：3.5 ～ 4.2 公分

蛺蝶科 NYMPHALIDAE	學名：*Ypthima angustipennis*	命名者：Takahashi

狹翅波眼蝶（狹翅大波紋蛇目蝶）特有種

　　翅面暗褐色，在翅端、後翅亞外緣肛角附近及上方各有1個黑眼紋。腹面密佈灰白色細紋且底色暗色些，在翅端有1個大型黑眼紋，後翅亞外緣在肛角及上方有3個及前緣有2個黑眼紋。雌蝶翅形較雄蝶大型且底色較淡色，雌蝶前翅腹面在翅端下方有1個小型黑眼紋，可依此特徵來區別。

生態習性　成蟲幾乎全年出現，主要發生期在春末和初秋期間。雌蝶喜好在潮溼的林緣草叢間產卵，孵化後幼蟲多棲附於貼地的寄主葉裡或莖上。成蟲動作敏捷且低飛，可見於低地林緣路旁及山徑活動，嗜食草花花蜜、葉上露水和腐果汁液。

幼生期　已知幼生期形態與寶島波眼蝶頗為類似，幼蟲以禾本科多種禾草為食。

分布　北至南部低地至山區，如北橫公路、新竹尖石、嘉義梅山及高雄六龜等地較為常見。台灣特有種。

保育等級　稀有種

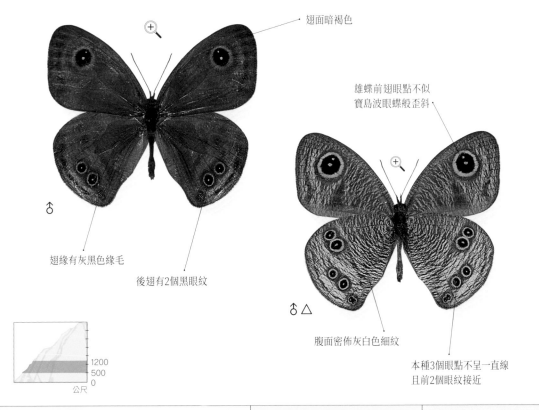

翅面暗褐色

雄蝶前翅眼點不似寶島波眼蝶般歪斜

翅緣有灰黑色緣毛

後翅有2個黑眼紋

腹面密佈灰白色細紋

本種3個眼點不呈一直線且前2個眼紋接近

♂

♂ △

1200
500
0
公尺

成蟲活動月份：中北部 3 ～ 12 月，南部全年	棲所：林緣草叢間、山區路旁	前翅展：4.1 ～ 4.6公分

蛺蝶科 NYMPHALIDAE	學名：*Ypthima okurai*	命名者：Okano

大藏波眼蝶（大藏波紋蛇目蝶）特有種

　　後翅有白褐色緣毛，翅為暗褐色，翅面在翅端有1個、後翅亞外緣內側有3個外圈黃環的黑眼紋。腹面中央外側密佈白色細紋，在內側密佈灰黃色細紋，在翅端有1個、後翅亞外緣內側有4個非分離及2個黑眼紋。雌蝶翅形較雄蝶大型寬圓且底色較淡色，可依此特徵來區別雄雌。

生態習性　成蟲全年偶有發現，主要發生期在春末及秋季。成蟲飛行緩慢且低飛，常見於林緣草叢間及山徑上活動，嗜食草花花蜜和溼地上水份。

幼生期　尚待查明。

分布　中部低山區，如台中谷關和八仙山、南投霧社等地。台灣特有種。

保育等級　稀有種

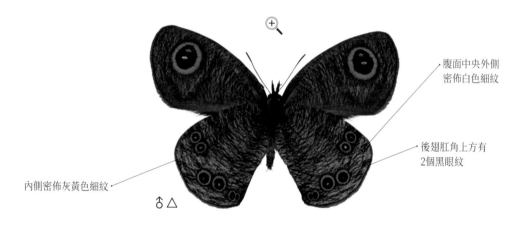

腹面中央外側
密佈白色細紋

後翅肛角上方有
2個黑眼紋

內側密佈灰黃色細紋

♂ △

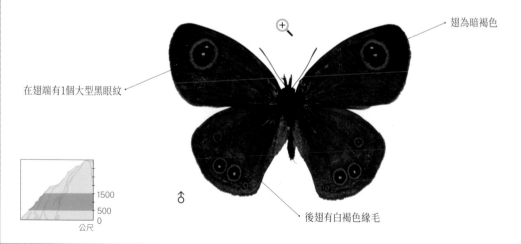

翅為暗褐色

在翅端有1個大型黑眼紋

♂

1500
500
0
公尺

後翅有白褐色緣毛

成蟲活動月份：中部 5～11 月	棲所：疏林間、林緣草叢間及山徑	前翅展：3.5～3.8 公分

蛺蝶科 NYMPHALIDAE	學名：*Ypthima conjuncta yamanakai*	命名者：Sonan

白漪波眼蝶 (山中波紋蛇目蝶) 特有種

　　翅緣有灰褐色緣毛，翅面為暗褐色且外緣黑褐色，在翅端有1個、後翅亞外緣在肛角附近及上方各有1個大型黑眼紋。腹面為黃褐色，在翅端有1個、後翅亞外緣有5個小型黑眼紋，前翅密布白褐色、後翅密布白色細紋。雄蝶翅端尖突，雌蝶翅形及翅端眼紋較雄蝶大型且底色較淡色，可依此特徵來區別雄雌。

生態習性　成蟲主要在春至夏季間出現。雌蝶喜好在半日照的林緣寄主群落草叢間產卵。成蟲飛行緩慢且低飛於山區路旁、林緣草叢間及山徑上，嗜食溼地水分、動物排遺和發酵腐果汁液等。

幼生期　目前已知卵為淡綠色球形。幼蟲以禾本科之芒 (*Miscanthus sinensis*) 為食。

分布　北至南部山區，如桃園拉拉山、新竹觀霧、台中梨山、南投霧社、阿里山、高雄出雲山及南橫天池等地。台灣特有種。

保育等級　普通種

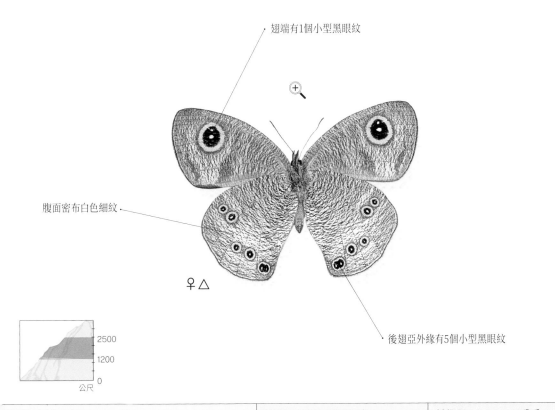

翅端有1個小型黑眼紋

腹面密布白色細紋

♀ △

後翅亞外緣有5個小型黑眼紋

2500
1200
0
公尺

成蟲活動月份：5～9月	棲所：林緣、溪流沿岸	前翅展：3.8～4.4公分

蛺蝶科 NYMPHALIDAE	學名：*Ypthima akragas*	命名者：Fruhstorfer

白帶波眼蝶（台灣小波紋蛇目蝶） 特有種

　　後翅有白色緣毛，翅面為黑褐色，在翅端有1個、後翅亞外緣在肛角附近及上方各有1個黑眼紋。腹面為黃褐色，在翅端有1個、後翅亞外緣在肛角上方有2個及前緣有1個黑眼紋，前翅密布白褐色、後翅密布灰黑色細紋，在後翅中室外側密布呈縱帶排列的白色鱗片。雄蝶前翅面由後緣內側至中室附近密生黑色發香鱗（性徵）且雌蝶翅形較雄蝶大型且底色較淡色，可依此特徵來區別雄雌。

生態習性　成蟲幾乎全年可見，主要發生期在夏季間。雌蝶喜好在全日照的林緣寄主群落草叢間產卵，孵化後幼蟲多棲附於寄主葉裡或莖上，幼蟲受驚擾時則墜地捲曲假死，化蛹於寄主離根部不遠處的莖枝或葉裡。成蟲飛行緩慢且低飛於山區路旁、林緣草叢間及山徑上，嗜食花蜜、動物排遺和發酵腐果汁液等。

幼生期　已知卵為淡藍綠色球形，老熟幼蟲為白褐色且背側有暗色縱帶，頭部色澤較暗且腹部末端有短尖的尾狀突起，蛹為灰綠色而體側沿前翅後緣至腹部有灰黑褐色帶。幼蟲以禾本科之芒（*Miscanthus sinensis*）及求米草（*Oplismenus hirtellus*）等禾草為食。

分布　北至南部低山至山區，如北橫池端、宜蘭太平山、新竹觀霧、中橫公路、新中橫公路、阿里山、南橫公路及屏東霧台等地。台灣特有種。

保育等級　普通種

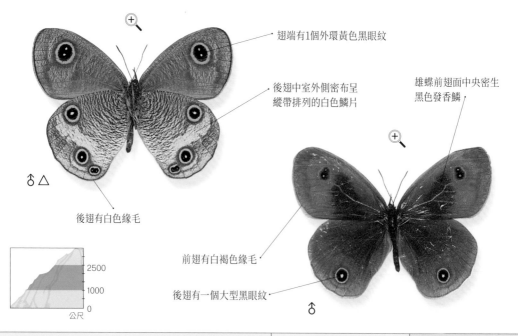

翅端有1個外環黃色黑眼紋

後翅中室外側密布呈縱帶排列的白色鱗片

雄蝶前翅面中央密生黑色發香鱗

♂ △

後翅有白色緣毛

2500
1000
0
公尺

前翅有白褐色緣毛

後翅有一個大型黑眼紋

♂

成蟲活動月份：山區 4～10 月，低山區冬季亦偶有見之	棲所：林緣草叢、山徑	前翅展：3.9～4.8 公分

蛺蝶科 NYMPHALIDAE	學名：*Ypthima baldus zodina*	命名者：Fruhstorfer

小波眼蝶（小波紋蛇目蝶）

　　後翅有褐色緣毛，翅為黑褐色，由中央至外緣色澤略淡，翅面在翅端有1個、後翅亞外緣有2個黑眼紋。腹面密布白褐色細紋，在翅端有1個、後翅亞外緣有6個黑眼紋。雌蝶翅形較雄蝶大型寬圓且底色較淡色，可依此特徵來區別雄雌。

生態習性　成蟲在南部全年可見，主要發生期在春末至夏季間。雌蝶喜好在半日照的疏林或林緣寄主群落草叢間產卵，孵化後幼蟲多棲附於寄主葉裡或莖上，化蛹於寄主離根部不遠處的葉裡。成蟲飛行緩慢且貼近地面低飛，常見於山區路旁、林緣草叢間及山徑上活動，嗜食花蜜和溼地上水份。

幼生期　已知卵為淡藍綠色球形，老熟幼蟲為白褐色且體側有暗色縱帶、頭部色澤較暗且腹部末端有短尖的尾狀突起。蛹為灰褐色而胸部背側隆起。幼蟲以禾本科之巴拉草（*Brachiaria mutica*）、芒（*Miscanthus sinensis*）、五節芒（*M. floridulus*）及求米草（*Oplismenus hirtellus*）等禾草為食。

分布　北至南部平地至低山區，如台北陽明山和烏來、北海岸、北橫公路、宜蘭福山、新竹仙腳石、苗栗獅頭山、台中谷關、南投埔里、嘉義梅山、高雄六龜及屏東雙流等地，台灣以外在中國南部至中南半島及喜馬拉雅山區有分布。

保育等級　普通種

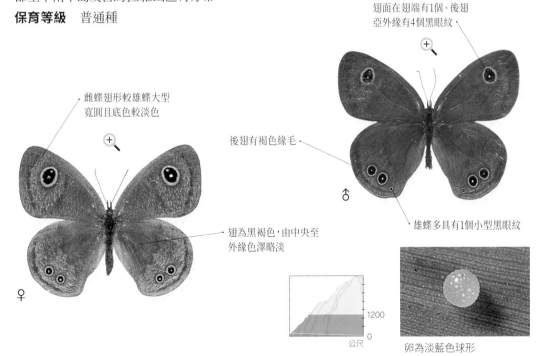

雌蝶翅形較雄蝶大型寬圓且底色較淡色

翅面在翅端有1個、後翅亞外緣有4個黑眼紋

後翅有褐色緣毛

翅為黑褐色，由中央至外緣色澤略淡

雄蝶多具有1個小型黑眼紋

♀

♂

1200

0

公尺

卵為淡藍色球形

成蟲活動月份：中北部 3～11月，南部全年	棲所：疏林間、林緣草叢間及山徑	前翅展：2.7～3.3公分

蛺蝶科 NYMPHALIDAE	學名：*Ypthima esakii*	命名者：Shirôzu

江崎波眼蝶（江崎波紋蛇目蝶） 特有種

　　後翅有白褐色緣毛，翅為暗褐色。腹面密布灰白色細紋，在翅端有1個大型、臀角上方有1個小型黑眼紋，後翅亞外緣在肛角及上方、前緣各有1個黑眼紋。雄蝶前翅面在翅端附近有1個幾近消失的黑眼紋，後翅亞外緣在肛角上方也有1個黑眼紋。雌蝶翅形較雄蝶大型且底色較淡色，前翅面在翅端附近有1個大型及後翅亞外緣在肛角上方有1個黑眼紋。我們可依此特徵來區別雄雌。

生態習性　成蟲幾乎全年可見，主要發生期在春季間。雌蝶喜好在半日照的林緣寄主群落草叢間產卵，孵化後幼蟲多棲附於寄主葉裡或莖上，幼蟲受驚擾時則墜地捲曲假死，化蛹於寄主離根部不遠處的莖枝或葉裡中肋。成蟲飛行緩慢且低飛於郊區路旁、林緣草叢間及山徑上，嗜食花蜜、溼地水份和發酵腐果汁液等。

幼生期　已知卵為淡藍綠色近似球形，老熟幼蟲有綠、褐色兩型，且背側有暗色縱帶、頭部色澤較暗且腹部末端有短尖的尾狀突起。蛹為灰綠色而體側沿前翅後緣至腹部有有紫黑色帶。幼蟲以禾本科之柳葉箬（*Isachne globosa*）、兩耳草（*Paspalum conjugatum*）、芒（*Miscanthus sinensis*）及求米草（*Oplismenus hirtellus*）等禾草為食。

分布　北至南部平地至低山區，如台北四獸山和烏來、宜蘭雙連埤、北橫公路、新竹北埔、中橫公路、南投日月潭、嘉義中埔、高雄六龜及屏東雙流等地。台灣特有種。

保育等級　普通種

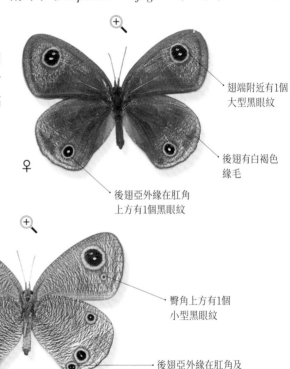

翅端附近有1個大型黑眼紋

後翅有白褐色緣毛

♀

後翅亞外緣在肛角上方有1個黑眼紋

翅端有1個大型黑眼紋

腹面密布灰白色細紋

臀角上方有1個小型黑眼紋

後翅亞外緣在肛角及上方各有1個黑眼紋

1200

0

公尺

♀ △

成蟲活動月份：北部 3～11 月，中南部全年	棲所：郊區路旁、林緣草叢間、山徑	前翅展：3.6～4.3公分

蛺蝶科 NYMPHALIDAE	學名：*Ypthima formosana*	命名者：Fruhstorfer

寶島波眼蝶（大波紋蛇目蝶）特有種

　　翅緣有灰黑色緣毛，翅面為暗褐色，在翅端、後翅亞外緣在肛角附近及上方各有1個黑眼紋。腹面色澤略暗，在翅端有1個大型、後翅亞外緣在肛角上方有3個及前緣有2個小型黑眼紋，前、後翅密布灰白色細紋。雌蝶翅形較雄蝶大型且底色較淡色，另於前翅面亞外緣中央附近有1個及後翅前緣有2個小型黑眼紋，可依此特徵來區別雄雌。

生態習性　成蟲幾乎全年可見，主要發生期在夏季間。雌蝶喜好在全日照潮溼的寄主群落草叢中產卵，孵化後幼蟲多棲附於寄主葉裡或莖上。成蟲飛行緩慢且貼近地面低飛，常見於郊區路旁、林緣草叢間及疏林中，嗜食花蜜、樹液和發酵腐果汁液等。

幼生期　已知卵為淡藍色近似球形，老熟幼蟲為淡綠色且體側有白色及暗色併列縱紋、頭部色澤較暗且腹部末端有短尖的尾狀突起，蛹為黑褐或灰綠色而背側在胸、腹部隆突。幼蟲以禾本科之白茅（*Imperata cylindrica* var. *major*）、柳葉箬（*Isachne globosa*）、兩耳草（*Paspalum conjugatum*）、五節芒（*Miscanthus floridulus*）及棕葉狗尾草（*Setaria palmifolia*）等禾草為食。

分布　北至南部平地至低山區，如台北拱北殿和烏來、宜蘭福山、桃園虎頭山、北橫公路、新竹北埔、中橫公路、南投集集、嘉義梅山、高雄六龜及屏東雙流等地。台灣特有種。

保育等級　普通種

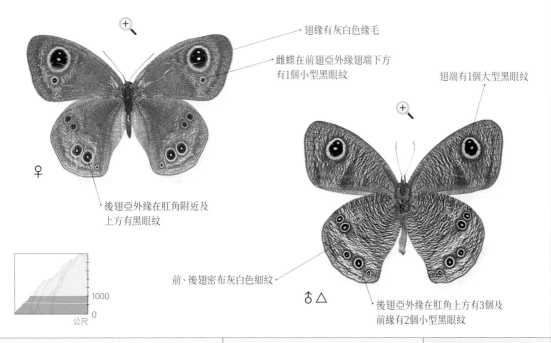

翅緣有灰白色緣毛

雌蝶在前翅亞外緣翅端下方有1個小型黑眼紋

翅端有1個大型黑眼紋

♀

後翅亞外緣在肛角附近及上方有黑眼紋

前、後翅密布灰白色細紋

♂△

後翅亞外緣在肛角上方有3個及前緣有2個小型黑眼紋

1000
0
公尺

成蟲活動月份：北部3～11月，中南部全年	棲所：郊區路旁、林緣草叢間、山徑	前翅展：4～4.7公分

蛺蝶科 NYMPHALIDAE	學名：*Ypthima multistriata*	命名者：Butler

密紋波眼蝶（台灣波紋蛇目蝶） 特有種

　　後翅有灰白色緣毛，翅為暗褐色。腹面密布灰白色細紋，在翅端有1個大型黑眼紋，後翅亞外緣在肛角及上方、前緣各有1個黑眼紋。雄蝶前翅面在翅端附近有1個幾近消失及後翅亞外緣在肛角上方有1個黑眼紋。雌蝶翅形較雄蝶大型且底色較淡色，前翅面在翅端附近有1個大型及後翅亞外緣在肛角上方有1個黑眼紋。我們可依此特徵來區別雄雌。

生態習性　成蟲幾乎全年可見，主要發生期在春季期間。雌蝶喜好在半日照的林緣寄主群落草叢間產卵，孵化後幼蟲多棲附於寄主葉裡或莖上，幼蟲受驚擾時則墜地捲曲假死，化蛹於寄主離根部不遠處的莖枝或葉裡中肋。成蟲飛行緩慢且低飛於郊區路旁、林緣草叢間及山徑上，嗜食花蜜、溼地水份和發酵腐果汁液等。

幼生期　已知卵為淡藍綠色近似球形。老熟幼蟲有綠、褐色兩型，且背側有暗色縱帶、頭部色澤較暗且腹部末端有短尖的尾狀突起。蛹為灰綠色而體側沿前翅後緣至腹部有紫黑色帶。幼蟲以禾本科之狗牙根（*Cynodon dactylon*）、白茅（*Imperata cylindrica* var. *major*）、柳葉箬（*Isachne globosa*）、兩耳草（*Paspalum conjugatum*）、五節芒（*Miscanthus floridulus*）及棕葉狗尾草（*Setaria palmifolia*）等禾草為食。

分布　北至南部平地至低山區，如台北陽明山和烏來、宜蘭礁溪、北橫公路、新竹尖石、中橫公路、花蓮鯉魚潭、南投水里、台南關仔嶺、高雄六龜及屏東雙流等地。台灣特有種。

保育等級　普通種

翅端有1個幾近消失的黑眼紋

♂

後翅亞外緣在肛角上方有1個黑眼紋

後翅有灰白色緣毛

翅端附近有1個大型黑眼紋

雌蝶翅形較雄蝶大型且底色較淡色

密紋波眼蝶蛹

公尺

♀

後翅亞外緣在肛角上方有1個黑眼紋

成蟲活動月份：北部 3～11 月，中南部全年	棲所：郊區路旁、林緣草叢間、山徑	前翅展：4～4.6 公分

蛺蝶科 NYMPHALIDAE	學名：*Ypthima praenubila kanonis*	命名者：Matsumura

巨波眼蝶-北台灣亞種（鹿野波紋蛇目蝶）

　　翅緣有白褐色緣毛，翅面為黑褐色，在翅端有1個大型黑眼紋，後翅亞外緣在肛角上方有2個黑眼紋。腹面為暗褐色且密布灰白色細紋，前翅後緣白褐色，在翅端有1個、後翅亞外緣在肛角上方有3個及前緣有1個大型黑眼紋。而前翅大型黑眼紋內有2個眼點。雌蝶翅形較雄蝶明顯寬圓大型許多，本亞種雄蝶前翅展通常不超過4.7公分、雌蝶則多超過5.2公分，可依此特徵來區別雌雄。

生態習性　　成蟲一年一世代，發生期在春末至夏季間。雌蝶喜好在全日照的草原、林緣開曠地寄主群落中產卵，孵化後幼蟲多棲附於離寄主根部不遠的葉裡或莖上，化蛹於寄主離根部不遠處的葉裡中肋。成蟲飛行緩慢且低飛於山區路旁及林緣開曠地的禾草群落間，嗜食花蜜、溼地水份和發酵腐果汁液等。

幼生期　　已知卵為淡綠色近似球形，老熟幼蟲為白褐色且背側密布灰黑色顆粒紋、頭部黑褐色且腹部末端有燕尾狀的短突起。蛹為灰黑褐色而體側沿前翅後緣至腹部有白褐色帶。幼蟲以禾本科之芒（*Miscanthus sinensis*）等植物為食。

分布　　本亞種分布在北部海濱至山區，如台北陽明山、東北角海岸、宜蘭太平山、北橫公路及新竹觀霧等地，台灣以外在中國西至南部有分布。

保育等級　　稀有種

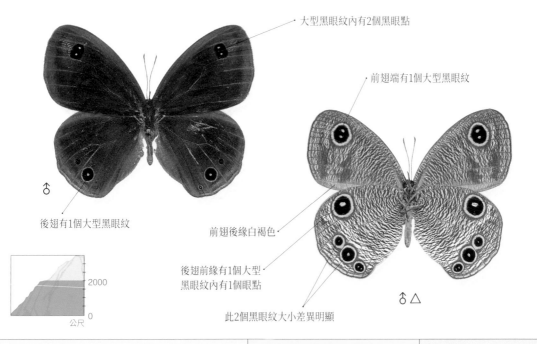

大型黑眼紋內有2個黑眼點

前翅端有1個大型黑眼紋

♂

後翅有1個大型黑眼紋

前翅後緣白褐色

後翅前緣有1個大型
黑眼紋內有1個眼點

此2個黑眼紋大小差異明顯

♂△

2000

0

公尺

成蟲活動月份：5～6月	棲所：林緣草叢間、山徑	前翅展：4.5～5.8公分

蛺蝶科 NYMPHALIDAE	學名：*Ypthima praenubila neobilia*	命名者：Murayama

巨波眼蝶-中台灣亞種（鹿野波紋蛇目蝶）

　　翅緣有白褐色緣毛，翅面為黑褐色，在翅端有1個大型黑眼紋，後翅亞外緣在肛角上方有2個黑眼紋。腹面為暗褐色且密布灰白色細紋，前翅後緣白褐色，在翅端有1個、後翅亞外緣在肛角上方有3個及前緣有1個大型黑眼紋。而前翅大型黑眼紋內有2個眼點。雌蝶翅形明顯較雄蝶寬圓大型許多，本亞種雄蝶前翅展通常約4.3公分、雌蝶則多超過4.7公分，亦可依此特徵來區別北部和中南部亞種。

生態習性　　成蟲一年一世代，發生期在春末至夏季間。雌蝶喜好在全日照的草原、林緣開曠地寄主群落中產卵，孵化後幼蟲多棲附於離寄主根部不遠的葉裡或莖上，化蛹於寄主離根部不遠處的葉裡中肋。成蟲飛行緩慢且低飛於山區草原及林緣開曠地的禾草群落間，嗜食花蜜、溼地水份和發酵腐果汁液等。

幼生期　　已知卵為淡綠色近似球形，老熟幼蟲為白褐色且背側密布灰黑色顆粒紋、頭部黑褐色且腹部末端有燕尾狀的短突起。蛹為灰黑褐色而體側沿前翅後緣至腹部有白褐色帶。幼蟲以禾本科之芒（*Miscanthus sinensis*）為寄主植物。

分布　　本亞種分布在中南部低山至山區，如中橫公路、新中橫公路、阿里山、南橫公路及屏東大漢山等地，台灣以外在中國西至南部有分布。

保育等級　　稀有種

本亞種體型明顯小於北部亞種

後翅亞外緣在肛角上方有2個黑眼紋

♂

本亞種前翅黑眼紋下方密生黑褐色鱗片

肛角上方有3個接連黑眼紋

1500
500
0
公尺

♀ △

成蟲活動月份：5～6月	棲所：林緣草叢間、草原	前翅展：4.2～5.1公分

蛺蝶科 NYMPHALIDAE	學名：*Ypthima tappana*	命名者：Matsumura

達邦波眼蝶（達邦波紋蛇目蝶）

　　翅緣有白褐色緣毛，翅面為黑褐色，在翅端有1個大型、後翅亞外緣在肛角上方有2個黑眼紋。腹面為暗褐色且密布灰白色細紋，前翅後緣白褐色，在翅端有1個、後翅亞外緣肛角上方有3個及前緣有1個大型黑眼紋。而前翅大型黑眼紋內有2個眼點。雌蝶翅形較雄蝶明顯寬圓大型且淡色許多，雄蝶前翅展通常不超過4公分，可依前述特徵來區別雄雌。

生態習性　成蟲主要發生期在春、秋季節。雌蝶喜好在半日照的林道、林緣的寄主群落中產卵，孵化後幼蟲多棲附於離寄主根部不遠的葉裡或莖上，幼蟲受驚擾時有墜地捲曲假死的習性，化蛹於寄主離根部不遠處的枯枝、或葉裡中肋。成蟲飛行緩慢且常見低飛或停棲於郊區路旁、林緣草叢間及林道上進行日光浴，嗜食花蜜和溼地水份。

幼生期　已知卵為灰白色近似球形，老熟幼蟲為白褐色且背側有暗色、體側有灰白和褐色併列縱紋，頭部暗褐色有尖錐狀突出且腹部末端有燕尾狀的突起。蛹為灰褐色而背側色澤較暗。幼蟲以禾本科之兩耳草（*Paspalum conjugatum*）、五節芒（*Miscanthus floridulus*）為食。

分布　北至南部平地至低山區，如台北陽明山、北海岸、宜蘭福山、中橫公路、嘉義東埔、高雄寶來、屏東恆春及台東知本等地，台灣以外在中國西至南部有分布。

保育等級　稀有種

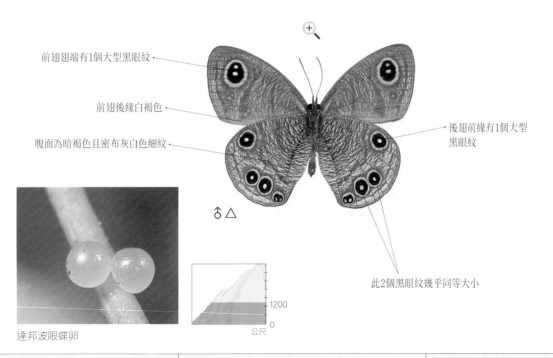

前翅翅端有1個大型黑眼紋

前翅後緣白褐色

腹面為暗褐色且密布灰白色細紋

後翅前緣有1個大型黑眼紋

此2個黑眼紋幾乎同等大小

♂ △

1200
0
公尺

達邦波眼蝶卵

成蟲活動月份：4～11月	棲所：林緣草叢間、郊區路旁、林道	前翅展：4～4.5公分

蛺蝶科 NYMPHALIDAE	學名：*Ypthima wangi*	命名者：Lee

王氏波眼蝶（王氏波紋蛇目蝶）特有種

　　翅緣有褐色緣毛，在翅端、後翅亞外緣在肛角上方各有1個黑眼紋。腹面為黃褐色，在翅端有1個、後翅亞外緣在肛角上方有2個接連及前緣有1個黑眼紋，前翅密布白褐色、後翅密布灰黑色細紋，在後翅中室外側密布呈縱帶排列的白色鱗片。雄蝶為黑褐色，前翅面由後緣內側至中室附近密生黑色發香鱗（性徵），雌蝶翅形較雄蝶寬大且底色為褐色，可依此區別雄雌。

生態習性　成蟲除了冬季低溫期外，幾乎全年可見，主要發生期在春末至夏季間。成蟲喜好在半日照的林緣禾草叢間活動，飛行緩慢且貼近地面低飛，常見出沒於龜山島的龜尾潭畔的林緣和山徑，嗜食花蜜和溼地、葉上的水份。

幼生期　尚待查明。

分布　宜蘭龜山島。台灣特有種。

保育等級　稀有種

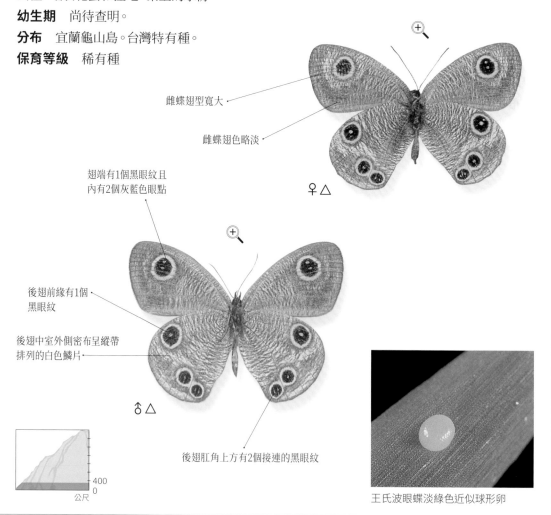

雌蝶翅型寬大

雌蝶翅色略淡

♀ △

翅端有1個黑眼紋且內有2個灰藍色眼點

後翅前緣有1個黑眼紋

後翅中室外側密布呈縱帶排列的白色鱗片

♂ △

後翅肛角上方有2個接連的黑眼紋

400
0
公尺

王氏波眼蝶淡綠色近似球形卵

成蟲活動月份：全年	棲所：林緣草叢間、山徑	前翅展：3.5～3.9公分

蛺蝶科 NYMPHALIDAE	學名：*Ypthima wenlungi*	命名者：Takahashi

文龍波眼蝶 特有種

　　緣毛褐色，翅為黑褐色。腹面密布灰白色細紋，在翅端有1個大型，後翅亞外緣在肛角及上方、前緣各有1個黑眼紋，其中除翅端大型眼紋外圍、前翅密布黑褐色鱗片。翅面在翅端有1個大橢圓型及後翅亞外緣在肛角上方有1個黑眼紋。雌蝶翅形較雄蝶大型且底色較淡色，我們可依此特徵來區別雄雌。

生態習性　成蟲除了冬季外，全年偶有發現，主要發生期在夏季間。雌蝶喜好在半日照的林緣路旁芒草叢間產卵，孵化後幼蟲多棲附於寄主葉裡或莖上，幼蟲受驚擾時則墜地捲曲假死，化蛹於寄主低處的莖枝或鄰近植物葉裡。成蟲飛行緩慢且低飛於山區路旁、林緣草叢間及山徑上，常停棲在低矮植物上伸展雙翅進行日光浴，嗜食花蜜和葉上露水等。

幼生期　已知卵為淡綠色近似球形，老熟幼蟲有綠、褐色兩型，且背側有暗色縱帶、頭部色澤較暗且腹部末端有短尖的尾狀突起。蛹為灰綠或褐色而體側沿前翅後緣至腹部有有暗色帶。幼蟲以禾本科之芒（*Miscanthus sinensis*）為食。

分布　南部低山區至山區，如南橫公路、高雄六龜及屏東大漢山等地。台灣特有種。

保育等級　稀有種

翅端有1個大型的黑眼紋

緣毛褐色

雄蝶在翅端有1個大型黑眼紋

♀

翅為黑褐色

雄蝶底色較暗色

♂

1500
500
0
公尺

成蟲活動月份：3～11月	棲所：林緣草叢間、山區路旁	前翅展：3.4～3.8公分

蛺蝶科 NYMPHALIDAE	學名：*Zophoessa dura neoclides*	命名者：Fruhstorfer

大幽眼蝶（白尾黑蔭蝶）

後翅緣呈鈍齒狀且有1對尾狀尖突，翅為黑褐色，後翅面在亞外緣呈白褐色帶且各翅室內有黑褐色斑點。腹面在後翅亞外緣有紫灰色縱帶且各翅室內有黑眼紋。雌蝶後翅面亞外緣的白褐色帶色澤較淡且腹面在翅端有3個黑色斑點（雄蝶僅有1個），可依此區別雄雌。

生態習性 成蟲發生期在夏季間。雌蝶喜好在正午高溫且全日照環境的寄主群落產卵，卵常產於低處的寄主葉裡，孵化後幼蟲多棲於葉裡中肋，最後並化蛹在寄主葉裡。成蟲飛行快速，常見躲匿於箭竹林、林緣草叢中，嗜食發酵腐果及動物排遺汁液。

幼生期 卵為灰白色球形。老熟幼蟲為綠色，表面有黃色波狀細紋而頭部有1對尖突出及腹部末端有併合的細長燕尾狀尖突。蛹為淡綠色，胸部背側有刺狀尖突起、前翅後緣及頭部的1對尖突及腹部顆粒紋呈黃色。幼蟲以禾本科之芒（*Miscanthus sinensis*）、玉山箭竹（*Yushania niitakayamensis*）為食。

分布 北至南部山區，如宜蘭太平山和思源埡口、新竹觀霧、台中大禹嶺、南投霧社、嘉義阿里山、南橫天池及高雄出雲山等地。台灣以外在中國中部至中南半島北部至喜馬拉雅山區有分布。

保育等級 稀有種

各翅室內有黑褐色斑點

♀

後翅緣呈鈍齒狀

後翅面在亞外緣
呈白褐色帶

腹面有黑眼紋

♂

有1對尾狀尖突　　有紫灰色縱帶

3000
1500
0
公尺

成蟲活動月份：6～8月	棲所：箭竹林、林緣、溪澗溼地	前翅展：4.7～5.4公分

| 蛺蝶科 NYMPHALIDAE | 學名：*Zophoessa siderea kanoi* | 命名者：Esaki & Nomura |

圓翅幽眼蝶（鹿野黑蔭蝶）

　　翅為黑褐色，後翅外緣有不清晰的白褐色細紋。腹面在翅端的亞外緣有2個小型及後翅各翅室亞外緣內側有外圈灰黃色環的黑眼紋，在外緣內側、黑眼紋輪廓及中央的3條縱紋呈灰紫色。雌蝶翅形明顯較雄蝶寬大許多，可依此特徵來區別雄雌。

生態習性　成蟲主要發生期在初夏和初秋期間。成蟲飛行快速且低飛，偶見於山區林緣路旁及林間活動，嗜食葉上露水和動物排遺。

幼生期　尚待查明。

分布　北部山區偶見，如宜蘭太平山、桃園拉拉山有發現。台灣以外在中國西部至喜瑪拉雅山區東部及中南半島北部有分布。

保育等級　稀有種

翅為黑褐色

後翅外緣有不清晰的白褐色細紋

♂

翅端的亞外緣有2個小型黑眼紋

♀ △

1800
1500
0
公尺

後翅各翅室亞外緣內側有外圈灰黃色環的黑眼紋

| 成蟲活動月份：6～10月 | 棲所：林緣、森林 | 前翅展：3.5～3.9公分 |

蛺蝶科 NYMPHALIDAE	學名：*Zophoessa niitakana*	命名者：Matsumura

玉山幽眼蝶（玉山蔭蝶）特有種

　　後翅緣呈鈍齒狀。前翅面及後翅腹面有暗色的白斑，在後翅亞外緣各翅室內有縱列的黑眼紋。雌蝶為黃褐色且翅形寬圓些，雄蝶翅為黑褐色，在翅形、色澤上明顯不同，可依此特徵來區別雄雌。

生態習性　成蟲發生期在夏季間。成蟲飛行快速，常見躲匿於箭竹林、林緣草叢中或乘著氣流在山頂或鞍部草原上活動，嗜食葉上水份及動物排遺汁液。

幼生期　目前已知幼蟲以禾本科之玉山箭竹（*Yushania niitakayamensis*）為食。

分布　北至南部山區至高山區，如宜蘭太平山、新竹觀霧、台中大禹嶺、新中橫塔塔加、嘉義阿里山及南橫天池等地。台灣特有種。

保育等級　稀有種

雄蝶翅為黑褐色

前翅面有暗色的白斑

後翅緣呈鈍齒狀

♂

雌蝶翅形寬圓

雌蝶翅為黃褐色

後翅亞外緣各翅室內有縱列的黑眼紋

3500

2000

0

公尺

♀

成蟲活動月份：6～8月	棲所：箭竹林、鞍部草原	前翅展：3.7～4.3公分

蛺蝶科 NYMPHALIDAE	學名：*Stichophthalma howqua formosana*	命名者：Fruhstorfer

箭環蝶（環紋蝶）

　　翅為暗黃色，前、後翅外緣呈外凸之波形、翅面在各翅室的箭紋與翅端皆為黑色。腹面有4列灰黑色縱帶，前翅、後翅中央各翅室有1個橙色且外圈黑環的眼紋呈帶狀排列，肛角紫黑色。雄蝶後翅面前緣內側有灰黃色毛簇（性徵），腹面在眼紋與內側黑色的縱帶間呈白黃色，而雌蝶翅形較大，腹面在眼紋與內側黑色的縱帶間呈灰白色且眼紋內側有灰黑色帶。

生態習性　一年一世代，成蟲發生期在春末至夏季間。雌蝶喜好在半日照的竹林和林緣的寄主群落產卵，卵為集聚產於寄主葉裡，孵化後幼蟲多集聚棲附在葉裡，隨著成長而分散為數個小集團，幼蟲需至翌年春季才得以化蛹，化蛹以寄主位置較低的葉裡中肋最常見。成蟲在主要發生期間經常集聚覓食，常見於山區路旁、疏林間及果園中緩慢飛行，嗜食水果腐汁與動物排遺。

幼生期　已知卵為灰黃色近似球形，老熟幼蟲為黃綠色且密布黃色及背側有暗藍色縱紋，頭部色澤略暗且腹部末端有燕尾狀的短尖突，蛹為黃綠色而背側中央有黃色橫帶。幼蟲以禾本科之芒（*Miscanthus sinensis*）、桂竹（*Phyllostachys makinoi*）及孟宗竹（*P. pubescens*），棕櫚科之台灣黃藤（*Calamus formosanus*）為食。

分布　北至南部平地至低山區，如台北烏來、東北角海岸、宜蘭福山、北橫公路、新竹尖石、南投埔里、中橫公路、嘉義東埔、高雄寶來、屏東恆春及台東知本等地，台灣以外在中國中部至中南半島北部及印度北部亦有分布。

保育等級　普通種

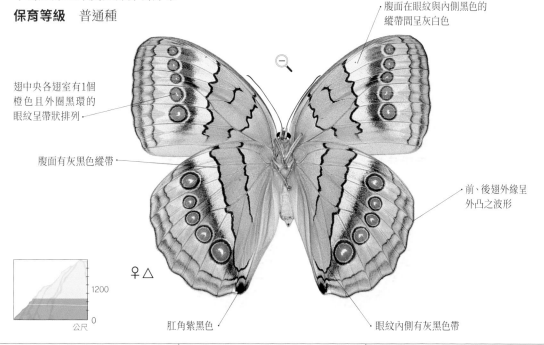

腹面在眼紋與內側黑色的縱帶間呈灰白色

翅中央各翅室有1個橙色且外圈黑環的眼紋呈帶狀排列

腹面有灰黑色縱帶

前、後翅外緣呈外凸之波形

♀ △

1200
0
公尺

肛角紫黑色

眼紋內側有灰黑色帶

成蟲活動月份：5～8月	棲所：竹林、林緣、果園	前翅展：8.7～11.4 公分

蛺蝶科 NYMPHALIDAE	學名：*Faunis eumeus eumeus*	命名者：Drury

串珠環蝶

　　翅為黑褐色，前翅面由前緣至中央有寬大的橙黃色斑。腹面在前、後翅中央的各室內有1個白色斑點，呈帶狀排列，此為其蝶名的由來。雄蝶的前翅後緣向後凸出呈弧形（雌蝶前翅後緣則平直）且後翅面在前緣內側有黑褐色毛簇（性徵），可依此來辨識雌雄。

生態習性　成蟲主要發生期在春末至夏初間。雌蝶多將卵集聚產附於寄主葉裡，孵化後幼蟲多集聚棲附在葉裡，隨著發育成長而分散為數個小集團，化蛹於樹蔭下的寄主或鄰近植物葉下，本種成蟲常棲息於低地的樹林間或林緣等日照稀疏環境，嗜食水果腐汁與動物排遺，在大發生期間經常集聚覓食。

幼生期　已知卵為灰白色近似球形。老熟幼蟲頭部黑色，蟲體為暗橙色且密布紫黑色橫紋且密布灰白色細毛，蛹為藍綠色而頭部有1對橙色錐狀尖突，幼蟲以菝葜科之平柄土茯苓（*Heterosmilax japonica*）為食。

分布　僅見於北海岸一帶局部分布，台灣以外在中國南部至中南半島至印度有本種分布。

保育等級　普通種

前翅面由前緣至中央
有寬大的橙黃色斑

雌蝶前翅後緣平直

♀

串珠環蝶頭部特寫

300
0
公尺

成蟲活動月份：全年	棲所：林緣、樹林	前翅展：6.2～7公分

蛺蝶科 NYMPHALIDAE	學名：*Calinaga buddha formosana*	命名者：Fruhstorfer

絹蛺蝶（黃頸蛺蝶、首環蝶）

　　雄蝶翅為黃褐色，各翅室內有灰白色斑，腹面色澤較翅面淡色些。雌雄蝶外形頗為類似，雌蝶翅面色澤較暗色些，最好以腹部的生殖器形態來辨別雄雌。

生態習性　　一年一世代，雌蝶通常將卵產於濕涼林緣和溪旁林間的寄主葉裡，孵化後幼蟲亦棲息於此，老熟幼蟲則化蛹於低矮植物隱蔽的莖枝上。成蟲動作緩慢且低飛，發生期時常見棲息於山區路旁低矮草叢上，嗜好在林緣路旁、溪畔濕地上吸食動物排遺及水分而較少訪花。

幼生期　　卵為灰白色半球形。幼蟲呈綠色且外表密生灰白色細毛及灰黃色顆粒狀肉疣，頭部暗紅色且上方有1對紫黑色棒狀突起。蛹為淡灰綠色球形且有灰黃色斑點，幼蟲以桑科之小葉桑（*Morus australis*）為寄主植物。

分布　　主要出現於各地低至中海拔山區，如台北的烏來、北橫公路、中橫公路及南橫公路沿線最為常見。台灣以外在中國南部至喜馬拉雅山區及中南半島北部有分布。

保育等級　　普通種

雄蝶翅形較雌蝶小型

♂

雄蝶後翅中央2個白斑較大型

1500
500
0
公尺

擬態植物果實模樣的絹蛺蝶蛹

成蟲活動月份：2～5月	棲所：林緣、溪流沿岸、山徑	前翅展：6.5～7.4公分

蛺蝶科 NYMPHALIDAE	學名：*Chitoria chrysolora*	命名者：Fruhstorfer

金鎧蛺蝶（台灣小紫蛺蝶）

　　前翅中央有1個黑圓斑及後翅肛角上方有1個黑眼紋。雄蝶翅面為橙褐色，翅上有黑褐色斑，腹面為灰黃色且前翅中室外側及後翅中央有暗褐色紋。雌蝶翅端及前、後翅中央有白色粗帶，翅面為黑色，腹面為淡灰綠色。

生態習性　一年一或三世代，雌蝶通常在夏季將卵產於寄主樹冠的葉裡，孵化後幼蟲亦棲息於此，在山區直至翌年春季老熟幼蟲才於低矮植物的葉裡化蛹。成蟲動作敏捷且飛翔快速，春末至夏季時常見棲息於林緣樹冠上，嗜食樹液、水果發酵汁液及濕地水分。

幼生期　卵為灰白色半球形。幼蟲呈淡綠色且外表密生黃色顆粒狀肉疣及腹部末端有1對燕尾狀尖突，頭部上方有1對淡褐色枝狀突起。蛹為淡藍綠色且背部中央有黃色細紋，前端1對短尖突。幼蟲以大麻科之石朴（*Celtis formosana*）、朴樹（*C. sinensis*）為寄主植物。

分布　主要出現於平地至中海拔山區，如台北的烏來和陽明山、東北角海岸、北橫公路、中橫公路、南投水里及屏東恆春最為常見。台灣以外在中國南部有分布。

保育等級　普通種

翅端及前、後翅中央有白色粗帶

雌蝶翅面為黑色

♀

前翅中央有1個黑圓斑

2000

0

公尺

♂ △

本種後翅肛角上方有1個黑眼紋

正在嚙食石朴樹葉片的金鎧蛺蝶老熟幼蟲

成蟲活動月份：5～7月	棲所：林緣、市郊公園、山徑	前翅展：4.8～5.4公分

蛺蝶科 NYMPHALIDAE	學名：*Chitoria ulupi arakii*	命名者：Naritomi

武鎧蛺蝶（蓬萊小紫蛺蝶）

　　雄蝶翅面為淡橙褐色，翅上有黑褐色斑，腹面為淡灰黃色且前翅中室外側及後翅中央有白色併列暗褐色的粗帶，在前翅中央有1個黑圓斑。雌蝶翅端及前、後翅中央有白色粗帶，翅面為黑色，腹面為淡灰綠色，在前翅中央有1個黑圓斑。

生態習性　一年一世代，成蟲動作敏捷且飛翔快速，夏季時偶見於山區的林緣樹冠上，嗜食樹液及水果發酵汁液。

幼生期　已知幼蟲以大麻科之朴樹（*Celtis sinensis*）為寄主植物。

分布　要出現於低至中海拔山區，如北部的拉拉山、宜蘭太平山和思源埡口、南投翠峰及阿里山等地。台灣以外在朝鮮半島經中國東北至南部至印度有分布。

保育等級　稀有種

中室外側有黑褐色塊斑

雄蝶翅面為淡橙褐色

翅端及前、後翅中央有白色粗帶

2000
1200
0
公尺

白色帶筆直粗大

寄主植物—朴樹

成蟲活動月份：6～8月	棲所：林緣、山徑	前翅展：4.6～5.2公分

蛺蝶科 NYMPHALIDAE	學名：*Helcyra plesseni*	命名者：Fruhstorfer

普氏白蛺蝶（國姓小紫蛺蝶） 特有種

翅端及前、後翅中央有白色粗帶。翅面為黑褐色，腹面在翅端及前、後翅中央有白色粗帶，外側有橙黃色粗帶且各翅室內有1個黑斑。雄蝶腹面底色為銀灰色，雌蝶為灰白色且翅形寬圓及白色帶較粗大，可依前述幾項特徵區別雄雌。

生態習性　成蟲在春至秋季間出現。雌蝶喜好在半日照環境的寄主群落間產卵，卵多產於寄主葉或莖枝上，孵化後幼蟲亦多靜伏於葉裡，冬季時幼蟲會轉呈褐色和棲息環境擬態，最後並化蛹在寄主葉上較隱蔽處。成蟲飛行快速，常見棲息於低山區路旁樹冠、陡壁及疏林間，嗜食發酵腐果汁液及樹液。

幼生期　卵為灰黃色半球形。老熟幼蟲呈黃綠色且外表密生顆粒狀肉疣、背部中央塊斑為黃色及腹部末端有1對燕尾狀短尖突，頭部上方有1對暗色的枝狀突起。蛹為黃綠色且體側扁平表面有黃色細紋，前端有1對短尖突。幼蟲以大麻科之沙楠子樹（*Celtis biondii*）為寄主植物。

分布　主要出現於低海拔山區，如北橫公路、苗栗三義、台中谷關和后里、南投惠蓀林場及花蓮天祥和紅葉溫泉等地。台灣特有種。

保育等級　稀有種

雄蝶腹面底色為銀灰色

雄蝶前翅外緣中央為內凹

♂ △

本種外側有橙黃色粗帶

後翅中央有白色粗帶

1500
300
0
公尺

幼蟲寄主植物—沙楠子樹

成蟲活動月份：5～10月	棲所：林緣、山徑	前翅展：5～5.5公分

| 蛺蝶科 NYMPHALIDAE | 學名：*Helcyra superba takamukui* | 命名者：Matsumura |

白蛺蝶

翅為白色，翅面在翅端及前、後翅中央外側有黑色斑。腹面在前、後翅中央稍外側及外緣有灰黑色帶。雌蝶翅形寬大且腹面色澤較淡，亦可直接以腹部的生殖器形態辨別雄雌。

生態習性 成蟲在春末至秋季間出現。雌蝶喜好在半日照環境的寄主群落間產卵，卵多產於寄主葉上，孵化後幼蟲亦多靜伏於葉裡中肋先端，冬季時幼蟲會轉呈淡褐或綠褐色和棲息環境擬態，最後並化蛹在寄主葉裡較隱蔽處。成蟲飛行快速，常見棲息於低山區路旁樹冠、陡壁及疏林間，嗜食發酵腐果汁液、濕地水分及樹液。

幼生期 卵為暗黃色扁球形。老熟幼蟲呈黃綠或褐色且外表密生顆粒狀肉疣、背部中央塊斑為黃色及腹部末端有1對小尖突，頭部上方有1對暗色的枝狀突起。蛹為黃綠色且體側扁平而背側隆凸表面有黃色細紋，前端尖突。幼蟲以大麻科之沙楠子樹（*Celtis biondii*）為寄主植物。

分布 主要出現於低海拔山區，如北橫公路、苗栗三義、台中谷關和后里、南投惠蓀林場、花蓮天祥和紅葉溫泉及屏東恆春等地。台灣以外在中國西部有分布。

保育等級 稀有種

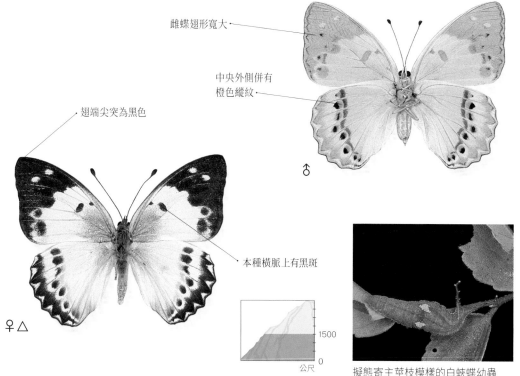

雌蝶翅形寬大

中央外側併有橙色縱紋

♂

翅端尖突為黑色

本種橫脈上有黑斑

1500

0

公尺

♀ △

擬態寄主莖枝模樣的白蛺蝶幼蟲

| 成蟲活動月份：4～11 月 | 棲所：林緣、山徑 | 前翅展：5～5.6 公分 |

蛺蝶科 NYMPHALIDAE	學名：*Hestina assimilis formosana*	命名者：Moore

紅斑脈蛺蝶（紅星斑蛺蝶）

　　翅為灰白色，在翅端及前、後翅脈及稍外側有黑色條斑。後翅後半部在外緣內側有紅色斑。雌蝶翅形較雄蝶大型些且前翅後緣的黑條斑中央相接連，可依前述二項特徵區別雄雌。

生態習性　成蟲在春末至秋季間出現。雌蝶喜好在半日照環境的寄主群落間產卵，卵多產於寄主葉上，幼蟲亦多靜伏在葉面上，並棲附於葉面所吐縛細絲造「蟲座」上來固持蟲體，冬季時幼蟲會轉呈褐色和棲息環境擬態，最後並化蛹在寄主葉片、莖枝較隱蔽處。成蟲飛行快速，常見棲息於低山區路旁樹冠、地面及疏林間，嗜食發酵腐果汁液、動物排遺及樹液。

幼生期　卵為暗綠色球形。老熟幼蟲呈綠或褐色且外表密生黃色顆粒狀肉疣、背側有4對暗黃色突起及腹部末端有1對尖突，頭部上方有1對暗色的枝狀突起。蛹為灰綠色且體側扁平而背側隆凸且中央有黃色細紋，前端有1對尖突。幼蟲以大麻科之石朴（*Celtis formosana*）、朴樹（*C. sinensis*）為寄主植物。

分布　常見於市郊公園至低海拔山區，如台北動物園和烏來、北橫公路、苗栗獅頭山、台中鐵鉆山、南投水里、花蓮天祥、高雄六龜及屏東恆春等地。台灣以外在日本沖繩、朝鮮半島及中國各地有分布。

保育等級　普通種

雌蝶翅形較雄蝶大型些

雌蝶黑條班
中央相接連

本種翅脈上有黑條斑

♀△

♂

後翅後半部有紅色斑

1500
0
公尺

卵為暗綠色有縱列脈紋

成蟲活動月份：3～11月	棲所：林緣、市郊公園、疏林	前翅展：5.9～6.8公分

蛺蝶科 NYMPHALIDAE	學名：*Sephisa chandra androdamas*	命名者：Fruhstorfer

燦蛺蝶（黃斑蛺蝶）

　　翅為紫黑色，雄蝶在翅端及腹面內側有白色斑，前翅中央及後翅有橙黃色斑。雌蝶翅形較雄蝶寬圓大型，翅面有藍灰色斑且前翅中室內及後翅腹面有橙黃色斑，雄、雌蝶外形明顯不同。

生態習性　　成蟲在春末至秋季間出現，一年有2個世代發生。雌蝶以寄主群落間其它昆蟲捲曲葉片所遺留廢棄的蟲巢產卵，卵多集聚產於蟲巢中，孵化後幼蟲亦多集聚於葉上，隨著發育成長而逐漸分散開來，並棲附於葉面所吐縛細絲造的「蟲座」上來固持蟲體，最後並化蛹在寄主葉裡中肋。成蟲飛行快速，常見棲息於低山區路旁、林緣及疏林間，嗜食發酵腐果汁液、濕地水分及樹液。

幼生期　　卵為灰白色雞卵形。老熟幼蟲呈綠色且外表密生灰白色短毛、腹部在背側有2對白褐色斑及腹部末端有1對併合尖突，頭部及上方的1對枝狀突起為褐色。蛹為綠色且體側扁平而腹部背側隆凸且中央有橙黃色細紋，前端有1對尖突。幼蟲以殼斗科之青剛櫟（*Quercus glauca*）、森氏櫟（*C. morii*）為寄主植物。

分布　　常見於低地丘陵至低海拔山區，如北橫公路、宜蘭四季、新竹尖石、台中大坑和谷關、南投埔里和國姓及高雄甲仙等地。台灣以外在中南半島北部至喜馬拉雅山區有分布。

保育等級　　普通種

前翅緣中央凹陷

中央有藍灰色斑

前翅中室內有1個橙斑

翅上有橙黃色斑

♂ △

1500
500
0
公尺

♀

成蟲活動月份：5〜11月	棲所：林緣、疏林、山徑	前翅展：6.1〜6.9公分

蛺蝶科 NYMPHALIDAE	學名：*Sephisa daimio*	命名者：Matsumura

台灣燦蛺蝶（白裙黃斑蛺蝶）特有種

　　翅面為暗橙色，在前翅內側至中央的斑點及亞外緣的＜形紋呈灰黑色，腹面為橙色，在內側至中央及亞外緣有白色斑。雌蝶後翅面在內側至中央呈白色且翅形寬圓大型與雄蝶外形上明顯不同。

生態習性　成蟲在春末至秋季間出現，其動作敏捷飛行快速，常見棲息於低山區路旁溼壁、林緣及疏林間，嗜食發酵腐果汁液、濕地水分及樹液。

幼生期　已知幼蟲以殼斗科之青剛櫟（*Quercus glauca*）、狹葉櫟（*Q. stenophylloides*）為寄主植物。

分布　常見於低地丘陵至山區，如北橫公路、宜蘭太平山和南山、新竹尖石、台中梨山和谷關、南投埔里和霧社及新中橫塔塔加等地。台灣特有種。

保育等級　普通種

本種腹面為橙色

♂ △

腹面內側至中央及
亞外緣有白色斑

前翅內側至中央的斑點及
亞外緣的＞形紋呈灰黑色

2200

500
0
公尺

♀

雌蝶內側至中央呈白色

成蟲活動月份：5～11月	棲所：林緣、疏林、山徑	前翅展：5.1～5.6公分

蛺蝶科 NYMPHALIDAE	學名：*Sasakia charonda formosana*	命名者：Shirôzu

大紫蛺蝶

　　翅面為黑褐色，在肛角有紅斑，腹面為灰黃色且翅端下方至基部灰黑色，前、後翅內側有白斑，翅端至外緣及後翅外側有灰黃色斑。另外雌蝶翅形明顯較大。

生態習性　成蟲主要發生期在春末期間，一年一世代。雌蝶多將卵零星1～數顆產於寄主莖枝或葉面上，孵化後幼蟲多棲附於葉面所吐縛細絲造的「蟲座」上來固持蟲體，冬季時會移棲於根部附近的落葉堆中越冬，化蛹在鄰近寄主的植物葉裡。成蟲飛行快速，常見棲息於低山區路旁、林緣及疏林間，嗜食發酵腐果汁液、濕地水分及樹液。

幼生期　卵為綠色球形。幼蟲為綠色而越冬時轉呈褐色且外表密生灰白色短毛、在背側有4對突出物及腹部末端有1對燕尾狀尖突及頭部上方的1對枝狀突起為灰黃色。蛹為綠色且體側略扁圓而腹部背側隆凸且中央有淡黃色細紋，前端有1對尖突。幼蟲以大麻科之朴樹（*Celtis sinensis*）為寄主植物。

分布　偶見於北部低海拔山區，如北橫公路、宜蘭南山及新竹尖石等地。台灣以外在日本、朝鮮半島及中國有分布。

保育等級　保育類

翅面中央有藍紫色琉璃光澤

♂

雄蝶肛角的紅斑為鮮紅色

雌蝶肛角有灰紅色斑

1500
800
0
公尺

♀

成蟲活動月份：5～7月	棲所：林緣、疏林、山徑	前翅展：8～10公分

蛺蝶科 NYMPHALIDAE	學名：*Timelaea albescens formosana*	命名者：Fruhstorfer

白裳貓蛺蝶（豹紋蝶）

　　翅為橙色且密布黑斑，腹面在內側至中央有白斑。雌蝶另在翅面內側至中央附近有白斑且翅色略淡等特徵與雄蝶不同。

生態習性　成蟲主要發生期在夏季期間。雌蝶多將卵零星1～數顆產於低矮處的寄主葉裡，幼蟲則多棲附於葉裡，化蛹在寄主葉裡或莖枝上。成蟲動作緩慢且低飛，常見棲息於低山區林緣及疏林低處，喜愛訪花、吸食發酵腐果汁液及樹液。

幼生期　卵為淡黃色球形。幼蟲為綠色且外表密生灰白色顆粒狀小肉疣、在腹部末端有1對燕尾狀尖突，頭部及上方的1對枝狀突起為黑色。蛹為灰綠色，體側扁平，腹部各節背側有魚鰭般的突出為淡黃色，頭部前端有1對尖突。幼蟲以大麻科之石朴（*Celtis formosana*）、朴樹（*C. sinensis*）為寄主植物。

分布　常見於市郊公園至低海拔山區，如台北烏來和木柵動物園、北橫公路、宜蘭員山和礁溪、新竹北埔、苗栗獅頭山、台中大坑和豐原、南投埔里和水里、花蓮太魯閣、高雄六龜、台東知本及屏東恆春等地。台灣以外在中國亦有分布。

保育等級　普通種

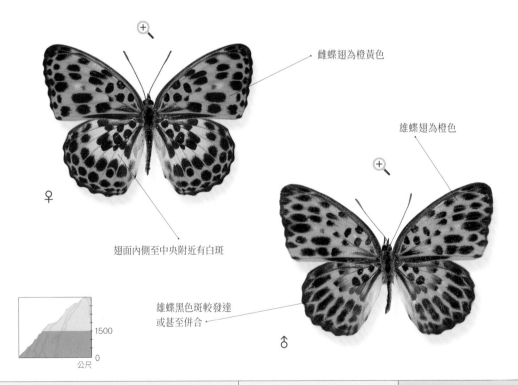

雌蝶翅為橙黃色

雄蝶翅為橙色

翅面內側至中央附近有白斑

♀

雄蝶黑色斑較發達或甚至併合

♂

1500

0

公尺

成蟲活動月份：南部全年，北部 3 ～ 11 月	棲所：林緣、山徑	前翅展：4.1 ～ 4.5 公分

蛺蝶科 NYMPHALIDAE　　學名：*Polyura eudamippus formosana*　　命名者：Rothschild

雙尾蛺蝶（雙尾蝶）

　　翅面為灰黃色，在前、後翅外側、前翅中室及前緣有紫黑色斑。腹面為淡灰黃色有琉璃光澤，翅上有數條暗褐色帶。雄蝶在後翅面內緣有灰黑色長毛（性徵），雌蝶翅形較雄蝶明顯大型。

生態習性　　成蟲主要發生期在春末至夏季期間。雌蝶無論產卵於葉面或葉裡皆以弧形的底部黏附於葉上，孵化後幼蟲多棲附於葉面所吐縛細絲造的「蟲座」上來固定蟲體，化蛹在寄主植物的葉裡或莖枝上。成蟲飛行快速，常見棲息於低山區溪畔濕地、林緣高枝或樹冠上，嗜食發酵腐果汁液、濕地水分、動物排遺及樹液。

幼生期　　卵為黃色呈頂部平坦的圓杯形，幼蟲為淡綠色且外表密生灰白色短毛，腹部有2條灰色橫帶及腹部末端有1對短尖突及頭部上方的2對枝狀突起為綠色。蛹為綠色，其體側膨大而腹側筆直且背側有淡黃色細紋。幼蟲以豆科之疏花魚藤（*Derris laxiflora*）、台灣魚藤（*Millettia pachycarpa*）為寄主植物。

分布　　常見於市郊公園至低山區，如北海岸、北橫公路、宜蘭梅花湖、新竹尖石、台中國姓和谷關、花蓮鯉魚潭、南投埔里和水里、台南關仔嶺及高雄甲仙等地。台灣以外由中國中部至喜馬拉雅山區及中南半島有分布。

保育等級　　普通種

雄蝶前翅緣內凹

雄蝶在後翅面內緣有灰黑色長毛

♂

本種中室內有紫黑色斑

前翅緣平直

♀△

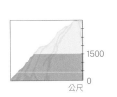

1500

0

公尺

| 成蟲活動月份：南部全年，中北部 4～11 月 | 棲所：林緣、疏林、溪流沿岸 | 前翅展：5.8～7.2公分 |

蛺蝶科 NYMPHALIDAE	學名：*Polyura narcaea meghaduta*	命名者：Fruhstorfer

小雙尾蛺蝶 (姬雙尾蝶)

　　後翅有2對藍灰色燕尾狀突出，翅面為灰黃色，在前、後翅外側、前翅中室和下側及前緣有黑褐色斑。腹面為淡灰色有琉璃光澤，翅上有數條黃褐色條斑。雄蝶在後翅面內緣散生灰褐色長毛 (性徵)，雌蝶翅形較雄蝶明顯大型。

生態習性　　成蟲主要發生期在夏季期間。雌蝶產卵位置多在寄主葉面且以弧形的底部黏附於葉上，孵化後幼蟲多棲附於葉面所吐縛細絲造的「蟲座」上來固定蟲體，化蛹在寄主植物的葉裡或莖枝上。成蟲飛行快速，常見棲息於低山區溪畔濕地、林緣高枝或樹冠上，嗜食發酵腐果汁液、濕地水分、動物排遺及樹液。

幼生期　　卵為黃色呈頂部平坦的圓杯形。幼蟲為綠色且外表密生灰白色短毛和黃色顆粒狀肉疣，腹部末端有1對燕尾狀短尖突，頭部上方的2對角狀長突起為綠色。蛹為綠色且體側膨大，腹側呈稜脊狀隆起，背側有淡黃色細紋。幼蟲主要以大麻科之山黃麻 (*Trema orientalis*) 為寄主植物。

分布　　常見於市郊公園至低山區，如台北陽明山和木柵動物園、桃園大溪、宜蘭礁溪、新竹北埔、台中豐原、花蓮天祥、南投埔里、高雄六龜、台東知本及屏東雙流等地。台灣以外在中國東南部有分布。

保育等級　　普通種

雄蝶前翅緣內凹

前翅緣平直

後翅面內緣散生
灰褐色長毛

翅上有黃褐色條斑

1500

0

公尺

♂

♀△

成蟲活動月份：南部全年，中北部 4～11 月	棲所：林緣、疏林、溪流沿岸	前翅展：5.7～6.8 公分

蛺蝶科 NYMPHALIDAE	學名：*Argynnis paphia formosicola*	命名者：Matsumura

綠豹蛺蝶（綠豹斑蝶）

　　翅面與前翅腹面為橙色且有黑色斑點，腹面在翅端和後翅為綠褐色，有銀灰色縱帶。雄蝶在前翅面後緣呈弧形且上方的數條翅脈膨大（性徵），雌蝶則前翅面後緣平直及翅形較雄蝶寬圓且暗色。

生態習性　成蟲主要發生期在春末至夏季期間，一年一世代。雌蝶產卵位置多在接近地面的寄主葉、葉柄及鄰近雜物上，孵化後幼蟲多棲附於葉裡，隨著幼蟲成長發育而移棲於地面上，化蛹在寄主附近的其它植物或石塊上。成蟲動作敏捷，常見棲息於山區日照充足的林緣山徑或荒地上，喜愛訪花吸蜜，雄蝶常見於濕地上吸水。

幼生期　卵為黃色呈頂部隆突的包子形。老熟幼蟲為暗灰褐色且外表散生長錐刺和背側有1對白褐色縱帶，頭部為黑色。蛹為白褐色且各腹節背側有小突起及胸至腹部間有銀色斑點。幼蟲以菫菜科之紫花菫菜（*Viola grypoceras*）及喜岩菫菜（*V. adenothrix*）為寄主植物。

分布　偶見於中海拔山區，如宜蘭太平山和思源埡口、新竹觀霧、台中梨山至大禹嶺、新中橫塔塔加、嘉義阿里山及南橫天池等地。台灣以外在非洲北部、歐洲至亞洲東部日本有分布。

保育等級　稀有種

雄蝶前翅面中央有
數條翅脈膨大

雌蝶翅上黑斑較發達

雌蝶翅色較暗色

♂

♀

3000
1500
0
公尺

成蟲活動月份：4～9月	棲所：林緣、山徑、荒地	前翅展：6.1～6.9公分

蛺蝶科 NYMPHALIDAE	學名：*Argyreus hyperbius hyperbius*	命名者：Linnaeus

斐豹蛺蝶（黑端豹斑蝶）

　　翅面為橙黃色，前翅腹面基部至翅端下方為橙色且皆有黑色斑點，腹面在翅端、後翅為淡黃褐色且散生銀灰色斑紋。雄蝶在前翅面後緣上方的數條翅脈膨大（性徵），翅面外緣有紫黑色帶，雌蝶在翅面外緣的粗帶及翅端為紫黑色且翅端內有白斑。

生態習性　成蟲主要發生期在春末至秋季期間。雌蝶產卵位置多在接近地面的寄主葉、葉柄及鄰近雜物上，孵化後幼蟲多棲附於葉裡，隨著幼蟲成長發育而移棲於地面上，化蛹在寄主附近的其它植物或石塊上。成蟲動作敏捷，常見棲息於市郊公園、山區林緣及草地等日照充足的環境，喜愛訪花吸蜜，雄蝶偶見於濕地上吸水。

幼生期　卵為淡黃色杯形。老熟幼蟲為暗紫黑色且外表散生長錐刺，錐刺基部和背側中央的縱帶為暗橙色，頭部為黑色。蛹為暗灰褐色且各腹節背側有小尖刺及胸至腹部間有金色斑點。幼蟲以菫菜科之紫花菫菜（*Viola grypoceras*）、箭葉菫菜（*V. betonicifolia*）及三色菫（*V. × wittrockiana*）為寄主植物。

分布　常見於市郊至山區，如台北木柵動物園和陽明山、北橫公路、宜蘭福山植物園、新竹尖石、台中谷關、花蓮天祥、南投霧社、雲林草嶺、嘉義阿里山及高雄甲仙等地。台灣以外在整個亞洲東部地區及北非有分布。

保育等級　普通種

雄蝶前翅面中央有數條翅脈膨大

翅面為橙黃色

♂

雌蝶翅端為紫黑色

雌蝶翅面的底色較暗色

♀

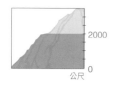

2000

0

公尺

成蟲活動月份：全年	棲所：林緣、草地、市郊公園	前翅展：6.5～7.2 公分

蛺蝶科 NYMPHALIDAE	學名：*Phalanta phalantha phalantha*	命名者：Drury

琺蛺蝶（紅擬豹斑蝶）

　　翅面為橙黃色且散生黑色斑點，外緣的鋸齒紋呈黑色。腹面有黑褐色斑點，雄蝶為淡紫灰色，前翅面後緣上方及後翅內側至中央為暗橙黃色，雌蝶為暗橙黃色，在後翅中央至外緣有淡紫灰色帶。

生態習性　成蟲主要發生期在春末至秋季期間。雌蝶多將卵產於寄主的莖枝和葉上，孵化後幼蟲多棲附於葉裡，隨著幼蟲成長發育而移棲於葉片或莖上，化蛹在寄主葉裡或枝上。成蟲動作敏捷，常見棲息於市區公園、廟宇及河濱等日照充足且有栽植柳樹的環境，喜愛在低矮草花上吸蜜。

幼生期　卵為黃色杯形。老熟幼蟲為灰黑色且外表散生暗橙色斑及黑色長錐刺，錐刺基部和背側中央的縱帶為暗橙色，頭部為灰黑色。蛹為綠色且腹側有小尖刺及翅緣間有金、紅色斑。幼蟲以楊柳科之垂柳（*Salix babylonica*）、水社柳（*S. kusanoi*）及水柳（*S. warburgii*）為寄主植物。

分布　常見於市區公園至低地丘陵，如台北植物園和大安森林公園、桃園虎頭山、宜蘭冬山河、南投中興新村、台中公園、花蓮鯉魚潭、彰化田尾、台南關仔嶺、高雄澄清湖及台東知本等地。台灣以外在整個東南亞地區至印度及中國南部有分布。

保育等級　普通種

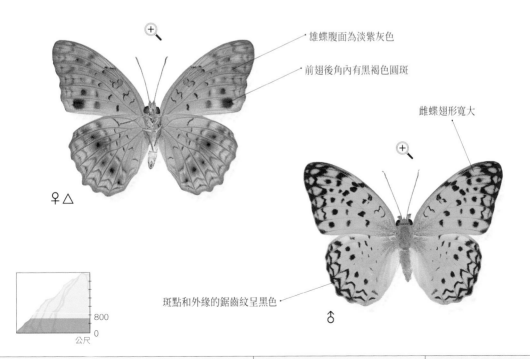

雄蝶腹面為淡紫灰色

前翅後角內有黑褐色圓斑

雌蝶翅形寬大

♀ △

斑點和外緣的鋸齒紋呈黑色

♂

800
0
公尺

成蟲活動月份：中北部 5～11 月，南部全年	棲所：公園、河濱沿岸	前翅展：4～4.8 公分

蛺蝶科 NYMPHALIDAE	學名：*Ariadne ariadne pallidior*	命名者：Fruhstorfer

波蛺蝶（樺蛺蝶）

　　翅面為褐色且布有黑色縱紋。腹面內側至中央為暗褐色而外側為灰褐色。雄蝶前翅腹面後緣上方至中室間密布黑色鱗片（性徵），可依此辨識雄雌。

生態習性　成蟲主要發生期在春末至夏季期間。雌蝶多將卵產於寄主的新葉上，孵化後幼蟲多棲附於葉裡，化蛹在寄主葉脈或鄰近的植物。成蟲動作緩慢，常見棲息於市郊荒地、農耕區外圍等日照充足的環境，喜愛在開曠地草花上訪花吸蜜。

幼生期　卵為黃綠色杯形且密布灰白刺毛。老熟幼蟲為暗紅褐色且外表散布灰黑色長錐刺，錐刺基部為橙黃色，在背側中央有暗黃色縱帶，頭部為黑褐色。蛹為綠褐色且胸部背側隆凸，頭部有1對短尖突。幼蟲以大戟科之蓖麻（*Ricinus communis*）為寄主植物。

分布　常見於南部海濱荒地至低地丘陵，如台南七股和關仔嶺、高雄美濃和壽山、台東知本和蘭嶼及屏東恆春等地。台灣以外在整個東南亞地區至印度及中國南部有分布。

保育等級　普通種

有白色斑點

雄蝶前翅中央有黑色鱗片

斜切的翅端

♂△

♀

本種後翅緣呈鈍齒狀

500
0
公尺

樺蛺蝶卵

成蟲活動月份：中北部偶見，南部全年	棲所：市郊荒地、農耕區	前翅展：4.5～5公分

蛺蝶科 NYMPHALIDAE	學名：*Athyma asura baelia*	命名者：Fruhstorfer

白圈帶蛺蝶（白圈三線蝶）

　　翅上布有白色帶且後翅中央稍外側有縱帶排列的白色圈紋。翅面為黑褐色，腹面雄蝶為褐色，雌蝶為淡褐色。雄雌蝶外形相似，不過雄蝶體形較雌蝶明顯小型許多，此項特徵可供辨識雄雌時之參考。

生態習性　成蟲主要發生期在夏季期間。雌蝶多將卵產於寄主的葉面，老熟幼蟲多棲附於莖枝上，化蛹在寄主莖枝或鄰近的植物葉裡。成蟲動作緩慢，常見於半日照的林蔭環境活動，喜愛吸食水果發酵汁液及水分。

幼生期　卵為綠色球形且密布灰白刺毛。老熟幼蟲為暗黃色有墨綠色斑紋且外表散布基部藍灰色的長棘刺，在背側中央有1對紫黑色而頂部為橙黃色的長棘刺，頭部為褐色。蛹為褐色且胸、腹部背側有彎鉤般尖凸及頭部有1對眉形尖突。幼蟲以冬青科之朱紅水木（*Ilex micrococca*）為寄主植物。

分布　常見於市郊至低海拔山區，如台北木柵動物園、陽明山和烏來、北橫公路、新竹尖石、台中谷關、南投埔里和集集、台南關仔嶺、高雄甲仙及台東知本等地。台灣以外在整個東南亞地區、中國中部至喜馬拉雅山區有分布。

保育等級　普通種

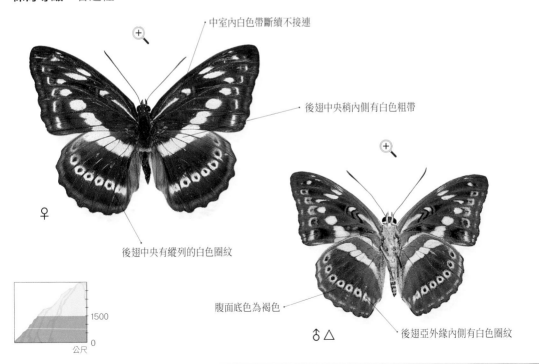

中室內白色帶斷續不接連

後翅中央稍內側有白色粗帶

後翅中央有縱列的白色圈紋

♀

腹面底色為褐色

後翅亞外緣內側有白色圈紋

♂ △

1500
0
公尺

成蟲活動月份：3～12月	棲所：林緣、山徑、溪流沿岸	前翅展：♂約5公分，♀約5.9公分

蛺蝶科 NYMPHALIDAE	學名：*Athyma cama zoroastes*	命名者：Butler

雙色帶蛺蝶（台灣單帶蛺蝶）

　　翅面為黑褐色。雄蝶翅面中央有白色粗帶且翅端有白斑。雌蝶翅面布有橙黃色粗帶及斑紋。另外，雄蝶體形較雌蝶明顯小型許多，雌雄蝶在色澤上不同，辨識雄雌並不困難。

生態習性　成蟲主要發生期在春末至夏季期間。雌蝶多將卵產於半日照環境的寄主葉裡，幼齡幼蟲多攝食中肋兩側之葉肉而殘留下中肋，老熟幼蟲多棲附於葉面上，化蛹在寄主葉裡較隱蔽處。成蟲動作敏捷，常見於日照充足的山徑、林緣間活動，休憩時有平攤雙翅停棲於樹冠上的習性，喜愛吸食花蜜及濕地水分。

幼生期　卵為黃色的半球形且密布灰白刺毛。老熟幼蟲為綠色且背側散布有褐色而下方有白色的長棘刺，在背側有1個凹形的紫黑色斑，頭部為暗紅褐色，蛹為白褐色且胸、腹部背側有彎鉤般尖凸近乎接連，頭部有1對眉形小尖突。幼蟲以葉下珠科之裡白饅頭果（*Glochidion acuminatum*）、披針葉饅頭果（*G. lanceolatum*）及細葉饅頭果（*G. rubrum*）等為寄主植物。

分布　常見於市郊至低海拔山區，如台北汐止和烏來、宜蘭梅花湖和龜山島、北橫公路、新竹北埔、台中谷關、南投埔里和集集、台南關仔嶺、高雄六龜、台東知本及屏東雙流等地。台灣以外在中南半島、中國南部至喜馬拉雅山區有分布。

保育等級　普通種

雌蝶翅面布有橙黃色粗帶

中室內白斑泛現紫色光澤

♀

波形翅緣

1500

0

公尺

雄雌蝶腹面斑帶全呈白色

♂ △

成蟲活動月份：3～12 月	棲所：林緣、山徑、溪流沿岸	前翅展：♂約 4.2 公分，♀約 5.6 公分

蛺蝶科 NYMPHALIDAE	學名：*Athyma selenophora laela*	命名者：Fruhstorfer

異紋帶蛺蝶（小單帶蛺蝶）

　　翅面為黑色，腹面為暗灰褐色。雄蝶翅面中央有1條白色粗帶及翅端和亞外緣有帶狀排列的白色細紋。雌蝶則布有多條帶狀排列的白斑紋。雄蝶體形較雌蝶明顯小型許多，雌雄蝶在外形上明顯不同。

生態習性　成蟲主要發生期在春末至夏季期間。雌蝶多選擇涼濕的環境將卵產於寄主葉裡，幼齡幼蟲多棲息於葉片先端並攝食中肋兩側之葉肉，老熟幼蟲則多棲附於葉面上，化蛹在寄主葉裡較隱蔽處。成蟲動作緩慢，常見於半日照的低山區路旁、溪澗及林緣間活動，休憩時有平攤雙翅停棲於較低矮林緣樹冠上的習性，喜愛吸食花蜜及濕地水分。

幼生期　卵為暗綠色的半球形且密布灰白刺毛。老熟幼蟲為綠色且密布灰黃色顆粒紋及褐色長棘刺，在背側有1個凹形的紫黑色斑，頭部為暗紅褐色且有褐色細刺。蛹為黃褐色閃現琉璃光澤，胸、腹部背側有彎鉤般尖凸及頭部有1對眉形尖突。幼蟲以茜草科之玉葉金花（*Mussaenda parviflora*）、水金京（*Wendlandia formosana*）等為寄主植物。

分布　常見於市郊至低海拔山區，如台北木柵動物園和烏來、東北角海岸、宜蘭礁溪、北橫公路、苗栗獅頭山、南投溪頭、國姓和集集、雲林草嶺、高雄六龜、台東知本及屏東雙流等地。台灣以外在東南亞地區、中國南部至印度有分布。

保育等級　普通種

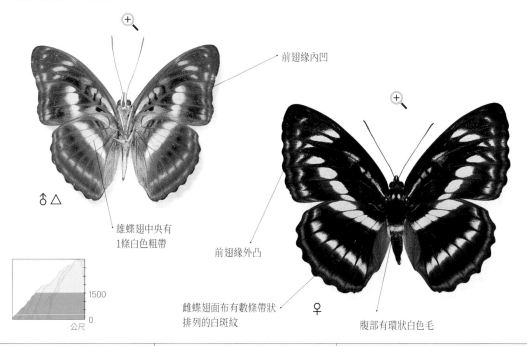

前翅緣內凹

♂ △

雄蝶翅中央有
1條白色粗帶

前翅緣外凸

1500

0

公尺

雌蝶翅面布有數條帶狀
排列的白斑紋

♀

腹部有環狀白色毛

成蟲活動月份：全年	棲所：林緣、山徑、溪流沿岸	前翅展：♂約 4.3 公分，♀約 5.4 公分

蛺蝶科 NYMPHALIDAE	學名：*Athyma jina sauteri*	命名者：Fruhstorfer

寬帶蛺蝶（寬帶三線蝶）

翅面為黑褐色，在翅端和前翅中室、中央及後翅中央內、外側有帶狀排列的白斑紋。腹面為紅褐色，除了有翅面位置相似的白斑紋，另於後翅外緣有1條細紋及前緣的斑紋為白色。雄蝶體形較雌蝶明顯小型許多，雌蝶翅形寬圓，辨識雄雌並不困難。本種翅形較幻紫帶蛺蝶小型且腹面色澤較淡，另外，幻紫帶蛺蝶後翅腹面的內緣呈灰色且前緣白斑位置在稍下方。

生態習性　成蟲主要發生期在夏季期間。雌蝶多選擇涼濕的環境將卵產於寄主葉面，幼齡幼蟲多棲息於葉片先端並攝食中肋兩側之葉肉。成蟲動作敏捷，常見於半日照涼濕的低山區路旁及林緣間活動，經常平攤雙翅停棲於低矮林緣樹冠或石礫地上進行日光浴，喜愛吸食花蜜及濕地水分。

幼生期　卵為暗綠色的球形且密布灰白刺毛，幼蟲以五福花科之松田氏莢迷（*Virburnum erosum*）為寄主植物。

分布　偶見於中北部低海拔山區及南部中海拔山區，如宜蘭福山植物園、桃園拉拉山、北橫公路、台中谷關、南投埔里和霧社及高雄藤枝和出雲山等地。台灣以外在中國西南部至喜馬拉雅山區有分布。

保育等級　稀有種

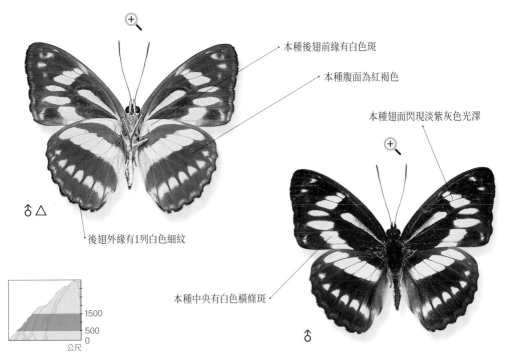

本種後翅前緣有白色斑

本種腹面為紅褐色

本種翅面閃現淡紫灰色光澤

♂ △

後翅外緣有1列白色細紋

本種中央有白色橫條斑

♂

1500
500
0
公尺

成蟲活動月份：4～8月	棲所：林緣、山徑	前翅展：4.8～5.7公分

蛺蝶科 NYMPHALIDAE	學名：*Athyma opalina hirayamai*	命名者：Matsumura

流帶蛺蝶（平山三線蝶）

　　翅面為黑褐色，在翅端和前翅中室內、中央及後翅中央內、外側有帶狀排列的灰白色斑紋。腹面為暗紅褐色，除了有翅面位置相似的白斑紋，另於後翅外緣有1條紫灰色細紋及前緣內側有1條的白色斑紋。雄蝶體形較雌蝶明顯小型許多且雌蝶翅形寬圓色澤稍淡，辨識雄雌並不困難。

生態習性　成蟲主要發生期在夏季期間。成蟲動作敏捷，偶見於半日照涼濕的低山區路旁及林緣向陽處，清晨時會平攤雙翅進行日光浴活動，雄蝶嗜吸葉面及濕地上水分。

幼生期　尚待查明。

分布　偶見於中北部低海拔山區，如桃園拉拉山、宜蘭福山植物園、台中谷關、花蓮天祥、南投埔里和霧社等地。台灣以外在中國西南部至喜馬拉雅山區、中南半島有分布。

保育等級　稀有種

中室內有斷續不接連的白條斑

本種的灰白色斑帶較寬帶蛺蝶窄細

♂

後翅內緣為灰褐色

前緣內側有1條白色斑紋

後角內有白色斑

後翅外緣有1列紫灰色細紋

♂△

1500
500
0
公尺

成蟲活動月份：4～8月	棲所：林緣、山徑	前翅展：♂約 4.2 公分，♀約 5.2 公分

蛺蝶科 NYMPHALIDAE	學名：*Athyma fortuna kodahirai*	命名者：Sonan

幻紫帶蛺蝶（拉拉山三線蝶）

翅面為黑褐色且閃現淡紫灰色光澤，在翅端和前翅中室、中央及後翅中央內、外側有帶狀排列的白斑紋。腹面為紅褐色，除了有翅面位置相似的白斑紋，另於前、後翅外緣有1條細紋及前緣稍下方的斑紋為白色，這些白斑略具淡紫色光澤。雄蝶體形較雌蝶明顯小型許多且雌蝶翅形寬圓，辨識雄雌並不困難。

生態習性 成蟲主要發生期在夏季期間。雌蝶多選擇涼濕的環境將卵產於寄主葉面，幼齡幼蟲多棲息於葉片先端並攝食中肋兩側之葉肉。成蟲動作敏捷，常見於半日照涼濕的低山區路旁及林緣間活動，經常平攤雙翅停棲於低矮林緣樹冠或石礫地上進行日光浴，喜愛吸食花蜜及濕地水分。

幼生期 卵為綠色的球形且密布灰白刺毛。幼蟲以五福花科之松田氏莢蒾（*Virburnum erosum*）為寄主植物。

分布 偶見於中北部低海拔山區及南部中海拔山區，如宜蘭福山、桃園拉拉山、北橫公路、台中谷關、南投埔里和霧社及高雄藤枝和出雲山等地。台灣以外在中國西南部至喜馬拉雅山區有分布。

保育等級 稀有種

腹面的白斑略具淡紫色光澤

翅面閃現淡紫灰色光澤

♂ △

外緣有1條白色細紋

本種的白斑帶較寬大

♂

1500
500
0
公尺

成蟲活動月份：4～8月	棲所：林緣、山徑	前翅展：5.4～5.8公分

蛺蝶科 NYMPHALIDAE	學名：*Athyma perius perius*	命名者：Linnaeus

玄珠帶蛺蝶（白三線蝶）

　　翅面為黑褐色，在翅端和前翅中室內、中央及後翅中央內、外側有帶狀排列的白色斑紋。腹面為暗黃色，除了有翅面位置相似的白斑紋，另於前、後翅外緣有1條細紋及前緣內側的斑紋為白色，這些白斑併有黑色細紋之輪廓，前翅後緣為灰黑色。雄蝶體形較雌蝶小型些且雌蝶翅形寬圓，辨識雄雌並不困難。

生態習性　成蟲主要發生期在夏季期間。雌蝶多將卵產於低矮處的寄主葉裡，幼齡幼蟲則多棲附於中肋先端，並攝食中肋先端兩側葉片再將糞粒以細絲裹覆堆積於中肋先端造「糞脈」。老熟幼蟲則多棲附於葉面，化蛹在寄主葉裡、莖枝或鄰近植物低處。成蟲動作緩慢且低飛，常見棲息於低山區路旁、林緣及疏林向陽處，喜愛訪花、吸食發酵腐果汁液及濕地水分。

幼生期　卵為淡黃色球形且密布針狀尖突。老熟幼蟲為暗綠色且外表密生灰黃色顆粒紋，各體節有2對紅褐色棘刺，頭部為黑褐色且密布尖突。蛹為褐色且閃現金色琉璃光澤，胸、腹部背側有彎鉤般尖凸及頭部有1對眉形尖突。幼蟲以葉下珠科裡白饅頭果（*Glochidion acuminatum*）、細葉饅頭果（*G. rubrum*）為寄主植物。

分布　平地至低海拔山區，如台北陽明山和烏來、東北角海岸、宜蘭蘇澳、北橫公路、新竹尖石、台中大坑、南投埔里和國姓、嘉義梅山、台南關仔嶺、高雄美濃、台東知本和綠島及屏東恆春等地。台灣以外在中國南部至印度、中南半島及印尼有分布。

保育等級　普通種

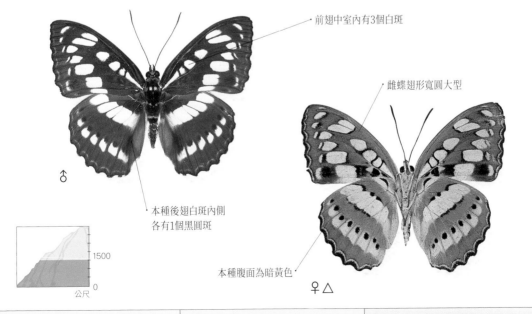

前翅中室內有3個白斑

雌蝶翅形寬圓大型

本種後翅白斑內側各有1個黑圓斑

本種腹面為暗黃色

♂

♀ △

1500

0

公尺

成蟲活動月份：全年	棲所：林緣、山徑、荒地	前翅展：4.9～5.6公分

蛺蝶科 NYMPHALIDAE	學名：*Cyrestis thyodamas formosana*	命名者：Fruhstorfer

網絲蛺蝶（石牆蝶）

　　翅為灰白色且密布網目狀褐色細紋，在前翅後緣及後翅的亞外緣有紫灰色帶，在肛角有圓形凸出及外緣有尾狀突出。雄蝶在前翅前、外緣及後翅內、外緣為黑褐色，而雌蝶為黃褐色且翅形寬圓大型，辨識雄雌並不困難。

生態習性　　成蟲主要發生期在春至夏季期間。雌蝶多將卵產於寄主新葉或頂芽上，幼齡幼蟲則多棲附於中肋，並攝食中肋先端兩側葉片，老熟幼蟲則多棲附於葉裡，受驚擾時會捲曲蟲體「假死」，化蛹在寄主葉裡、莖枝或鄰近植物隱蔽處。成蟲動作緩慢且低飛，常見棲息於低山區路旁、林緣向陽處，喜愛訪花、嗜食發酵腐果汁液及動物排遺，雄蝶常群集於濕地平攤雙翅吸食水分。

幼生期　　卵為淡黃色杯形。老熟幼蟲背側為灰綠色而腹側灰黑色且腹部在背側中央前、後有1個紫紅色長棘，頭部為黑色且上方有細長尖突。蛹為黑褐色類似捲曲枯葉模樣且頭部有1對細長尖突。幼蟲以桑科之金氏榕（*Ficus ampelas*）、榕樹（*F. microcarpa*）及天仙果（*F. formosana*）等為寄主植物。

分布　　市區公園至中海拔山區，如台北植物園和烏來、東北角海岸、宜蘭冬山河、北橫公路、新竹秀巒溫泉、苗栗飛牛牧場、花蓮美崙山、台中大坑、南投集集、台南關仔嶺、高雄美濃、台東知本及屏東恆春等地。台灣以外在日本、中國中部至印度、中南半島及印尼有分布。

保育等級　　普通種

密佈網目狀細紋為其名稱由來

雌蝶斑紋為黃褐色且翅形寬圓大型

♀

雄蝶翅端有黑褐色斑紋

後翅有尾狀突出

本種在肛角有圓形凸出

♂

佈有長刺的網絲蛺蝶幼蟲

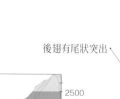

2500

0

公尺

成蟲活動月份：中北部 3～12 月，南部全年	棲所：公園、林緣、山徑	前翅展：4.1～4.7 公分

蛺蝶科 NYMPHALIDAE	學名：*Cupha erymanthis erymanthis*	命名者：Drury

黃襟蛺蝶（台灣黃斑蛺蝶）

　　翅面為黃褐色，翅端、外緣及後翅中央至外緣有黑色斑紋且翅端下方有淡黃色斑。腹面為暗黃色，中央有紫灰色帶，前翅後緣外側有紫黑色斑。雌、雄蝶在外型上很類似，雌蝶翅端較圓鈍且翅端下方的淡黃色斑較寬大些，本種辨識雄雌最好直接觀察交尾器才能正確無誤。

生態習性　成蟲主要發生期在春末至夏季期間。雌蝶多將卵產於寄主新葉、莖枝或頂芽上，幼蟲則多棲附於葉上，受驚擾時會吐絲緩慢降落或直接捲曲蟲體「假死」來躲避敵害，化蛹在寄主葉裡、莖枝或鄰近植物隱蔽處。成蟲動作敏捷且低飛，常見於寄主群落附近的路旁、林緣向陽處及公園活動，喜愛訪花、嗜食發酵腐果汁液及濕地上水分。

幼生期　卵為淡黃色杯形。老熟幼蟲為灰褐色而體側有白色縱帶且表面密布紫黑色細長棘刺，頭部為黃褐色且上方有黑斑點。蛹為淡綠色，頭、胸部有銀色斑點，背側散生紅色細長而基部呈銀色的尖突。幼蟲以楊柳科之垂柳（*Salix babylonica*）、水社柳（*S. kusanoi*）及魯花樹（*Scolopia oldhamii*）等為寄主植物。

分布　市區公園至低海拔山區，如台北植物園和木柵動物園、東北角海岸、桃園復興、新竹北埔、苗栗獅頭山、花蓮鯉魚潭、台中大坑、彰化八卦山、台南走馬瀨、高雄六龜、台東知本及屏東恆春等地。台灣以外在中國南部至印度、斯里蘭卡及東南亞各地有分布。

保育等級　普通種

雄蝶翅端較尖突些

翅端下方有淡黃色斑

♂

1000
0
公尺

產於魯花樹新葉上的黃襟蛺蝶卵

成蟲活動月份：中北部 3～11 月，南部全年	棲所：公園、林緣、溪澗	前翅展：4.5～4.9公分

蛺蝶科 NYMPHALIDAE	學名：*Dichorragia nesimachus formosanus*	命名者：Fruhstorfer

流星蛺蝶（墨蝶）

翅為藍黑色，散生白斑點，前、後翅亞外緣有＜形白紋，後翅腹面色澤較暗且＜形白紋內側有黑色斑。雌、雄蝶在外型上很類似，雌蝶翅形較寬圓暗色，本種辨識雄雌最好直接觀察交尾器才能正確無誤。

生態習性　成蟲主要發生期在春末至夏季期間。雌蝶多將卵產於寄主葉裡，1齡幼蟲則多棲附於中肋先端，並嚙食中肋先端兩側葉片再將葉片碎屑以細絲裹覆堆積於中肋先端造「食脈」，2齡以後幼蟲棲附於葉面，化蛹在寄主葉裡中肋、莖枝或鄰近植物隱蔽處。成蟲動作敏捷，常見於寄主群落附近的路旁地面覓食、林緣樹冠上日光浴及疏林間活動，嗜食樹液、動物排遺、發酵腐果汁液及濕地上水分。

幼生期　卵為淡黃色球形。老熟幼蟲為灰綠色，頭部為黃褐色且上方有長條狀突出。蛹為白褐色似枯捲的葉片且胸、腹部間呈C形鏤空。幼蟲以清風藤科之山豬肉（*Meliosma rhoifolia*）、筆羅子（*M. rigida*）及綠樟（*M. squamulata*）等為寄主植物。

分布　中北部平地至中海拔山區，南部偶見，如台北陽明山和烏來、東北角海岸、北橫公路、新竹尖石、苗栗南庄、花蓮天祥、台中大坑及嘉義阿里山等地。台灣以外在日本、朝鮮半島、中國中部至喜馬拉雅山區、中南半島及東南亞各地有分布。

保育等級　普通種

雌蝶翅形較尖突亮色

外緣幾近黑色

☂

亞外緣有＜形白紋

2500

0

公尺

流星蛺蝶蛹擬態枯捲的葉片

成蟲活動月份：中北部 3～11 月	棲所：山徑、林緣、疏林	前翅展：5.4～5.9公分

蛺蝶科 NYMPHALIDAE	學名：*Abrota ganga formosana*	命名者：Fruhstorfer

瑙蛺蝶（雄紅三線蝶）

　　雄蝶翅面為橙黃色且散生黑色帶，腹面為黃褐色，中央有紫褐色帶。雌蝶翅面為黑褐色且散生灰白色帶，腹面為淡褐色，中央有白色帶。雌、雄蝶在外型上全然不同，辨識雄雌並無問題。

生態習性　成蟲主要發生期在春末至夏季期間。雌蝶多將卵聚產於寄主高枝的葉裡，幼蟲則多棲附於葉裡，化蛹在寄主葉裡中肋上。成蟲飛行快速，常見於山區寄主群落附近的路旁、林緣及疏林間活動，嗜食發酵腐果汁液、木本植物花蜜及濕地上水分。

幼生期　卵為綠色半球形且表面密布透明細刺。老熟幼蟲為綠色而背側中央有白色縱帶，體側密布有羽狀灰白色細長棘刺。蛹為淡綠色且背側有銀色外圈紅紋的斑點。幼蟲以金縷梅科秀柱花（*Eustigma oblongifolium*）、水絲梨（*Sycopsis sinensis*）等為寄主植物。

分布　低海拔山區，如台北烏來、宜蘭太平山、北橫公路、新竹尖石、花蓮天祥、台中谷關、南投霧社和日月潭、新中橫公路及高雄藤枝和扇平等地。台灣以外在中國南部至喜馬拉雅山區有分布。

保育等級　稀有種

翅面散生黑色帶

翅面為橙黃色

♂

♀

雌蝶翅面為黑褐色有灰白色

1500
500
0
公尺

成蟲活動月份：3～11月	棲所：山徑、林緣、疏林	前翅展：5.5～7.3公分

蛺蝶科 NYMPHALIDAE	學名：*Euthalia formosana*	命名者：Fruhstorfer

台灣翠蛺蝶 (台灣綠蛺蝶) 特有種

　　翅面為墨綠色且中央有灰黃色粗帶及前翅中室內有暗灰黃色斑紋。腹面為灰黃色，中央有灰白色粗帶，亞外緣有藍綠色帶。雌、雄蝶在色澤斑紋上很類似，雌蝶翅形較雄蝶明顯寬圓大，辨識雄雌並不困難。

生態習性　成蟲主要發生期在春末、秋季期間。雌蝶多在正午高溫時將卵聚產於寄主的葉裡，幼蟲則多棲附於葉裡，化蛹在寄主葉裡中肋或鄰近攀附的蔓藤葉裡。成蟲飛行快速，常見於山區寄主群落附近的山徑、林緣及疏林間活動，嗜食發酵腐果汁液、樹液及濕地上水分，雄蝶具有領域性，會驅趕侵入的其它蝶類。

幼生期　卵為綠色半球形且表面密布透明細刺。老熟幼蟲為黃綠色而背側中央有淡紅色縱帶，體側有密布羽狀灰白色細長棘刺，蛹為黃綠色且背側及氣門有銀色外圈暗紅色紋的斑點。幼蟲以殼斗科之青剛櫟 (*Quercus glauca*)，大戟科之粗糠柴 (*Mallotus philippensis*) 等為寄主植物。

分布　低海拔山區，如台北烏來、宜蘭太平山、北橫公路、新竹尖石、花蓮天祥、台中谷關、南投霧社和埔里、新中橫公路、高雄甲仙和扇平及台東知本等地。台灣特有種。

保育等級　普通種

前翅中室內有暗灰黃色斑紋

前翅中央有灰黃色粗帶

中央有灰白色粗帶

翅緣為鈍齒形

♂

♀

1800
500
0
公尺

成蟲活動月份：4〜11月	棲所：山徑、林緣、疏林	前翅展：♂約 6.3 公分，♀約 7.2 公分

蛺蝶科 NYMPHALIDAE	學名：*Euthalia irrubescens fulguralis*	命名者：Matsumura

紅玉翠蛺蝶（閃電蝶）

　　翅為黑褐色，前翅中央至外緣及後翅有灰綠色長條紋，在前翅中室內、後翅面肛角及腹面外緣有暗紅色斑紋。雌、雄蝶在色澤斑紋上很類似，雌蝶翅形較雄蝶明顯寬圓大型且肛角圓鈍，因此本種在辨識雄雌上並不困難。

生態習性　成蟲主要發生期在夏至秋季間。雌蝶多將卵聚產於著生在樹冠高枝的寄主葉上，老熟幼蟲則多棲附於葉面中肋上，化蛹在寄主葉裡中肋或鄰近植物葉裡。成蟲飛行快速，常見於山區寄主群落附近的山徑地面、林緣樹冠及疏林間活動，嗜食發酵腐果汁液、樹液及濕地上水分。

幼生期　卵為紫黑色半球形且表面密布細刺。老熟幼蟲為綠色而背側中央有6個淡紫紅色斑，體側有密布羽狀灰綠色先端紫紅色細長棘刺。蛹為綠色且背側膨大尖突及表面散生白斑點。幼蟲以桑寄生科之大葉桑寄生（*Scurrula liquidambaricola*）、埔姜寄生（*S. theifer*）等為寄主植物。

分布　平地至低海拔山區，如台北烏來、宜蘭三星、北橫公路、新竹尖石、花蓮天祥、台中谷關、南投埔里、高雄甲仙和扇平、台東知本及屏東雙流等地。台灣以外在中國西部有分布。

保育等級　稀有種

前翅中央至外緣及後翅有灰綠色橫條紋

♂

雄蝶肛角尖突

後翅肛角有暗紅色斑紋

1500

0

公尺

紅玉翠蛺蝶蛹

成蟲活動月份：4～11月	棲所：山徑、林緣、疏林	前翅展：♂約 4.7 公分，♀約 6.2 公分

蛺蝶科 NYMPHALIDAE	學名：*Euthalia kosempona*	命名者：Fruhstorfer

甲仙翠蛺蝶 (連珠翠蛺蝶)

　　翅面為墨綠色。雄蝶翅面中央有灰黃色粗帶前翅中室內及翅端有暗黃色斑紋,腹面為灰黃色且後緣為灰白色,散生灰綠色鱗片。雌蝶在翅端及下方和後翅前半部中央有白色斑紋,腹面為灰黃綠色且前翅後緣為灰白色並散生灰黑色鱗片。雌、雄蝶在色澤斑紋上明顯不同,辨識雌雄並不困難。

生態習性　成蟲主要發生期在春末、秋季期間。成蟲飛行快速,常見於山區的山徑溼地、林緣及疏林間活動,嗜食發酵腐果汁液、樹液及水分。

幼生期　尚待查明。

分布　平地至低海拔山區,如台北烏來、宜蘭太平山、北橫公路、新竹尖石、花蓮天祥、台中谷關、南投埔里、台南關仔嶺、南橫公路、高雄六龜及台東知本等地。台灣以外在中國西部有分布。

保育等級　稀有種

前翅中室內有暗灰黃色斑紋

雄蝶翅面中央有灰黃色縱帶

雌蝶在翅端下方有白色粗帶

雌蝶在後翅前半部中央方有白色斑

1500

0

公尺

♂

♀

成蟲活動月份：4～10 月	棲所：山徑、林緣	前翅展：5.8～6.5公分

蛺蝶科 NYMPHALIDAE	學名：*Euthalia malapana*	命名者：Shirôzu & Chung

馬拉巴翠蛺蝶 (仁愛綠蛺蝶) 特有種

　　在翅端及下方和後翅前半部中央有白色斑紋，亞外緣有暗色縱紋，前翅中室及下方圈紋為墨綠色。翅面為灰綠褐色，而腹面為灰綠色且後翅內側有墨綠色圈紋。雌、雄蝶在色澤斑紋上很類似，雌蝶翅形較雄蝶明顯寬圓大型，辨識雄雌並不困難。

生態習性　成蟲主要發生期在夏至秋季期間，成蟲飛行快速，偶見於棲息地附近的山徑、林緣及疏林間活動，嗜食發酵腐果汁液、樹液及動物排遺。

幼生期　已知卵為綠色半球形且表面密布透明細刺，其它幼生期則尚未獲悉。

分布　中部低海拔山區，如中橫公路沿線。台灣特有種。

保育等級　稀有種

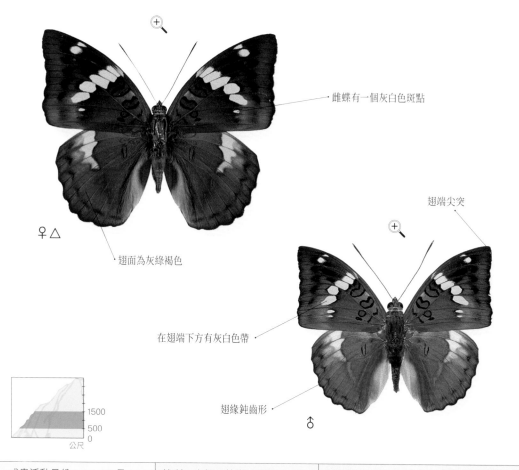

雌蝶有一個灰白色斑點

♀△

翅面為灰綠褐色

翅端尖突

在翅端下方有灰白色帶

翅緣鈍齒形

♂

1500
500
0
公尺

成蟲活動月份：6～10月	棲所：山徑、林緣、疏林	前翅展：♂約 5.7 公分，♀約 6.9 公分

蛺蝶科 NYMPHALIDAE	學名：*Euthalia insulae*	命名者：Hall

窄帶綠蛺蝶（西藏綠蛺蝶） 特有種

中央有白色縱帶及翅端有白色斑紋，亞外緣有墨綠色帶，翅面為綠褐色，腹面為淡灰綠色。雌、雄蝶在色澤斑紋上很類似，雌蝶翅形較雄蝶明顯寬圓大型且前翅面中央的白色粗帶偏黃及腹面的白色粗帶較寬，在辨識雄雌上並不困難。

生態習性 成蟲主要發生期在夏季期間。雌蝶多在正午高溫時將卵聚產於寄主的葉裡，剛孵化幼蟲則多棲附於葉裡，爾後則移棲於葉面，化蛹在寄主葉裡中肋或鄰近植物的葉裡。成蟲動作敏捷，常見於山區寄主群落附近的溪澗、林緣及疏林間活動，嗜食發酵腐果汁液、樹液及濕地上水分。

幼生期 卵為綠色半球形且表面密布透明細刺。老熟幼蟲為淡綠色而背側中央有淡紅色縱帶，體側密布有羽狀淡綠色細長棘刺。蛹為白綠色且背側有金色外圈暗紅色紋的斑點，腹部背側尖突隆起。幼蟲以殼斗科之赤皮（*Quercus gilva*）、狹葉櫟（*Cyclobalanopsis stenophylloides*）等為寄主植物。

分布 北部的中低海拔山區，如台北烏來、宜蘭太平山和思源埡口、北橫公路、新竹尖石和觀霧、花蓮天祥、台中谷關及南投霧社和埔里等地。台灣特有種。

保育等級 普通種

翅端有白色斑紋

本種後翅有筆直粗大的白色縱帶

雌蝶白色帶略偏黃色

♂

亞外緣有墨綠色帶

2000

500
0
公尺

翅緣為鈍齒狀

♀

成蟲活動月份：5～10月	棲所：溪澗、林緣、疏林	前翅展：♂約 6.3 公分，♀約 7.4 公分

| 蛺蝶科 NYMPHALIDAE | 學名：*Euthalia phemius seitzi* | 命名者：Fruhstorfer |

尖翅翠蛺蝶（芒果蝶）

　　翅面為黑褐色，腹面淡灰褐色。由基部至亞外緣間布有多條暗色縱帶，中室內有多條暗色細紋，以及後翅腹面有暗色圈紋。雌雄異型且雌蝶明顯大型。雄蝶在翅端下方有白色細條紋，雌蝶在翅端下方有白色粗帶。後翅面雄蝶鋼角尖突，外緣有藍灰色縱帶，外緣線灰白色。雌蝶肛角圓鈍且欠缺藍灰色縱帶，有較淡色的外緣線，可依此特徵鑑別雄雌。

生態習性　一年多世代蝶種，成蟲主要發生期在夏至秋季，動作敏捷，天晴時通常出現在廟宇、果園或山徑等環境向陽處活動，嗜食腐果汁液、花蜜和動物排遺。雌蝶多在晴天時將卵產於寄主暗蔽處的老熟葉面。幼蟲由卵孵化後亦棲附寄主老熟葉面上，通常直接化蛹在寄主葉下中肋。

幼生期　卵為綠色倒伏碗形且表面密生透明長細刺。老熟幼蟲為灰綠色，蟲體扁平體側密生羽狀細長棘刺。蛹為白灰綠色，且背側有琉璃金色外圈暗紅色紋的斑點，腹部背側尖突隆起，幼蟲以漆樹科芒果（*Mangifera indica*）為寄主植物。

分布　北部平地至丘陵地，基隆北海岸至台北盆地周邊。如基隆港、基隆內寮濕地、台北四獸山、台北動物園及劍南蝶園等地。台灣以外在中國南部、中南半島、馬來半島及印度有分布。

保育等級　普通種

翅端下方有白色粗帶

有多條暗色縱帶

有較淡色的外緣線

♀

腹面淡灰褐色

♀ △

500
0
公尺

雄蝶在鵲豆上訪花

| 成蟲活動月份：3 ～ 12 月 | 棲所：廟宇、公園 | 前翅展：6.5 ～ 7.5 公分 |

蛺蝶科 NYMPHALIDAE	學名：*Limenitis sulpitia tricula*	命名者：Fruhstorfer

殘眉線蛺蝶（台灣星三線蝶）

　　翅中央布有白色帶，翅端及前翅中室有白色斑紋。翅面為黑色，腹面為黑褐色且後翅內側散生黑色斑點及後翅中央有黑色縱帶。雌、雄蝶在色澤斑紋上類似，雌蝶翅形較雄蝶明顯寬圓且前翅外緣和後緣近似直角，而雄蝶為斜角，在辨識雄雌上並不困難。

生態習性　　成蟲主要發生期在春末至夏季期間。雌蝶多將卵產於寄主的葉面，孵化後幼蟲多棲息於葉面先端上，老熟幼蟲多棲附於葉面或莖枝上，化蛹在寄主莖蔓或鄰近的植物葉裡。成蟲動作敏捷，常見於寄主群落附近的向陽林緣和山徑濕地活動，喜愛吸食水果發酵汁液、花蜜、小動物死屍汁液及水分。

幼生期　　卵為淡綠色的球形且密布透明細毛。老熟幼蟲為鮮綠色且背側散生灰紫色的長棘刺，頭部為紅褐色，蛹為淡綠色且散生暗褐色斑，腹部背側有2對金色斑點。幼蟲以忍冬科之阿里山忍冬（*Lonicera acuminata*）、裡白忍冬（*L. hypoglauca*）及忍冬（*L. japonica*）為寄主植物。

分布　　常見於市郊至低海拔山區，如台北木柵動物園、陽明山和烏來、桃園石門水庫、宜蘭土場、北橫公路、新竹尖石、台中谷關、南投東埔和集集、台南關仔嶺、高雄寶來台東知本及屏東雙流等地。台灣以外在中國中部至中南半島北部有分布。

保育等級　　普通種

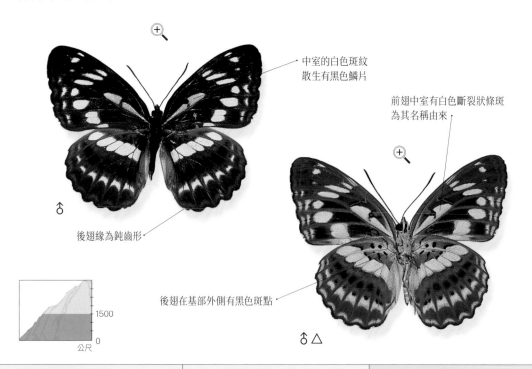

中室的白色斑紋散生有黑色鱗片

前翅中室有白色斷裂狀條斑為其名稱由來

♂

後翅緣為鈍齒形

1500

0

公尺

後翅在基部外側有黑色斑點

♂ △

成蟲活動月份：4〜10月	棲所：林緣、山徑、疏林	前翅展：4.7〜5.2公分

蛺蝶科 NYMPHALIDAE　　　學名：*Neptis hesione podarces*　　　命名者：Nire

蓮花環蛺蝶（朝倉三線蝶、花蓮三線蝶）

　　翅面為黑色，亞外緣有白褐色紋，翅端、外緣和後緣間及中室有白色斑紋，後翅中央布有白色帶。腹面為黃褐色且白斑紋較翅面擴張且後翅有紅褐色鋸紋，亞外緣有白紫色帶。雌、雄蝶的色澤斑紋類似，雌蝶翅形較雄蝶略寬圓且前翅外緣和後緣近似直角，而雄蝶為斜角，在辨識雄雌上並不困難。

生態習性　成蟲主要發生期在夏季期間。成蟲動作敏捷，偶見於山區向陽林緣和山徑活動，喜愛吸食水果發酵汁液、花蜜及水分。

幼生期　尚待查明。

分布　偶見於中北部低至中海拔山區，如宜蘭太平山、桃園拉拉山、北橫公路、新竹觀霧、花蓮天祥、南投霧社、新中橫公路及嘉義阿里山等地。台灣以外在中國西部有分布。

保育等級　稀有種

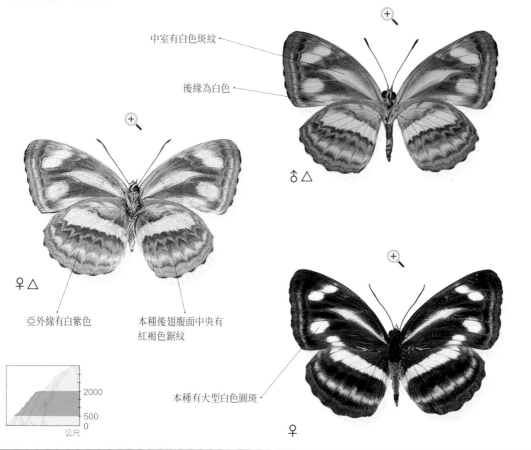

中室有白色斑紋

後緣為白色

♂ △

♀ △

亞外緣有白紫色

本種後翅腹面中央有紅褐色鋸紋

2000
500
0
公尺

本種有大型白色圓斑

♀

成蟲活動月份：5～9月　　　棲所：林緣、山徑　　　前翅展：4.3～4.7公分

蛺蝶科 NYMPHALIDAE	學名：*Neptis hylas luculenta*	命名者：Fruhstorfer

豆環蛺蝶 (琉球三線蝶)

翅上布有白色斑帶。翅面為黑色，腹面為橙褐色且腹面在前翅後緣為灰黑色及白色斑帶並外圈灰黑色輪廓。雌、雄蝶色澤斑紋類似，雌蝶翅形較雄蝶明顯寬圓且雄蝶在後翅面前緣為暗灰色(性徵)，可依此辨識雄雌。

生態習性　成蟲主要發生期在春末至夏季期間。雌蝶多將卵產於寄主的葉面，孵化後幼蟲多棲息於葉面中肋先端上，幼蟲受驚擾會挺舉胸部作威嚇狀，化蛹在寄主葉裡或莖蔓上。成蟲飛行緩慢，常見於寄主群落附近的荒地、林緣和山澗濕地活動，喜愛吸食水果發酵汁液、花蜜及水分，雄蝶具領域性，會盤據高枝來驅趕其它侵入的蝶類。

幼生期　卵為淡藍綠色近似球形且密布透明刺毛，老熟幼蟲為暗褐色且密生白褐色刺毛。腹部背側有白褐色的棘狀長突起，頭部為綠褐色。蛹為淡褐色且閃現灰白色琉璃光澤。幼蟲以豆科之大葛藤 (*Pueraria lobata* subsp. *thomsonii*) 及山葛 (*P. montana*) 為寄主植物。

分布　常見於市郊公園至低海拔山區，如台北木柵動物園、陽明山和烏來、桃園石門水庫、宜蘭冬山河、北橫公路、花蓮太魯閣、新竹尖石、台中谷關、南投日月潭、嘉義奮起湖、台南關仔嶺、高雄澄清湖、台東蘭嶼和綠島及屏東墾丁公園等地。台灣以外在日本沖繩、中國南部及東南亞各地有分布。

保育等級　普通種

雄蝶在後翅面前緣為暗灰色

♂

豆環蛺蝶蛹

腹面的白色斑帶外圈灰黑色輪廓為本種之特徵

1500

0

公尺

♂ △

成蟲活動月份：全年	棲所：荒地、林緣、山徑	前翅展：4.4～4.8公分

蛺蝶科 NYMPHALIDAE	學名：*Neptis nata lutatia*	命名者：Fruhstorfer

細帶環蛺蝶（台灣三線蝶）

　　翅上布有白色斑帶。翅面為黑色，腹面為褐色且前翅後緣為灰黑色及有白色縱紋。雌、雄蝶色澤斑紋類似，雄蝶在後翅面前緣為暗灰色（性徵）且雌蝶翅形較雄蝶明顯寬圓，雌蝶前翅後緣平直而雄蝶略圓凸，本種在辨識雄雌上並不困難。

生態習性　成蟲主要發生期在春末至夏季期間。雌蝶多將卵產於寄主的葉面，孵化後幼蟲多棲息於葉面先端上，幼蟲有嚙咬葉片成破碎不規則狀的習性，化蛹在寄主莖蔓或葉裡中肋。成蟲動作緩慢，常見於低山區的寄主群落附近林緣和山徑及溪畔濕地活動，喜愛吸食水果發酵汁液、花蜜及水分。

幼生期　卵為綠色的球形且密布透明細毛。老熟幼蟲為黑褐色且密生黃褐色刺毛，腹部背側有黃褐色的棘狀長突起，頭部為淡綠褐色。蛹為灰白色有褐色細紋，背側有銀色斑紋。幼蟲以大麻科之山黃麻（*Trema orientalis*），豆科之大葛藤（*Pueraria lobata* subsp. *thomsonii*）及山葛（*P. montana*）為寄主植物。

分布　常見於市郊至低海拔山區，如台北木柵動物園、陽明山和烏來、宜蘭雙連埤、北橫公路、新竹尖石、花蓮太魯閣、南投溪頭、埔里和集集、台南關仔嶺、高雄六龜、台東知本及屏東雙流等地。台灣以外在中國西部至印度及東南亞各地有分布。

保育等級　普通種

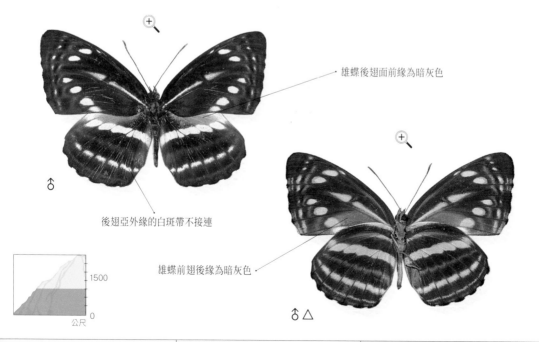

雄蝶後翅面前緣為暗灰色

後翅亞外緣的白斑帶不接連

雄蝶前翅後緣為暗灰色

1500

0

公尺

♂

♂ △

成蟲活動月份：全年	棲所：荒地、林緣、山徑	前翅展：4.5～4.9公分

蛺蝶科 NYMPHALIDAE	學名：*Neptis noyala ikedai*	命名者：Shirôzu

流紋環蛺蝶（池田三線蝶）

　　翅中央布有白色帶，翅端及前翅中室及外側有白色斑紋。翅面為黑褐色，腹面為暗紅褐色且後翅外側白色帶泛現淡紫色光澤。雌、雄蝶色澤斑紋類似，雌蝶翅形較雄蝶明顯寬圓，本種在雄雌辨識上最好直接觀察外生殖器為依據。

生態習性　成蟲主要發生期在夏季期間，偶見於林緣和山徑活動，嗜食花蜜、動物排遺及溼地水分。

幼生期　尚待查明。

分布　偶見於中北部低海拔山區，如桃園拉拉山、宜蘭南山、新竹尖石及南投埔里等地。台灣以外在中國中部有分布。

保育等級　稀有種

前翅中央有黑色斑

♀ △

後翅外側白色帶泛現淡紫色光澤

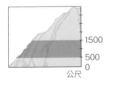

1500
500
0
公尺

成蟲活動月份：6～9月	棲所：林緣、山徑	前翅展：4.5～4.8公分

蛺蝶科 NYMPHALIDAE	學名：*Neptis sankara shirakiana*	命名者：Matsumura

眉紋環蛺蝶（素木三線蝶）

　　翅上布有白色斑帶，翅端、前翅中室及外側有白色斑紋。翅面為黑褐色，腹面為暗褐色。雌、雄蝶在色澤斑紋上類似，雌蝶翅形和白斑較雄蝶明顯寬圓大型且雄蝶在後翅面前緣為白褐色（性徵），可依此來辨識雄雌。

生態習性　成蟲主要發生期在夏季期間，偶見於棲地的向陽林緣和溪澗濕地上活動，喜愛吸食花蜜及水分。

幼生期　尚待查明。

分布　偶見於低至中海拔山區，如桃園拉拉山、宜蘭思源埡口、新竹觀霧、台中谷關、南投埔里和霧社及嘉義阿里山等地。台灣以外在中國西部至喜馬拉雅山區、中南半島及東南亞各地有分布。

保育等級　稀有種

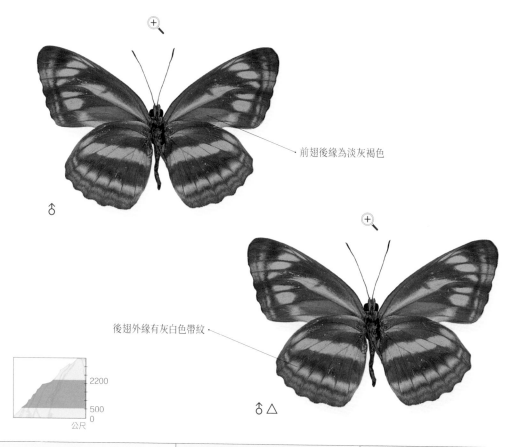

前翅後緣為淡灰褐色

♂

後翅外緣有灰白色帶紋

2200

500
0

公尺

♂ △

成蟲活動月份：5～9月	棲所：林緣、山徑、疏林	前翅展：4.7～5.2公分

蛺蝶科 NYMPHALIDAE	學名：*Neptis philyra splendens*	命名者：Murayama

槭環蛺蝶（三線蝶）

翅中央及亞外緣布有帶狀不接連白色斑，翅端及前翅中室有白色斑紋。翅面為黑色，腹面為黑褐色且後翅內側有白色斑。雌、雄蝶在色澤斑紋上類似，雌蝶翅形較雄蝶明顯寬圓，本種在雄雌辨識上最好直接觀察外生殖器為依據。

生態習性　成蟲主要發生期在夏季期間，一年一世代。雌蝶多將卵產於寄主的葉面先端，孵化後幼蟲亦棲息於此，越冬幼蟲會躲匿於枯葉裡的蟲巢中，並吐縛絲帶將葉柄固定在莖上，老熟幼蟲則多棲附於葉面或莖枝上，化蛹在寄主莖枝或葉裡。成蟲動作敏捷，常見於寄主群落附近的向陽林緣和山徑濕地活動，喜愛吸食花蜜、動物排遺及水分。

幼生期　卵為淡綠色的球形且密布透明細毛。老熟幼蟲為黃褐色且背側散生白褐色的長棘刺，頭部為暗褐色。蛹為白褐色且散生褐色斑，表面閃現灰白色光澤。幼蟲以無患子科之台灣掌葉槭（*Acer palmatum* var. *pubescens*）及青楓（*A. serrulatum*）為寄主植物。

分布　偶見於低海拔山區，如新竹尖石、台中谷關、南投東埔和埔里及雲林草嶺等地。台灣以外在日本、中國東北部、朝鮮半島有分布。

保育等級　稀有種

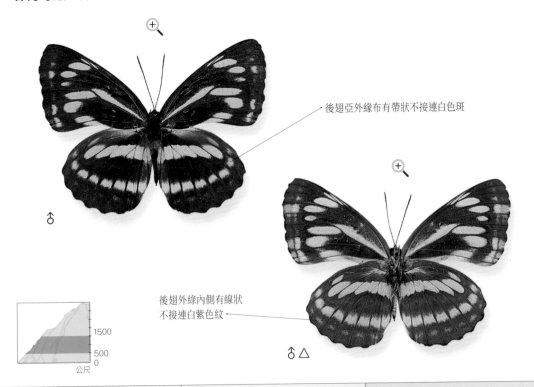

後翅亞外緣布有帶狀不接連白色斑

後翅外緣內側有線狀
不接連白紫色紋

♂

♂ △

1500
500
0
公尺

成蟲活動月份：4～9月	棲所：林緣、山徑、溪澗	前翅展：5～5.5公分

蛺蝶科 NYMPHALIDAE	學名：*Neptis pryeri jucundita*	命名者：Fruhstorfer

黑星環蛺蝶（星三線蝶）

　　翅上布有白色斑帶，翅端及前翅中室有白色斑紋。翅面為黑褐色，腹面為褐色且前翅中室內及後翅內側散生黑色斑點及後翅中央有黑色縱紋。雌、雄蝶在色澤斑紋上十分類似，雌蝶翅形較雄蝶明顯寬圓些，在辨識雄雌上最好直接觀察外生殖器為依據。

生態習性　成蟲主要發生期在春末至夏季期間。雌蝶多將卵產於寄主的葉面，孵化後幼蟲多棲息於葉面先端上，老熟幼蟲多棲附於葉面或莖枝上，化蛹在寄主莖枝上。成蟲動作敏捷，常見於寄主群落附近的向陽林緣和山徑濕地活動，嗜食花蜜、動物排遺及水分。

幼生期　卵為綠色的球形且密布透明細毛。老熟幼蟲為褐色且背側有4對長棘刺，頭部色澤略暗。蛹為灰褐色且散生暗褐色斑，頭部前端有1對尖突。幼蟲以薔薇科之台灣笑靨花（*Spiraea prunifolia* var. *pseudoprunifolia*）及玉山繡線菊（*S. morrisonicola*）為寄主植物。

分布　常見於低海拔山區，如宜蘭南山、北橫公路、新竹尖石、花蓮天祥、台中谷關、南投埔里、新中橫公路、嘉義阿里山及台東紅葉等地。台灣以外在中國中至北部、朝鮮半島、日本有分布。

保育等級　普通種

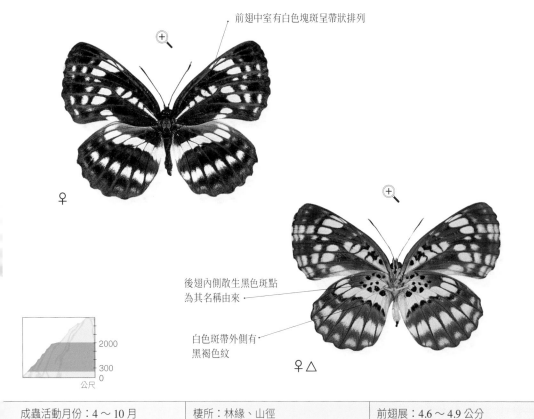

前翅中室有白色塊斑呈帶狀排列

♀

後翅內側散生黑色斑點為其名稱由來

白色斑帶外側有黑褐色紋

♀△

2000
300
0
公尺

成蟲活動月份：4 ～ 10 月	棲所：林緣、山徑	前翅展：4.6 ～ 4.9 公分

| 蛺蝶科 NYMPHALIDAE | 學名：*Neptis reducta* | 命名者：Fruhstorfer |

無邊環蛺蝶（寬紋三線蝶） 特有種

　　翅上布有粗大的白色斑帶。翅面為暗褐色，腹面為淡褐色且腹面在前翅後緣為淡灰褐色及白色斑帶較發達。雌、雄蝶在色澤斑紋上類似，雌蝶翅形較雄蝶明顯寬大且前翅緣平直，雄蝶前翅緣則圓凸，可依此來辨識雄雌。

生態習性　成蟲主要發生期在初夏期間，偶見於低地林緣、山區路旁、溪流沿岸活動，嗜食動物排遺及濕地上水分。

幼生期　已知幼蟲以鼠李科之雀梅藤（*Sageretia thea*）及清風藤科之阿里山清風藤（*Sabia transarisanensis*）為寄主植物。

分布　中部低地至山區局部分布，如台中谷關、南投霧社和埔里等地。台灣特有種。

保育等級　稀有種

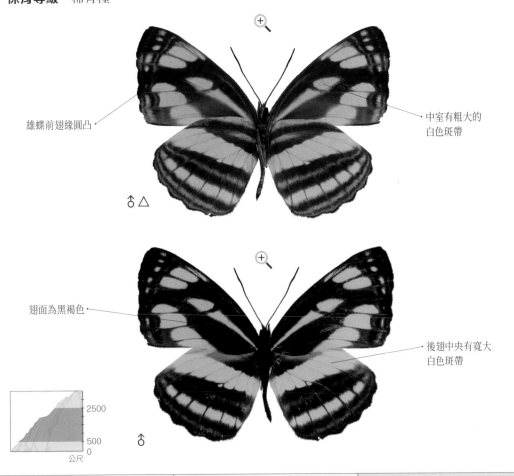

雄蝶前翅緣圓凸

中室有粗大的白色斑帶

♂ △

翅面為黑褐色

後翅中央有寬大白色斑帶

2500
500
0
公尺

♂

| 成蟲活動月份：3～12月 | 棲所：林緣、溪流沿岸、山徑 | 前翅展：5.2～5.7公分 |

蛺蝶科 NYMPHALIDAE	學名：*Neptis sappho formosana*	命名者：Fruhstorfer

小環蛺蝶（小三線蝶）

　　翅為黑褐色，翅上布有白色斑帶，在後翅中央白色帶特別粗大。腹面在前翅後緣為暗灰色且後翅多了3條白色帶紋。雌、雄蝶在色澤斑紋上類似，雌蝶翅形較雄蝶明顯寬圓且雄蝶在後翅面前緣至中室為暗灰色（性徵），可依此來辨識雄雌。

生態習性　成蟲主要發生期在春末至夏季期間。雌蝶多將卵產於寄主的葉面，孵化後幼蟲多棲息於葉面中肋上，幼蟲受驚擾會挺舉胸部作威嚇狀，化蛹在寄主葉裡或莖蔓上。成蟲飛行緩慢，常見於寄主群落附近的荒地、林緣和山澗濕地活動，喜愛吸食水果發酵汁液、花蜜及水分，雄蝶具領域性，會盤據較低矮樹冠來驅趕其它侵入的蝶類。

幼生期　卵為淡綠色近似球形且密布透明刺毛，老熟幼蟲為黑褐色且密生白褐色刺毛，腹部背側有白褐色的棘狀長突起，頭部為綠褐色，蛹為灰褐色且閃現灰白色琉璃光澤。幼蟲以豆科之毛胡枝子（*Lespedeza thunbergii* subsp. *formosa*）及山葛（*Pueraria montana*）為寄主植物。

分布　常見於市郊公園至低海拔山區，如台北木柵動物園、北投和烏來、桃園石門水庫、宜蘭雙連埤、北橫公路、新竹尖石、台中谷關、南投埔里、嘉義奮起湖、台南關仔嶺、高雄六龜、台東知本及屏東恆春等地。台灣以外由歐洲東南部至中國、朝鮮半島及日本等東亞地區有分布。

保育等級　普通種

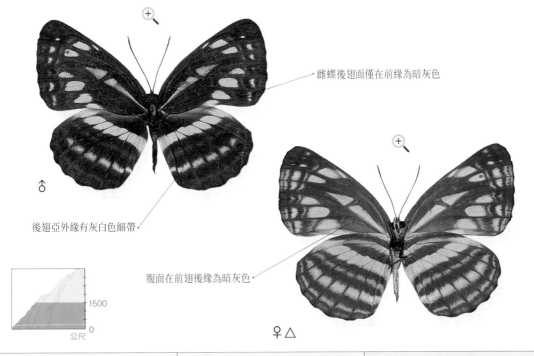

雌蝶後翅面僅在前緣為暗灰色

♂

後翅亞外緣有灰白色細帶

腹面在前翅後緣為暗灰色

1500

公尺　0

♀△

成蟲活動月份：全年	棲所：荒地、林緣、山徑	前翅展：3.7～4.6公分

蛺蝶科 NYMPHALIDAE	學名：*Neptis taiwana*	命名者：Fruhstorfer

蓬萊環蛺蝶 (埔里三線蝶) 特有種

　　翅面為黑褐色，前翅中室至外側有1條及後翅有2條白色斑帶，在翅端及後緣上方有白色斑。腹面為黃褐色，在外緣有數條灰白色帶紋且前翅後緣為灰色。雌、雄蝶在色澤斑紋上類似，雌蝶翅形及白色斑較雄蝶明顯寬圓且大型，可依此辨識雄雌。

生態習性　成蟲主要發生期在春末至夏季期間，常見於林緣路旁、溪流沿岸活動，嗜食動物排遺及濕地上水分。

幼生期　幼蟲以樟科之樟樹 (*Cinnamomum camphora*) 為食。

分布　常見於平地至低海拔山區，如台北陽明山和烏來、東北角海岸、宜蘭礁溪、北橫公路、苗栗關刀山、花蓮太魯閣、南投溪頭、國姓和埔里、雲林草嶺、高雄六龜、台東知本及屏東雙流等地。台灣特有種。

保育等級　普通種

中室至外側有1條白色斑帶

後翅中央有白色斑帶

♂ △

外緣有數條灰紫色帶紋

前翅後緣為灰色

♂

1500

0

公尺

成蟲活動月份：3～12月	棲所：林緣、山徑、溪澗	前翅展：5～5.5公分

蛺蝶科 NYMPHALIDAE	學名：*Neptis ilos nirei*	命名者：Nomura

奇環蛺蝶（黃斑三線蝶）

　　形態特徵翅面為黑褐色，前翅中室有1條及後翅有2條白色斑帶，在翅端及後緣上方有白色斑。腹面為黃褐色，在前翅後緣內側為灰色且後翅有數條白色帶紋。雌、雄蝶在斑紋上類似，雄蝶在後翅面前緣為白灰色（性徵），雌蝶翅形及白色斑較雄蝶明顯寬圓且色澤較淡，可依雄蝶性徵直接辨識雄雌。

生態習性　成蟲主要發生期在夏季期間，常見於山區林緣路旁、溪流沿岸活動，嗜食動物排遺及濕地上水分。

幼生期　尚待查明。

分布　偶見於中北部低至中海拔山區，如桃園拉拉山、宜蘭思源埡口、台中梨山及南投霧社等地。台灣以外於中國東北部及朝鮮半島有分布。

保育等級　稀有種

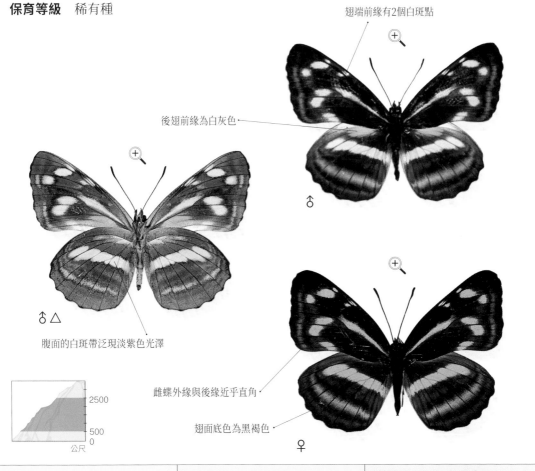

翅端前緣有2個白斑點

後翅前緣為白灰色

♂

♂△

腹面的白斑帶泛現淡紫色光澤

2500

500
0
公尺

雌蝶外緣與後緣近乎直角

翅面底色為黑褐色

♀

成蟲活動月份：6～9月	棲所：林緣、山徑	前翅展：4.7～5.1公分

蛺蝶科 NYMPHALIDAE	學名：*Pantoporia hordonia rihodona*	命名者：Moore

金環蛺蝶（金三線蝶）

　　翅面為黑褐色，前翅中室至外側有1條及後翅有2條橙黃色斑帶，在翅端及後緣上方有橙黃色斑。腹面為紅褐色，在與翅面橙黃斑相同位置的斑紋較為淡色。雌、雄蝶在色澤斑紋上類似，雄蝶在後翅面前緣為灰白色（性徵），可依此辨識雄雌。

生態習性　成蟲主要發生期在春末至夏季期間，常見於林緣路旁、溪流沿岸活動，嗜食動物排遺及濕地上水分。

幼生期　幼蟲以豆科之藤相思（*Acacia caesia*）為食。

分布　偶見於低海拔山區，如宜蘭牛鬥、台中谷關、花蓮太魯閣和富源、台中大坑、南投國姓和埔里、高雄六龜及台東知本等地。台灣以外在亞洲東部熱帶至亞熱帶地區有分布。

保育等級　稀有種

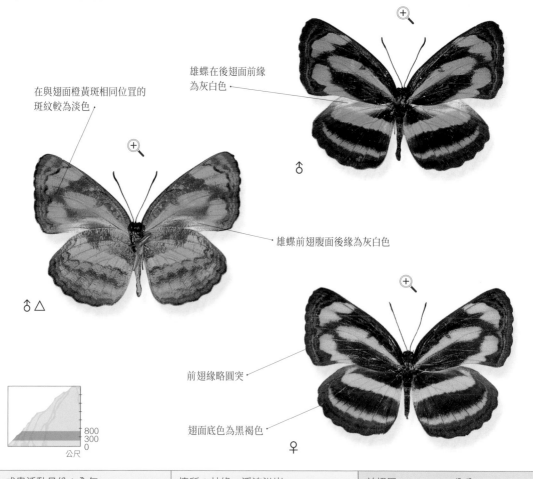

雄蝶在後翅面前緣為灰白色

在與翅面橙黃斑相同位置的斑紋較為淡色

雄蝶前翅腹面後緣為灰白色

前翅緣略圓突

翅面底色為黑褐色

♂ △

♂

♀

800
300
0
公尺

成蟲活動月份：全年	棲所：林緣、溪流沿岸	前翅展：3.8～4.3公分

| 蛺蝶科 NYMPHALIDAE | 學名：*Parasarpa dudu jinamitra* | 命名者：Fruhstorfer |

紫俳蛺蝶（紫單帶蛺蝶）

　　中央有粗大的白斑帶及翅端有白色點紋，翅面為黑褐色，腹面為紫灰色在後翅內側有白色點紋。雌、雄蝶在色澤斑紋上類似，雄蝶翅端尖突而雌蝶則圓鈍且明顯大型許多，辨識雄雌並不困難。

生態習性　成蟲主要發生期在春末至夏季期間。雌蝶多將卵產於低矮處的寄主葉面先端上，幼蟲則多棲附於葉面或莖蔓上，化蛹在寄主或鄰近植物葉裡或莖枝上。成蟲動作緩慢且低飛，常見棲息於低山區林緣、溪澗及疏林低處，喜愛訪花、吸食發酵腐果汁液、小動物排遺及濕地水分等。

幼生期　卵為灰綠色球形且表面散生灰白色細刺。幼蟲為綠褐色且外表密生暗紅色刺毛，背側有4對肉質尖突，頭部紅褐色。蛹為白褐色且背側尖突。幼蟲以忍冬科之阿里山忍冬（*Lonicera acuminata*）、裡白忍冬（*L. hypoglauca*）及忍冬（*L. japonica*）為寄主植物。

分布　常見於市郊公園至低海拔山區，如台北烏來和陽明山、北橫公路、宜蘭員山、新竹北埔、苗栗獅頭山、台中大坑和谷關、南投埔里和霧社、花蓮太魯閣、嘉義阿里山和東埔及台南關仔嶺等地。台灣以外在中國亦有分布。

保育等級　普通種

密布淡紫色鱗片

後翅內側有2個白斑

♂ △

1500
0
公尺

中央有粗大的白斑

肛角尖突有紅色斑

♂

| 成蟲活動月份：3～12月 | 棲所：林緣、山徑 | 前翅展：♂約 5.2 公分，♀約 6.2 公分 |

| 蛺蝶科 NYMPHALIDAE | 學名：*Hypolimnas bolina kezia* | 命名者：Butler |

幻蛺蝶（琉球紫蛺蝶）

　　腹面為黑褐色，在外緣、翅端和下方及後翅中央有白色帶斑。翅面為黑色，雄蝶在翅端下方及後翅中央有閃現藍紫色光澤的白斑，雌蝶前翅閃現藍紫色光澤，在亞外緣有白色顆粒帶，雌、雄蝶翅面明顯不同。

生態習性　成蟲主要發生期在夏季期間。雌蝶多將卵產於低矮處的寄主葉裡或鄰近植物上，幼蟲棲附於葉裡或莖蔓上較隱蔽處，化蛹在寄主莖枝或附近的植物葉裡及石塊上。成蟲動作敏捷，常見棲息於農耕地、低地林緣、及市郊公園，喜愛訪花、吸食發酵腐果汁液及濕地水分等。

幼生期　卵為灰白色球形且表面有隆起脈紋。老熟幼蟲為黑褐色且外表密生暗橙或黑色錐狀長棘刺，頭部橙褐色有長棘刺。蛹為黑褐或暗黃褐色且背側散生有錐狀尖突。幼蟲以旋花科之甕菜（*Ipomoea aquatica*）、甘藷（*I. batatas*）為寄主植物。

分布　常見於市郊公園至低海拔山區，如台北烏來和陽明山、東北角海岸、北橫公路、宜蘭員山、新竹北埔、苗栗獅頭山、花蓮富源、台中大坑、南投埔里、花蓮太魯閣、嘉義梅山、台南關仔嶺、台東知本及屏東恆春等地。台灣以外在中國南部、東南亞各地、澳洲北部及非洲馬達加斯加亦有分布。

保育等級　普通種

翅端下方及後翅中央有閃現藍紫色光澤的白斑

前翅閃現藍紫色光澤

亞外緣有白色顆粒帶

♂

♀

1500

0
公尺

| 成蟲活動月份：北部 3～12 月，中南部全年 | 棲所：農耕地、林緣、市郊公園 | 前翅展：6.3～7.8 公分 |

| 蛺蝶科 NYMPHALIDAE | 學名：*Hypolimnas misippus misippus* | 命名者：Linnaeus |

雌擬幻蛺蝶（雌紅紫蛺蝶）

　　雄蝶翅面為黑色，在翅端和下方及後翅中央有閃現藍紫色光澤的白斑，腹面為灰褐色，在外緣、翅端和下方及後翅中央有白色帶斑。雌蝶翅為橙色，在外緣、翅端有黑、白色相間的帶斑。

生態習性　成蟲主要發生期在夏季期間。雌蝶多將卵產於低矮處的寄主莖、葉或鄰近雜物上，幼蟲棲附於寄主群落間或地面較隱蔽處，化蛹在寄主附近的植物莖枝、葉裡及石塊上。成蟲動作敏捷，雄蝶具有領域性，常見於農耕地、路旁荒地及市郊公園活動，喜愛訪花、吸食發酵腐果汁液及濕地水分等。

幼生期　卵為灰白色球形且表面隆起脈紋。老熟幼蟲為黑褐色而體側暗橙色且密生黑色錐狀長棘刺，頭部紅褐色有長棘刺。蛹為暗黃褐色且胸部隆起在背側散生有錐狀尖突。幼蟲以馬齒莧科之馬齒莧（*Portulaca oleracea*）為寄主植物。

分布　常見於市郊公園至低海拔山區，如台北深坑和陽明山、東北角海岸、宜蘭蘇澳、新竹北埔、苗栗獅頭山、花蓮富源、台中大坑、南投埔里、澎湖馬公、台南關仔嶺、台東綠島和蘭嶼及屏東恆春等地。台灣以外在亞洲、美洲及非洲的亞熱帶至熱帶地區有分布。

保育等級　普通種

雄蝶翅端和下方及
後翅中央有白斑

雌蝶翅端和下方有白斑

後翅前緣有黑斑

1000
0
公尺

♂

♀

| 成蟲活動月份：北部 3～12 月，中南部全年 | 棲所：農耕地、路旁荒地、市郊公園 | 前翅展：6～6.8 公分 |

蛺蝶科 NYMPHALIDAE	學名：*Junonia almana almana*	命名者：Linnaeus

眼蛺蝶（孔雀蛺蝶）

　　外緣及前翅前緣、中室有黑褐色細紋，肛角尖突，翅面為橙黃色有紅紫色眼紋。腹面為灰黃褐色，在中央有淡黃色縱帶且外側有紫黑色小型眼紋。雌、雄蝶在色澤斑紋上類似，而雌蝶腹面中央的白褐色縱帶在後翅上則近乎純白色，以此辨識雄雌並不困難。

生態習性　成蟲主要發生期在夏季期間。雌蝶多將卵產於向陽的寄主群落之莖枝、葉裡或鄰近雜物上，幼蟲棲附於寄主群落間或地面較隱蔽處，化蛹在寄主附近的植物莖枝、葉裡及石塊上。成蟲動作敏捷且低飛，高溫時常見於農耕地、路旁荒地及市郊公園花壇活動，喜愛訪花、吸食發酵腐果汁液及濕地水分等。

幼生期　卵為綠色杯形且表面有隆起脈紋。老熟幼蟲為黑褐色且密生基部暗橙色的黑色錐狀長棘刺，頭部暗紅褐色有刺毛。蛹為暗白褐色且背側散生有錐狀尖突，胸部隆起。幼蟲以母草科之定經草（*Lindernia anagallis*）、水丁黃（*L. ciliata*）、爵床科之賽山藍（*Blechum pyramidatum*）為寄主植物。

分布　常見於市區公園至低海拔山區，如台北植物園和北投、東北角海岸、宜蘭冬山河、新竹北埔、苗栗鯉魚潭水庫、花蓮富源、台中豐原、南投竹山、台南關仔嶺、台東綠島和知本及屏東恆春等地。台灣以外在日本南部、中國南部、東南亞各地至中亞亦有分布。

保育等級　普通種

外緣及前翅前緣、中室有黑褐色細紋

本種有紅紫色眼紋

♂

眼蛺蝶蛹

中央有白褐色縱帶（雌蝶後翅上則近乎純白色）

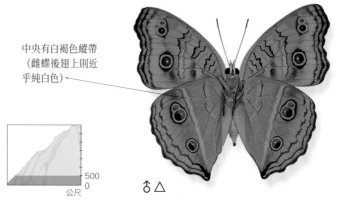

500
0
公尺

♂ △

成蟲活動月份：北部 3～12 月，中南部全年	棲所：農耕地、路旁荒地、市郊公園	前翅展：4.5～5.4 公分

蛺蝶科 NYMPHALIDAE	學名：*Junonia atlites atlites*	命名者：Linnaeus

波紋眼蛺蝶（淡青擬蛺蝶）

　　前翅中室、外緣及腹面中央有黑褐色細紋,亞外緣有紅、黑色眼紋排列的縱帶,肛角尖突。雄蝶翅面為藍灰色,腹面為白褐色。雌蝶翅面為暗灰色,腹面為黃褐色,雌、雄蝶在色澤上並不相同,辨識雄雌不困難。

生態習性　成蟲主要發生期在春末至夏季期間。雌蝶多將卵產於林緣或濕地的寄主群落之莖枝、葉裡,幼蟲棲附於寄主群落較隱蔽處,化蛹在寄主附近的植物低矮莖枝、葉裡。成蟲動作敏捷且低飛,高溫時常見於農耕地、路旁荒地及林緣花叢間覓食,喜愛訪花、吸食發酵腐果汁液及濕地水分等。

幼生期　卵為綠色杯形且表面有隆起脈紋。老熟幼蟲為灰黑色且密生錐狀長棘刺,頭部黑褐色有刺毛。蛹為灰褐色且背側散生有錐狀尖突,胸部隆起。幼蟲以莧科之空心蓮子草（*Alternanthera philoxeroides*）,爵床科之柳葉水蓑衣（*Hygrophila salicifolia*）、賽山藍（*Blechum pyramidatum*）為寄主植物。

分布　侷限於南部海濱至低地,如台東知本及屏東四重溪和恆春等地。台灣以外在中國南部至印度及東南亞各地有分布。

保育等級　普通種

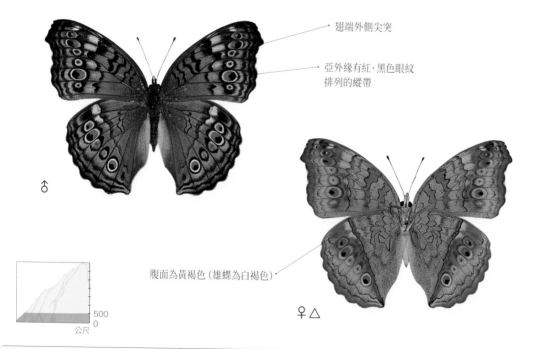

翅端外側尖突

亞外緣有紅、黑色眼紋排列的縱帶

♂

腹面為黃褐色（雄蝶為白褐色）

500
0
公尺

♀ △

成蟲活動月份：南部全年	棲所：路旁荒地、林緣	前翅展：4.7～5.3公分

蛺蝶科 NYMPHALIDAE	學名：*Junonia iphita iphita*	命名者：Cramer

黯眼蛺蝶（黑擬蛺蝶）

　　翅端外側及肛角尖突，翅面暗褐色，在中央有白褐色縱帶，後翅亞外緣有縱列的黑眼紋。腹面為黑褐色且散生灰紫色鱗片，後翅中央有暗色縱帶及前緣有白斑。雌、雄蝶在色澤斑紋上類似，而雌蝶腹面前緣中央的白斑較大型且翅形寬圓，辨識雄雌並不困難。

生態習性　成蟲主要發生期在夏季期間。雌蝶多將卵產於林緣涼濕處的寄主群落之莖枝或葉裡，幼蟲棲附於寄主葉裡，化蛹在寄主附近的植物莖枝、葉裡及雜物上。成蟲動作敏捷且低飛，天晴時常見於林緣、溪畔及山徑活動，嗜食發酵腐果汁液、樹液，偶見訪花吸蜜。

幼生期　卵為淡黃色杯形且表面隆起脈紋。老熟幼蟲為黑色且散生錐狀細長棘刺，頭部暗紅褐色有刺毛。蛹為灰褐色且背側散生有肉疣狀尖突。幼蟲以爵床科之台灣馬藍（*Strobilanthes formosanus*）、蘭崁馬藍（*S. rankanensis*）為寄主植物。

分布　常見於平地至中海拔山區，如台北烏來和陽明山、東北角海岸、宜蘭福山植物園、新竹尖石、花蓮富源、台中谷關和梨山、南投埔里、嘉義奮起湖、台南關仔嶺、台東蘭嶼和知本及屏東恆春等地。台灣以外在中國南部至印度、斯里蘭卡及東南亞各地有分布。

保育等級　普通種

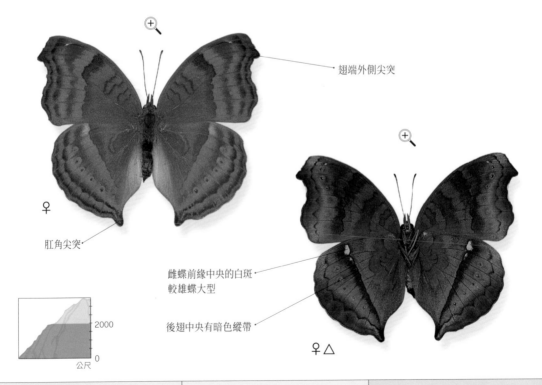

翅端外側尖突

♀

肛角尖突

雌蝶前緣中央的白斑較雄蝶大型

後翅中央有暗色縱帶

2000

0

公尺

♀ △

成蟲活動月份：全年	棲所：林緣、山徑、溪流沿岸	前翅展：4.6～5.5公分

蛺蝶科 NYMPHALIDAE	學名：*Junonia orithya orithya*	命名者：Linnaeus

青眼蛺蝶（青擬蛺蝶、孔雀青蛺蝶）

外緣有白色細紋及翅端有白斑，在亞外緣有紅紫色眼紋4個，腹面為白褐色且中室內有橙色斑。雄蝶翅面在前翅為藍灰色、後翅為藍色閃現琉璃光澤。雌蝶翅面為紫黑色且中室內有橙色斑。雌雄蝶翅面色澤斑紋不同，辨識雄雌並不困難。

生態習性　成蟲主要發生期在夏季期間。雌蝶多將卵產於向陽的寄主群落之莖枝或葉上，幼蟲棲附於寄主群落間或地面較隱蔽處，化蛹在寄主附近的植物莖枝、葉裡及石塊上。成蟲動作敏捷且低飛，高溫時常見於農耕地、路旁荒地及市郊公園花叢中活動，嗜食草花的花蜜及濕地水分等。

幼生期　卵為淡綠色杯形且表面有隆起脈紋。老熟幼蟲為黑色且散生基部暗橙色的黑色錐狀棘刺，頭部有短刺毛。蛹為白褐色且背側散生有肉疣狀尖突。幼蟲以爵床科之爵床（*Justicia procumbens*）寄主植物。

分布　常見於市郊公園至中海拔山區，如台北指南宮和北投、東北角海岸、宜蘭蘇澳、北橫公路、新竹南寮、苗栗鯉魚潭水庫、花蓮太魯閣、台中大坑、澎湖馬公、南投日月潭、雲林草嶺、台南關仔嶺、台東蘭嶼和三仙台及屏東恆春等地。台灣以外廣布於東南亞各地、非洲和美洲亞熱及熱帶地區。

保育等級　普通種

中室內有橙色斑

後翅閃現藍色琉璃光澤

♀

♂

有紅紫色眼紋

1500

0

公尺

青眼蛺蝶卵

成蟲活動月份：全年	棲所：農耕地、路旁荒地、市郊公園	前翅展：4.2～4.8公分

蛺蝶科 NYMPHALIDAE	學名：*Junonia lemonias aenaria*	命名者：Fruhstorfer

鱗紋眼蛺蝶（眼紋擬蛺蝶）

外緣、前翅面及前、後翅腹面有灰白色斑，在亞外緣有橙紫色眼紋4個。翅面為暗褐色，腹面為黃褐色。雄、雌蝶翅上斑紋相彷，其中雄蝶橙紫色眼翅的橙環及翅形較小且色澤暗色些，比較前述特徵可辨識雄雌。

生態習性 成蟲在春至夏季間頗為常見。雌蝶多將卵產於林蔭的寄主群落之頂芽或新葉上，幼蟲白晝多棲附於寄主群落間或地面較隱蔽處，天候陰暗時進食較為頻繁，化蛹在寄主或附近的植物莖枝及雜物上。成蟲動作敏捷且低飛，高溫時常見於林緣開曠地、溪畔及路旁荒地覓食和日光浴，嗜食草花的花蜜及濕地水分等。

幼生期 卵為藍綠色杯形且表面有隆起脈紋。老熟幼蟲為灰黑色且散生黑色錐狀棘刺，頭部有短刺毛。蛹為白褐色且背側散生有肉疣狀小尖突。幼蟲以爵床科之台灣馬藍（*Strobilanthes formosanus*）、台灣鱗球花（*Lepidagathis formosensis*）為食。

分布 常見於市郊公園至中海拔山區，如台北指南宮和烏來、宜蘭土場、北橫公路、新竹北埔、苗栗獅頭山、花蓮天祥、台中谷關、南投日月潭和水里、嘉義竹崎、台南關仔嶺、台東蘭嶼和知本及屏東恆春等地。台灣以外於中國南部至中南半島、印度及斯里蘭卡有分布。

保育等級 普通種

→ 外緣及前翅有
灰白色斑

♀

幼蟲棲附於地面落葉上具有隱蔽效果

橙紫色眼紋 ←

1500

0

公尺

♀ △

→ 中央有淡紫色斑紋

成蟲活動月份：全年	棲所：林緣、路旁荒地、溪畔	前翅展：4.8～5.4公分

蛺蝶科 NYMPHALIDAE	學名：*Kallima inachus formosana*	命名者：Fruhstorfer

枯葉蝶（枯葉蛺蝶）

　　前翅中央有眼紋及翅端斑點為灰白色。翅面為紫黑色，翅端尖突為黑色而下方有暗橙色橫帶。腹面為黃褐或暗褐色且散生霉狀的斑點，在中央有暗色的縱帶。雄、雌蝶翅上斑紋相彷，其中雌蝶翅端外側尖突較長且翅形寬大，辨識雄雌並不困難。

生態習性　　成蟲在春末至夏季間頗為常見。雌蝶多在天候晴朗或高溫時將卵產於林蔭的寄主群落之葉片或鄰近雜物上，幼蟲白晝多棲附於寄主群落根部附近較隱蔽處，天候昏暗時進食較為頻繁，化蛹在寄主或附近的植物莖枝及雜物上。成蟲動作敏捷且警戒性高，天晴時常見於低矮的林緣樹冠、溪畔及疏林間覓食和日光浴，雄蝶具有領域性，嗜食樹液、水果發酵汁液及濕地水分等。

幼生期　　卵為暗綠色球形且表面有隆起脈紋。老熟幼蟲為黑色且表面密生灰白色刺毛及散生黑色錐狀棘刺，頭部有1對黑色長棘刺。蛹為黑褐色夾雜著白褐色且背側散生有尖錐狀尖突。幼蟲以爵床科之台灣馬藍（*Strobilanthes formosanus*）、蘭崁馬藍（*S. rankanensis*）及台灣鱗球花（*Lepidagathis formosensis*）為食。

分布　　平地至中海拔山區，如台北陽明山和烏來、東北角海岸、宜蘭雙連埤、北橫公路、新竹尖石、苗栗獅頭山、花蓮富源、台中谷關、南投埔里和霧社、嘉義竹崎、台南關仔嶺、高雄六龜和甲仙、台東蘭嶼及屏東恆春等地。台灣以外於中國中部至喜馬拉雅山區、中南半島及日本琉球有分布。

保育等級　　普通種

前翅中央有灰白色眼紋

♂

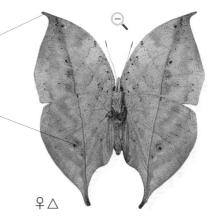

雌蝶翅端外側尖突較長

散生霉狀的斑點

♀ △

枯葉蛺蝶幼蟲

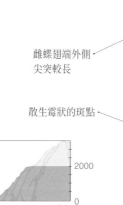

2000

0

公尺

成蟲活動月份：北部 3～11 月，中南部全年	棲所：林緣、疏林、溪畔	前翅展：6～7.3公分

蛺蝶科 NYMPHALIDAE	學名：*Kaniska canace drilon*	命名者：Fruhstorfer

琉璃蛺蝶

　　翅面為黑色，在亞外緣有藍灰色縱帶。腹面為黃褐、紫褐色間雜的樹皮模樣且後翅中央有1個白色點。雌、雄蝶翅上斑紋相彷，其中雌蝶藍灰色縱帶粗大且翅形寬圓及後翅腹面中央的白色點較大型，辨識雄雌並不困難。

生態習性　成蟲除了冬季數量較少外，其它季節頗為常見。雌蝶多將卵產於林緣的寄主群落之葉片或蔓莖上，幼蟲棲附於寄主葉裡，幼蟲休憩時彎曲成C或J字形，化蛹在寄主或附近的植物莖枝、葉裡及雜物上。成蟲動作敏捷且低飛，天晴時常見於低矮的林緣樹冠、溪畔及草花叢間覓食和日光浴，雄蝶具有領域性，嗜食樹液、水果發酵汁液、動物排遺及花蜜等。

幼生期　卵為綠色杯形且表面有隆起脈紋。老熟幼蟲為灰黑色且表面散生基部附近橙色的淡黃色錐狀長棘刺，頭部紫黑色密生刺毛。蛹為黑褐色且背側散生有尖錐狀尖突，在胸至腹部有銀色斑點。幼蟲以菝葜科之菝葜（*Smilax china*）、台灣菝葜（*S. lanceifolia*）及平柄土茯苓（*Heterosmilax japonica*）為食。

分布　平地至中高海拔山區，如台北深坑和烏來、東北角海岸、宜蘭仁澤和龜山島、北橫公路、新竹尖石和觀霧、苗栗三義、花蓮富源、台中谷關、南投水里和霧社、嘉義阿里山、台南關仔嶺、高雄六龜和甲仙、台東知本及屏東四重溪等地。台灣以外廣布於日本、朝鮮半島、中國中部至印度及東南亞各地。

保育等級　普通種

雌蝶藍灰色縱帶粗大·

♀

腹面為擬態的樹皮模樣·

正在非洲鳳仙花上吸蜜的雄蝶

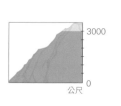

3000

0

公尺

♀ △

·後翅中央有1個白色點

成蟲活動月份：全年	棲所：林緣、疏林	前翅展：4.9～5.4 公分

| 蛺蝶科 NYMPHALIDAE | 學名：*Nymphalis xanthomelas formosana* | 命名者：Matsumura |

緋蛺蝶

　　翅面為暗橙色，在前翅及後翅中央有黑色斑。腹面內側至中央密布黑色鱗片，中央至外緣間為黃褐色。雌、雄蝶翅上斑紋相彷，其中雌蝶寬圓大型且色澤略淡，辨識雄、雌最好直接觀察交尾器的形態或前腳（雄蝶跗節有1節，雌蝶有5節）來鑑別。

生態習性　成蟲除了春至夏初季節出現外，其它季節不容易觀察到。雌蝶多將卵聚產於林緣的寄主樹冠或高枝之莖枝上，幼蟲棲附於寄主葉片或莖枝，老熟幼蟲在化蛹前會離開寄主，化蛹在寄主附近的低矮植物莖枝、葉裡及雜物上。成蟲動作敏捷且低飛，天晴時常見於低矮的林緣樹冠、溪畔及草花叢間覓食和日光浴，盛夏高溫時會靜伏不動的躲匿於涼濕的林間進行「夏眠」，冬季則躲匿於避風的樹林或山凹進行「越冬」，嗜食樹液、水果發酵汁液、小動物排遺和腐汁以及花蜜等。

幼生期　卵為黃色杯形且表面有隆起脈紋。老熟幼蟲為白褐色且表面散生灰白色刺毛，有黑色的縱帶及錐狀長棘刺。蛹為白褐色且背側有縱列尖錐狀尖突。幼蟲以大麻科之石朴（*Celtis formosana*）、榆科之櫸（*Zelkova serrata*）為食。

分布　低地至中海拔山區，如台北三峽滿月圓、宜蘭思源埡口和太平山、北橫公路、新竹尖石和觀霧、苗栗鹿場、花蓮天祥、台中谷關和梨山、南投霧社、嘉義阿里山、新中橫塔塔加及高雄藤枝等地。台灣以外廣布於歐洲東部至亞洲東部溫帶地區。

保育等級　普通種

後翅緣尾狀尖突

外緣有藍灰色縱帶

♂

腹面內側至中央密布黑色鱗片

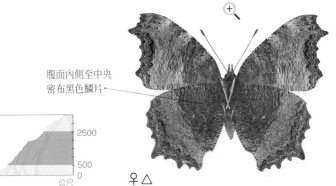

吸食雞骨頭上腐汁的雄蝶

2500
500
0
公尺

♀ △

| 成蟲活動月份：3～7月 | 棲所：山徑、疏林、山澗 | 前翅展：4.9～5.4公分 |

蛺蝶科 NYMPHALIDAE	學名：*Polygonia c-album asakurai*	命名者：Nakahara

突尾鉤蛺蝶（白鐮紋蛺蝶）

　　翅端及後翅緣尖突，翅面為暗橙色，翅上散生的斑點及在外緣的縱帶為黑色。腹面後翅中央有白鉤狀細紋，雄蝶為暗褐色間雜紫灰色細紋的樹皮模樣，雌蝶為黃褐色間雜灰白色細紋。雄、雌蝶翅面斑紋相彷，而腹面色澤明顯不同，可依此辨識雄雌。

生態習性　　成蟲主要發生期在春至夏初。雌蝶多將卵產於林緣的寄主高枝或新葉上，幼蟲棲附於寄主葉裡，幼蟲休憩時蟲體彎曲成C或J字形，化蛹在寄主或附近的植物莖枝、葉裡及雜物上。成蟲動作敏捷且低飛，天晴時常見於低矮的林緣樹冠、溪畔及山區路旁草花叢間覓食和日光浴，雄蝶具有領域性，會驅趕侵入其它蝶類，嗜食樹液、水果發酵汁液及花蜜等。

幼生期　　卵為綠色杯形且表面有隆起脈紋。老熟幼蟲為灰黑色且背側淡黃色散生灰黃色錐狀長棘刺，頭部黑色密生刺毛，蛹為淡褐色且背側散生有短尖突，在胸有腹部有銀色斑點。幼蟲以大麻科之朴樹（*Celtis sinensis*）、榆科之阿里山榆（*Ulmus uyematsui*）及櫸（*Zelkova serrata*）為食。

分布　　低地至高海拔山區，如宜蘭太平山和思源埡口、北橫公路、新竹尖石和觀霧、花蓮富源、中橫公路、南投奧萬大和霧社、嘉義阿里山、台南關仔嶺、高雄藤枝及南橫天池等地。台灣以外廣布於非洲北部、歐洲至亞洲東部溫帶地區。

保育等級　　普通種

翅端外緣尖突

暗褐色間雜紫灰色細紋的樹皮模樣

後翅緣尖突

後翅中央有白鉤狀細紋為其名稱由來

3500

500

公尺

♂

♂ △

成蟲活動月份：全年	棲所：山徑、溪畔、林緣開曠地	前翅展：4.3～4.7公分

| 蛺蝶科 NYMPHALIDAE | 學名：*Polygonia c-aureum lunulata* | 命名者：Esaki & Nakahara |

黃鉤蛺蝶（黃蛺蝶）

翅端及後翅緣尖突，翅為灰黃色，翅面散生的斑點及在外緣的縱帶為灰黑色，腹面為黃褐色且散生灰褐斑紋，後翅中央有淡黃色鉤狀細紋。雄、雌蝶翅形斑紋相彷，而雌蝶色澤略偏黃色，辨識雄、雌最好直接觀察交尾器的形態或前腳（雄蝶跗節有1節，雌蝶有5節）。

生態習性　成蟲主要發生期在春末至夏季間。雌蝶多將卵產於向陽的寄主葉面或花上，幼蟲棲附於寄主葉裡，會嚙斷部份掌狀複葉的葉脈捲曲造巢，化蛹在寄主莖蔓或蟲巢中。成蟲動作敏捷且低飛，天晴時常見於路旁荒地、鐵路沿線、河川高地及垃圾堆覓食和日光浴，嗜食水果發酵汁液、動物排遺及花蜜等。

幼生期　卵為綠色杯形且表面有隆起脈紋。老熟幼蟲為灰黑色且背側有暗黃色細紋及散生灰黃色錐狀長棘刺，頭部黑色。蛹為灰褐色且背側散生有短尖突及胸部隆凸，在頭部有1對尖突、胸至腹部有銀色斑點。幼蟲以大麻科之葎草（*Humulus scandens*）為食。

分布　平地至低山區，如台北觀音山和北投、桃園虎頭山和復興、宜蘭礁溪、新竹竹東、花蓮美崙山、台中鐵鉆山、南投中興新村、嘉義竹崎、台南關仔嶺、高雄美濃、台東豐年機場及屏東高樹等地。台灣以外於日本、朝鮮半島及中國有分布。

保育等級　普通種

後翅中央有紫灰色斑紋

♂

後翅緣尖突

後翅中央有淡黃色鉤狀細紋為其名稱由來

黃鉤蛺蝶卵

800
0
公尺

♂ △

| 成蟲活動月份：全年 | 棲所：市郊公園、路旁荒地、農耕地 | 前翅展：4.7～5.1公分 |

蛺蝶科 NYMPHALIDAE	學名：*Symbrenthia hypselis scatinia*	命名者：Fruhstorfer

花豹盛蛺蝶（姬黃三線蝶）

翅面為黑色，雄蝶翅上有暗橙色縱帶，雌蝶則為暗黃色。腹面為暗橙黃色且散生黑色斑紋，前翅外緣有黑色細紋。雌、雄蝶翅面斑紋色澤不同且雌蝶前翅緣圓凸而雄蝶則內凹，可依此辨識雄雌。

生態習性 成蟲主要發生期在春末至秋季。雌蝶多將卵產於林緣半日照的寄主葉面上，幼蟲棲附於寄主葉裡，以天候昏暗時段攝食較為頻繁，化蛹在寄主莖枝、葉裡中肋及鄰近植物上。成蟲動作敏捷且貼地低飛，天晴時常見於林緣、溪畔及山區路旁草花叢間覓食和日光浴，嗜食樹液、水果發酵汁液、水分及花蜜等。

幼生期 卵為綠色杯形且表面隆起脈紋。老熟幼蟲為黑色且背側有淡黃色橫紋，散生基部橙紅色的灰黑色錐狀長棘刺，頭部暗紅褐色密生刺毛。蛹為灰褐色且背側散生有肉疙狀尖突，在胸至腹部有金色顆粒點。幼蟲以蕁麻科之水麻（*Debregeasia orientalis*）、冷清草（*Elatostema lineolatum* var. *majus*）及水雞油（*Pouzolzia elegans*）為食。

分布 平地至中海拔山區，如台北木柵動物園和烏來、北橫公路、新竹尖石、台中谷關、花蓮富源、南投埔里和溪頭、嘉義阿里山、台南關仔嶺、高雄六龜、台東知本及屏東四重溪等地。台灣以外在整個東南亞地區、中國南部至喜馬拉雅山區有分布。

保育等級 普通種

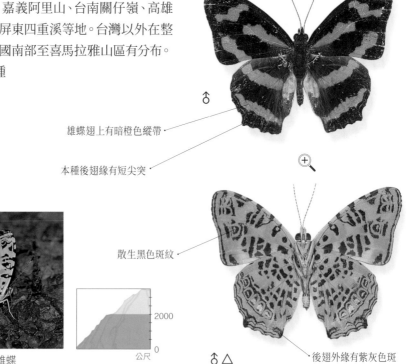

雄蝶翅上有暗橙色縱帶

本種後翅緣有短尖突

♂

散生黑色斑紋

溪畔吸食溼地水分的雄蝶

2000

0

公尺

♂ △

後翅外緣有紫灰色斑

成蟲活動月份：全年	棲所：山徑、溪畔、林緣	前翅展：3.4～3.9公分

蛺蝶科 NYMPHALIDAE	學名：*Symbrenthia lilaea formosanus*	命名者：Fruhstorfer

散紋盛蛺蝶 (黃三線蝶)

　　翅面為黑色，雄蝶前翅的斑紋及後翅縱帶為暗橙黃色，雌蝶則為暗黃色。腹面為暗橙黃色且散生紫灰色斑紋。雌、雄蝶翅面斑紋色澤不同且雌蝶前翅緣圓凸而雄蝶則內凹，可依此辨識雄雌。

生態習性　成蟲主要發生期在春至夏季間。雌蝶多將卵產於涼濕的林緣寄主葉面或莖枝上，幼蟲棲附於寄主葉裡或較隱蔽的莖枝上，以天候昏暗時段攝食較為頻繁，化蛹在寄主莖枝、葉裡中肋上。成蟲飛行快速且貼地低飛，天晴時常見於林緣、溪畔及山區路旁草花叢間覓食和日光浴，嗜食樹液、水果發酵汁液及花蜜等，雄蝶具有領域性，在寄主群落等待交尾時會驅趕侵入其它蝶類，經常在濕地吸食水分。

幼生期　卵為綠色杯形且表面有隆起脈紋。老熟幼蟲為黑色且散生基部灰黑色的錐狀長棘刺，頭部暗紅褐色密生刺毛。蛹為灰褐色且背側散生有尖錐狀突起，在胸至腹部有金色顆粒點。幼蟲以蕁麻科之苧麻 (*Boehmeria nivea*)、水麻 (*Debregeasia orientalis*)、冷清草 (*Elatostema lineolatum* var. *majus*) 及水雞油 (*Pouzolzia elegans*) 為食。

分布　平地至中海拔山區，如台北陽明山和烏來、北橫公路、新竹尖石、苗栗鹿場、台中大坑、花蓮紅葉溫泉、南投埔里和溪頭、嘉義奮起湖、台南關仔嶺、高雄甲仙、台東知本及屏東四重溪等地。台灣以外在整個東南亞地區、中國南部至喜馬拉雅山區有分布。

保育等級　普通種

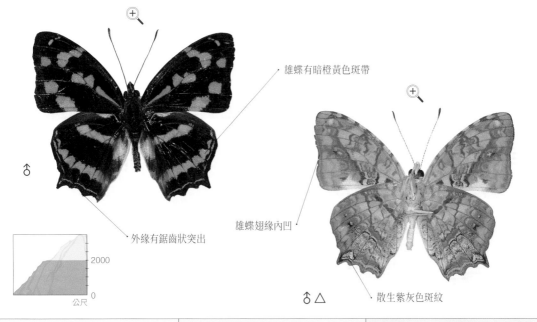

雄蝶有暗橙黃色斑帶

外緣有鋸齒狀突出

2000

0

公尺

雄蝶翅緣內凹

♂ △

散生紫灰色斑紋

成蟲活動月份：全年	棲所：山徑、溪畔、林緣	前翅展：3.7～4.2 公分

蛺蝶科 NYMPHALIDAE	學名：*Vanessa cardui cardui*	命名者：Linnaeus

小紅蛺蝶（姬紅蛺蝶）

　　前、後翅中央、翅面的翅端及外緣有黑色斑紋。翅面為淡橙黃色，腹面在翅端及後翅有白、黃褐色間雜的斑紋。翅端內的斑紋及腹面外緣縱紋為白色。雄、雌蝶翅形斑紋相彷，而雌蝶色澤略偏黃色，辨識雄、雌最好直接觀察交尾器的形態或前腳跗節來鑑別。

生態習性　成蟲主要發生期平地在冬至春季，而中高海拔山區在夏季期間。雌蝶多將卵產於全日照的開曠地寄主群落的葉面或頂芽，幼蟲棲附於寄主葉面，並將葉肋囓斷以絲帶粘附捲曲葉片造「蟲巢」，幼蟲以天候昏暗時段離巢攝食較為頻繁，最後並化蛹在蟲巢中。成蟲飛行快速且低飛，天晴時常見於山頂鞍部、路旁荒地的草花叢間覓食和日光浴，嗜食花蜜及濕地水分。

幼生期　卵為淡藍灰色杯形且表面有隆起脈紋。老熟幼蟲為灰黑色，背側中央及體側各有1條淡黃色縱帶且散生灰黑褐色錐狀長棘刺，頭部暗紅褐色密生刺毛。蛹為白褐色散生黑色顆粒紋且背側散生有金色圓錐狀突起。幼蟲以菊科之鼠麴草（*Gnaphalium luteoalbum* subsp. *affine*）、南國小薊（*Cirsium japonicum* var. *australe*），蕁麻科之苧麻（*Boehmeria nivea*）為食。

分布　平地至高海拔山區，如台北陽明山和烏來、基隆彭佳嶼、宜蘭太平山和龜山島、北橫公路、新竹北埔、苗栗獅頭山、台中梨山、花蓮天祥、南投霧社和奧萬大、嘉義阿里山、新中橫塔塔加、高雄甲仙、台東蘭嶼和知本及屏東恆春等地。台灣以外在整個東南亞地區、中國南部至喜馬拉雅山區有分布。

保育等級　普通種

翅端內有白色斑紋

本種翅面為淡橙黃色

♀

3000

公尺　0

後翅有白、黃褐色間雜的斑紋

♀ △

成蟲活動月份：全年	棲所：荒地、農耕地、山頂開曠地	前翅展：4.5～5公分

蛺蝶科 NYMPHALIDAE	學名：*Vanessa indica indica*	命名者：Herbst

大紅蛺蝶（紅蛺蝶）

翅端有白色斑點，前翅中央、翅面的翅端及外緣有黑色斑紋。前翅後緣、後翅面為褐色。腹面在翅端、後翅有紫灰、褐色間雜的斑紋。辨識雄、雌最好直接觀察交尾器的形態或者前腳跗節數來鑑別。

生態習性　成蟲主要發生期平地在冬至春季，而中海拔山區在夏季期間。雌蝶多將卵產於路旁林緣或開曠地的寄主群落的葉面或頂芽，幼蟲棲附於寄主葉面，並將葉肋嚙斷以絲帶粘附捲曲葉片造「蟲巢」，蟲巢會隨著發育成長而更換，最後並化蛹在蟲巢中。成蟲飛行快速，天晴時常見於山區之公園、路旁荒地的草花叢間覓食和日光浴，嗜食花蜜、樹液及濕地水分。

幼生期　卵為淡綠色杯形且表面隆起脈紋。老熟幼蟲為灰黑色，背側密生灰白色顆粒紋及體側有1條淡黃色縱帶且散生灰黃色錐狀長棘刺，頭部黑色密生刺毛。蛹為灰褐色且背側散生有金色圓錐狀突起。幼蟲以蕁麻科之苧麻（*Boehmeria nivea*）為食。

分布　平地至中海拔山區，如台北陽明山和烏來、東北角海岸、宜蘭太平山和龜山島、北橫公路、新竹關西、苗栗大湖、台中大坑、花蓮太魯閣、南投霧社和溪頭、嘉義東埔、新中橫塔塔加、高雄六龜、台東蘭嶼和知本及屏東恆春等地。台灣以外廣布於亞洲東部、澳洲及非洲北部地區。

保育等級　普通種

翅端有白色斑

翅端外緣尖突

♂

2500

0

公尺

後翅有紫灰、褐色間雜的斑紋

♂ △

成蟲活動月份：全年	棲所：荒地、農耕地、林緣	前翅展：4.5～5公分

蛺蝶科 NYMPHALIDAE	學名：*Yoma sabina podium*	命名者：Tsukada

黃帶隱蛺蝶（黃帶枯葉蝶）

　　翅端及後翅外緣尖突。翅面為黑褐色，中央有黃色粗縱帶，亞外緣散生白褐色斑點。腹面為黃褐至白褐色，中央有淡色的縱帶，前翅後緣有灰黑色斑點。雄、雌蝶翅形斑紋相彷，而雌蝶翅面中央有寬大的黃色縱帶，且翅形較大型，在辨識雄、雌上並不困難。

生態習性　成蟲主要發生期在春季、秋季節。已知幼蟲棲附於半日照的寄主葉裡或莖上，化蛹在寄主莖枝或鄰近植物上。成蟲動作敏捷且低飛，常見於林緣開曠地、山徑的花叢間進行覓食和日光浴。

幼生期　已知老熟幼蟲為黑色且表面有淡黃色縱帶及散生黑色錐狀長棘刺，頭部黑色且有1對長棘刺。蛹為灰褐色且背側散生有短尖突及胸部微隆凸，在頭部有1對短尖突、胸至腹部有銀白色斑點。幼蟲以爵床科之賽山藍（*Blechum pyramidatum*）為食。

分布　南部平地至低山區，如高雄柴山、台東知本、大武和太麻里及屏東四重溪和雙流等地。台灣以外於中國東南部、東南亞各地及澳洲北部有分布。

保育等級　普通種

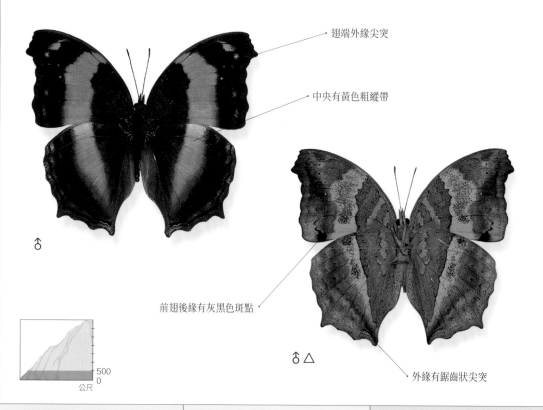

翅端外緣尖突

中央有黃色粗縱帶

♂

前翅後緣有灰黑色斑點

♂△

外緣有鋸齒狀尖突

500
0
公尺

成蟲活動月份：全年	棲所：林緣、疏林、山徑	前翅展：5.7～6.7 公分

蛺蝶科 NYMPHALIDAE	學名：*Acraea issoria formosana*	命名者：Fruhstorfer

苧麻珍蝶（細蝶）

　　翅脈灰黑色。翅面為暗黃色，外緣有灰黑色縱帶。腹面色澤較淡，後翅外緣有灰黑色鋸齒紋縱帶及亞外緣有暗橙色帶。雌、雄蝶翅形斑紋相彷，而雌蝶外緣灰黑色縱帶寬大且翅端圓鈍，辨識雄、雌並不困難。

生態習性　成蟲主要發生期低地在春末期間，而中海拔山區在夏季期間。雌蝶多將卵聚產於溪畔、崩塌地、山區路旁的寄主群落的葉裡，幼蟲群棲於寄主葉裡，隨著發育成長而逐漸分散，受驚嚇時會吐出黃色汁液，最後並化蛹在寄主葉裡、莖枝及鄰近低矮植物上。成蟲動作緩慢，天晴時常見於山區路旁鄰近寄主的低矮植物上日光浴，嗜食發酵水果腐汁及濕地水分。

幼生期　卵為黃色雞蛋形且表面有隆起脈紋。老熟幼蟲為白褐色，表面有紫褐色縱帶且散生基部暗橙色的紫黑色錐狀長棘刺，頭部橙褐色密生刺毛，蛹為白褐色，翅脈及蟲體有紫褐色斑帶且各腹節有橙黃色尖突起。幼蟲以蕁麻科之苧麻（*Boehmeria nivea*）、水麻（*Debregeasia orientalis*）為食。

分布　平地至中海拔山區，如台北深坑和烏來、東北角海岸、宜蘭太平山和思源埡口、北橫公路、新竹觀霧、苗栗鹿場、台中梨山、花蓮富源、南投霧社和溪頭、嘉義東埔、新中橫公路、高雄藤枝、台東知本及屏東四重溪等地。台灣以外於中國南部至喜馬拉雅山區、中南半島及印尼有分布。

保育等級　普通種

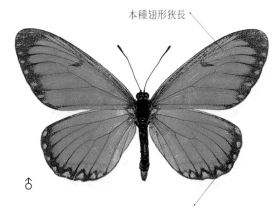

本種翅形狹長

外緣有灰黑色鋸齒紋縱帶

♂

聚產於苧麻葉裡的苧麻珍蝶卵

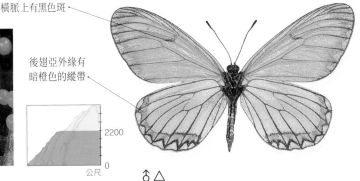

橫脈上有黑色斑

後翅亞外緣有暗橙色的縱帶

2200

0

公尺

♂ △

成蟲活動月份：全年	棲所：溪畔、崩塌地、山徑	前翅展：6.4～7公分

蛺蝶科 NYMPHALIDAE	學名：*Libythea lepita formosana*	命名者：Fruhstorfer

東方喙蝶 (長鬚蝶、天狗蝶)

翅面為黑褐色，腹面為灰褐色，後翅外緣呈鈍鋸齒狀。翅端尖突有白色斑點，前、後翅中央及前翅中室有暗黃色斑。雌蝶翅形及暗黃色斑明顯寬圓大型，辨識雄、雌並不困難。

生態習性 成蟲主要發生期在春、秋季節。雌蝶多將卵產於寄主樹冠的頂芽或不定芽縫隙，孵化後幼蟲多棲附於葉裡，隨著成長而移棲於葉面或莖枝上，受驚擾會自樹上吐絲垂降逃逸，化蛹在寄主葉裡中肋或小枝上。成蟲飛行快速且貼地低飛，常見棲息於低山區路旁、林緣及溪畔，嗜食發酵腐果汁液、濕地水分及樹液。

幼生期 卵為白色砲彈形。老熟幼蟲為綠色在體側有1對白色縱帶，頭部綠褐色。蛹為鮮綠色且有淡黃色細紋。幼蟲以大麻科之石朴 (*Celtis formosana*)、朴樹 (*C. sinensis*) 為寄主植物。

分布 中央山脈與雪山山脈低地至中海拔山區，如台北烏來、宜蘭太平山和思源埡口、北橫公路、新竹觀霧、苗栗鹿場、台中谷關、花蓮天祥、南投霧社和國姓、東埔、新中橫公路、高雄藤枝及台東知本等地。台灣以外於亞洲東部至中亞、歐洲南部及印度有分布。

保育等級 普通種

翅端尖突有白色斑點

翅端外緣尖突

♂

雌蝶翅形及暗黃色斑明顯寬圓大型

2500

300
0

公尺

♀

成蟲活動月份：3～11月	棲所：林緣、溪畔、山徑	前翅展：4.1～4.7公分

灰蝶科 LYCAENIDAE

體型一般小型，台灣產種類前翅展通常不超過15mm，而體型最小的迷你灰蝶僅有7mm左右。翅色通常頗鮮艷，甚至具有金屬光澤，翅腹面則為灰暗的底色，點綴著暗黑色的條紋或斑點。「雌雄異型」的現象在本科頗常見，後翅具有鬚狀細突的種類亦頗多。成蟲活動範圍與幼蟲寄主植物息息相關，樹林性蝶種通常在寄主植物群落附近棲息，而草原性蝶種則以陽光照射充足的開曠地為棲所，皆有飛降後步行、上下擺動觸角及後翅等共同之習性。食性是喜愛吸食花蜜、鳥類排遺及溼地水份。幼蟲第7腹節背側有一對蜜腺，老熟幼蟲蜜腺發達，經常會引來螞蟻採食這類蜜露狀分泌物。全世界目前已知的灰蝶種類約有4,500種，台灣約有111種，本書介紹73種。

蔚青紫灰蝶在情人菊訪花

折列藍灰蝶吸食九重葛花蜜

小鑽灰蝶在三葉蔓荊訪花

灰蝶科 LYCAENIDAE	學名：*Curetis acuta formosana*	命名者：Fruhstorfer

銀灰蝶（銀斑小灰蝶）

前翅緣平直，後翅的肛角尖突，腹面為銀灰色，翅面為黑褐色。另外，雌蝶的翅端頂角及後翅外緣亦尖突。雌、雄蝶外形明顯不同，辨別雄雌並無問題。

生態習性　成蟲全年出現。雌蝶喜好在向陽的寄主群落間產卵，卵多產於寄主頂芽或花上，孵化後幼蟲亦多靜伏於頂芽、新葉裡或直接鑽入花蕾中躲匿，老熟幼蟲則多棲息於新葉上，最後並化蛹在寄主或鄰近植物葉片較隱蔽處。成蟲飛行快速，常見棲息於低地路旁樹冠、溪畔及海岸林緣，嗜食發酵腐果汁液、鳥類排遺及花蜜。

幼生期　卵為灰白色，表面有蜂巢形凹紋半球形，幼蟲體色與棲息環境相似，由綠至紫紅色等變化且第8腹節背側有1對圓錐狀長突起，且突起頂部不時會伸張出幅射狀的毛簇，蛹為綠色腹面扁平的球形且胸部背側有灰白色斑，幼蟲以豆科之大葛藤（*Pueraria lobata* subsp. *thomsonii*）、山葛（*P. montana*）為寄主植物。

分布　廣布於各地市郊至低海拔山區，如台北的觀音山、烏來、東北角海岸、桃園復興、苗栗獅頭山、台中谷關、彰化八卦山、南投埔里、花蓮鯉魚潭、嘉義梅山、台南關仔嶺、台東知本及屏東四重溪最為常見。台灣以外在朝鮮半島、日本、中國中部至喜馬拉雅山區及中南半島北部有分布。

保育等級　普通種

前翅中央有暗橙色斑

翅緣平直

後翅中央至外側有暗橙色斑

♂

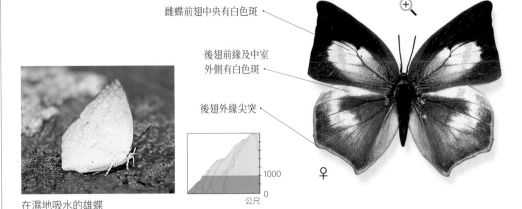

雌蝶前翅中央有白色斑

後翅前緣及中室外側有白色斑

後翅外緣尖突

♀

在濕地吸水的雄蝶

1000

0

公尺

成蟲活動月份：全年	棲所：林緣、溪流沿岸	前翅展：3.1～3.4公分

灰蝶科 LYCAENIDAE	學名：*Curetis brunnea*	命名者：Wileman

台灣銀灰蝶 (台灣銀斑小灰蝶) 特有種

　　前翅緣平直，後翅肛角尖突，雌蝶的頂角及後翅外緣亦尖突。本種外形與銀灰蝶類似，區分時可依本種雄蝶前翅面的暗橙色斑紋暗澹不明顯，且雌蝶後翅中央至外緣間有白斑來鑑別。

生態習性　成蟲全年出現，主要發生期在秋季期間。成蟲動作敏捷常貼近林緣樹冠快速飛行，可見於向陽林緣及溪畔活動，嗜食草花花蜜、鳥類排遺和腐果汁液，雄蝶常駐足於濕地上吸水。

幼生期　已知幼生期各階段形態與銀灰蝶頗為類似，幼蟲以豆科之大葛藤 (*Pueraria lobata* subsp. *thomsonii*) 為寄主植物。

分布　北至南部各地市郊至低海拔山區，如台北陽明山、烏來、宜蘭員山、新竹北埔、台中谷關、南投埔里、台南關仔嶺、高雄甲仙及台東知本等地有發現。台灣特有種。

保育等級　稀有種

雄蝶的暗橙色斑紋暗澹不明顯

後角近似垂直

後翅有暗橙色塊斑

♂

翅緣稜角不明顯

翅面泛現淡紫灰色光澤

♂ △

腹面全呈銀灰色

1200

公尺　0

後翅中央至外緣間有白斑

肛角尖突

♀

成蟲活動月份：全年	棲所：林緣、疏林、溪畔	前翅展：3.1～3.4公分

灰蝶科 LYCAENIDAE	學名：*Heliophorus ila matsumurae*	命名者：Fruhstorfer

紫日灰蝶（紅邊黃小灰蝶）

後翅緣有細帶狀尾突，腹面為黃色。雄蝶翅面由基部至亞外緣有紫色琉璃光澤斑，肛角附近有橙紅色斑。雄、雌蝶在翅面的斑紋色澤上不同，在辨識雄、雌上並無問題。

生態習性　成蟲全年出現，主要發生期在春末至秋季期間。雌蝶多將卵單獨或零星數顆產於涼濕的林緣、疏林的寄主群落的嫩莖或葉裡，幼蟲多棲附於寄主葉裡，幼齡幼蟲囓食葉肉，而殘留半透明的膜質葉脈，老熟幼蟲化蛹在寄主或鄰近植物離地面不遠的葉裡。成蟲動作敏捷且快速低飛，常見於市郊公園、山區林緣、溪畔的寄主或鄰近低矮植物附近日光浴、吸食鳥類排遺、花蜜及濕地水分。

幼生期　卵為灰白色圓盤形，表面有網目狀凹紋，幼蟲體形扁平散生灰白色短毛且體色為淡藍綠色，蛹為黃綠色且背側密生有暗褐色顆粒紋，幼蟲以蓼科之火炭母草（*Polygonum chinense*）、羊蹄（*Rumex crispus* var. *japonicus*）為寄主植物。

分布　廣布於各地市郊至高海拔山區，如台北的四獸山、汐止、東北角海岸、北橫公路、新竹尖石、苗栗獅頭山、彰化八卦山、南投溪頭、國姓、花蓮天祥、嘉義阿里山、台南曾文水庫、高雄六龜、台東知本及屏東四重溪最為常見。台灣以外在中國南部至喜馬拉雅山區、印尼及中南半島北部有分布。

保育等級　普通種

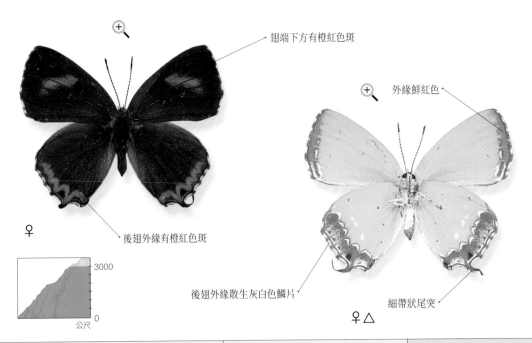

翅端下方有橙紅色斑

外緣鮮紅色

♀

後翅外緣有橙紅色斑

3000

0

公尺

後翅外緣散生灰白色鱗片

細帶狀尾突

♀△

成蟲活動月份：中北部 3 ～ 11 月，南部全年	棲所：林緣、疏林、溪流沿岸	前翅展：2.5 ～ 2.8 公分

| 灰蝶科 LYCAENIDAE | 學名：*Catochrysops panormus exiguus* | 命名者：Distant |

青珈波灰蝶 (淡青長尾波紋小灰蝶)

　　腹面為白褐色，亞外緣有縱帶及中央有條斑為暗灰色，後翅外緣在肛角上方有橙色眼紋。翅面雄蝶為淡藍色有琉璃光澤，外緣及前緣灰色，雌蝶為灰褐色且中央有稀疏淡藍色鱗片。雄、雌蝶翅面的斑紋色澤不同，在辨識雄、雌上並無問題。

生態習性　　成蟲全年出現，主要發生期在夏、秋季期間。雌蝶多將卵單獨產於向陽的林緣、草地上的寄主群落的花或果莢上，幼蟲多棲附於寄主花上，老熟幼蟲化蛹在寄主或鄰近植物的葉裡。成蟲飛行快速且低飛，常見於濱海的公園、草地、低地林緣及溪畔鄰近寄主植物附近活動，嗜食花蜜及葉上露水。

幼生期　　卵為淡藍色表面有網目狀凹紋旳的圓盤形，幼蟲體形扁平為灰綠色且中央有暗綠色縱帶及兩側有白色細紋，蛹為白褐色且背側密生有暗褐色顆粒紋，幼蟲以豆科之山葛 (*Pueraria montana*) 為寄主植物。

分布　　北至南部的平地至低地局部分布，如台北烏來、東北角海岸、台中東勢、南投國姓、花蓮太魯閣、高雄六龜、屏東恆春、台東大武及蘭嶼等地。台灣以外在日本沖繩、中國南部、整個東南亞地區、印度至澳洲北部亦有分布。

保育等級　　普通種

中央有暗灰色條斑

緣毛灰白色

♂ △

肛角上方有橙色眼紋

肛角上方有黑色斑點

♂

後翅緣有細帶狀尾突

800
0
公尺

| 成蟲活動月份：中北部 3 ～ 12 月，南部全年 | 棲所：林緣、海濱草地、溪流沿岸 | 前翅展：2.4 ～ 2.8 公分 |

灰蝶科 LYCAENIDAE	學名：*Acytolepis puspa myla*	命名者：Fruhstorfer

靛色琉灰蝶 (台灣琉璃小灰蝶)

　　緣毛灰白色且翅脈外側呈灰黑色，腹面為灰白色，有縱列灰黑色斑紋。雄蝶翅面呈藍紫色琉璃光澤且前、外緣為黑色，雌蝶呈灰黑色且中央閃現淡藍灰色光澤。雄、雌蝶翅面在斑紋、色澤上不同，辨識雄、雌時應無問題。

生態習性　成蟲全年出現，主要發生期在春末、秋末季節。雌蝶多將卵單獨或零星數顆產於涼濕的林緣、耕地旁及山徑的寄主嫩枝或新葉裡，幼蟲棲附於寄主頂芽或新葉裡覓食，最後並化蛹在寄主或鄰近植物葉裡、莖枝的隱蔽處。成蟲動作敏捷且快速低飛，常見於市郊公園、溪畔或山區林緣的低矮植物上日光浴，嗜食花蜜及鳥類排遺，雄蝶有集聚濕地吸水的習性。

幼生期　卵為灰白色圓盤形且表面有網目狀凹紋，老熟幼蟲依棲息環境有淡綠褐至暗紅色等色澤變化，且有白色縱紋，表面散生灰白色的刺毛，蛹為灰褐色，翅膀及腹部有灰黑色斑紋。幼蟲以葉下珠科之裡白饅頭果 (*Glochidion acuminatum*)、細葉饅頭果 (*G. rubrum*)，無患子科之龍眼 (*Euphoria longana*) 為食。

分布　各地市郊至低海拔山區數量頗多，如台北的烏來、深坑、東北角海岸、北橫公路、新竹北埔、苗栗關刀山、台中谷關、雲林草嶺、南投埔里、花蓮富源、嘉義奮起湖、台南曾文水庫、高雄甲仙、台東知本及屏東四重溪最為常見。台灣以外廣布於日本南部、中國中部至喜馬拉雅山區、中南半島、印尼及澳洲北部等地。

保育等級　普通種

前、後翅外緣為黑色

前緣為灰黑色

雄蝶呈藍紫色琉璃光澤

中央閃現淡藍灰色光澤

♂

♀

1200

公尺　0

成蟲活動月份：中北部 3 ～ 12 月，南部全年	棲所：林緣、市郊公園、溪流沿岸	前翅展：2.1 ～ 2.5 公分

灰蝶科 LYCAENIDAE	學名：*Celastrina argiolus caphis*	命名者：Fruhstorfer

琉灰蝶 (琉璃小灰蝶)

　　腹面為灰白色，前、後翅外緣有縱列、前翅亞外緣及後翅散生灰黑色的顆粒紋。翅面雄蝶呈藍灰色且外緣呈灰黑色。雌蝶呈淡藍灰色，在前翅外緣至亞外緣、後翅外緣呈灰黑色。雄、雌蝶翅面在色澤斑紋上明顯不同，辨識雄、雌時應無問題。

生態習性　成蟲主要發生期在春末、秋季期間。雌蝶多將卵單獨產於向陽的寄主花上或新葉裡，幼蟲棲附於寄主頂芽或鑽入花中覓食，最後並化蛹在寄主附近的其它植物葉裡、莖枝較隱蔽處。成蟲動作敏捷且低飛，可見於山區向陽林緣、草原及溪畔的低矮植物上活動，嗜食花蜜及鳥類排遺，雄蝶有濕地吸水的習性。

幼生期　卵為淡藍白色圓盤形且表面有細密的網目狀凹紋，老熟幼蟲為黃綠至淡灰綠色，且背側中央有暗色縱帶，表面散生稀疏的灰白色刺毛，蛹為白褐色，翅膀、背側中央及腹部有黑褐色斑紋。幼蟲以豆科之毛胡枝子（*Lespedeza thunbergii* subsp. *formosa*）為寄主植物。

分布　在台灣由低地至中海拔山區局部性分布，如新竹觀霧、台中谷關、雲林草嶺、南投霧社、新中橫公路等地。台灣以外廣布於歐、亞、美洲及非洲北部等溫帶至亞熱帶地區。

保育等級　稀有種

前翅外緣呈灰黑色細帶

縱列的黑色點紋

♂

緣毛呈灰白色

腹面為灰白色

♂ △

2200
500
0
公尺

前翅外緣至亞外緣
有灰黑色粗帶

雌蝶呈淡藍灰色

♀

成蟲活動月份：3～10月	棲所：林緣、溪流沿岸、草原	前翅展：2.2～2.4公分

灰蝶科 LYCAENIDAE	學名：*Chilades lajus koshunensis*	命名者：Matsumura

綺灰蝶（恆春琉璃小灰蝶）

　　腹面為淡灰褐色，前、後翅中央及後翅內側有縱列灰黑褐色的斑點。翅面在肛角上方有黑色斑點，雄蝶呈藍灰色且外緣呈灰黑色。雌蝶全呈灰黑色。雄、雌蝶翅面在色澤斑紋上明顯不同，辨識雄、雌時應無問題。

生態習性　　成蟲主要發生期在春末至秋季期間。雌蝶多將卵單獨產於林緣的寄主莖枝或葉裡，幼蟲多棲附於寄主頂芽上覓食新葉，最後並化蛹在寄主或附近其它植物較低矮的葉裡。成蟲動作敏捷且低飛，可見於濱海的向陽林緣活動，嗜食花蜜及鳥類排遺。

幼生期　　卵為淡藍白色圓盤形且表面有網目狀凹紋，老熟幼蟲為灰綠色，且背側中央有暗色縱帶，表面散生稀疏的灰白色刺毛，蛹為綠褐色，表面散生有黑褐色細紋。幼蟲以芸香科之烏柑仔（*Severinia buxifolia*）為寄主植物。

分布　　南部平地至低地局部性分布，如高雄柴山、台東大武及屏東恆春半島等地最為常見。台灣以外於菲律賓、印度、斯里蘭卡及中國南部至中南半島有分布。

保育等級　　普通種

雄蝶呈藍灰色

縱列灰黑褐色的斑點

♀ △

雌蝶腹面為淡灰褐色

外緣呈灰黑色

肛角上方有黑色斑點

雌蝶呈灰黑色泛現藍灰色光澤

外緣有黑色線紋

♀

500
0
公尺

成蟲活動月份：全年	棲所：林緣	前翅展：2.3～2.5 公分

灰蝶科 LYCAENIDAE	學名：*Chilades pandava peripatria*	命名者：Hsu

蘇鐵綺灰蝶（東陞蘇鐵小灰蝶）

　　在肛角及上方為橙色且有黑色斑點，腹面為淡灰褐色，前、後翅外緣、中央及後翅中央稍內側有縱列且兩側併有白色細紋的灰黑色斑點，後翅內側有4個及前緣中央有1個黑圓斑。翅面雄蝶呈藍灰色且前緣和外緣呈灰黑色。雌蝶呈灰黑色。雄、雌蝶翅面在色澤斑紋上明顯不同，辨識雄、雌時應無問題。

生態習性　成蟲主要發生期在春末至秋季期間。雌蝶多將卵單獨產於寄主的新芽上，幼蟲多棲附於寄主頂芽上囓食嫩葉，最後並化蛹在寄主樹幹凹縫中。成蟲動作敏捷且低飛，天晴時可見於公園的花叢中活動及日光浴，嗜食低矮草花的花蜜及鳥類排遺物。

幼生期　卵為淡藍白色圓盤形且表面有網目狀凹紋，老熟幼蟲為黃色和暗紅色兩型，且背側中央有暗色縱帶，表面密生灰白色短細刺毛，蛹為膠囊狀有黃色和灰褐色兩型，表面散生黑色細紋。幼蟲以蘇鐵科之台東蘇鐵（*Cycas taitungensis*）及多種人工栽植的蘇鐵屬（*Cycas* spp.）植物為食。

分布　北至南部公園至低地廣泛分布，如台北植物園及青年公園、宜蘭羅東、台中大坑、彰化田尾、澎湖馬公、高雄壽山、台東紅葉及屏東恆春半島等地較為常見。台灣以外於東南亞各地、中國南部、印度及斯里蘭卡有分布。

保育等級　普通種

雄蝶呈藍灰色

♂

細長的帶狀尾突

肛角上方有黑色斑點

前翅中央散生藍灰色鱗片

雌蝶呈灰黑色

大花咸豐草上訪花的雌蝶

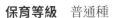

500
0
公尺

♀ △

成蟲活動月份：全年	棲所：公園、苗圃	前翅展：2.2～2.5 公分

灰蝶科 LYCAENIDAE	學名：*Everes lacturnus rileyi*	命名者：Godfrey

南方燕藍灰蝶（台灣燕小灰蝶）

　　腹面為淡灰白色，前、後翅外緣、亞外緣及中央稍外側有縱列的灰黑色細紋，後翅內側有2個及前緣和內緣中央各有1個黑圓斑。雄蝶翅面呈藍灰色且外緣和後翅前緣呈灰黑色。雌蝶翅面呈淡藍灰色且外緣、翅端、後翅前緣及亞外緣呈黑褐色。蝶翅面在色澤斑紋上明顯不同，辨識雄、雌時應無問題。

生態習性　成蟲主要發生期在春末至秋季期間。雌蝶多將卵單獨產於寄主的花梗或果莢上，幼蟲多棲附於寄主花或果莢上嚙食花或果莢內果肉，最後並化蛹在寄主附近的植物葉裡。成蟲飛行緩慢且低飛，天晴時可見於草原、低地的荒地及溪畔活動及日光浴，嗜食低矮草花的花蜜。

幼生期　卵為灰白色圓盤形且表面有網目狀凹紋，老熟幼蟲為灰黃色，且背側中央有灰綠色縱帶，表面密生灰白色短細刺毛，蛹為細長膠囊狀灰黃色，腹部白綠色，表面散生有灰白色長細毛。幼蟲以豆科之小葉山螞蝗（*Desmodium microphyllum*）為食。

分布　中南部平地至低地局部分布，如南投霧社、花蓮紅葉溫泉、台南關仔嶺及高雄甲仙等地較為常見。台灣以外於日本南部、中國南部、東南亞各地及澳洲北部有分布。

保育等級　普通種

外緣呈灰黑色

腹面有明顯的黑色斑點

在肛角上方有黑色斑點

♂

肛角上方為橙色且有黑色斑點

後翅緣有細帶狀尾突

♂△

在皇帝菊訪花的雄蝶

800
0
公尺

成蟲活動月份：全年	棲所：草原、路旁荒地、溪流沿岸	前翅展：1.8～2公分

灰蝶科 LYCAENIDAE	學名：*Jamides alecto dromicus*	命名者：Fruhstorfer

淡青雅波灰蝶（白波紋小灰蝶）

　　腹面為淡灰褐色，翅上布有白色縱紋。雄蝶翅面呈淡藍色且前翅外緣的縱帶和後翅外緣縱列斑紋呈灰黑色。雌蝶翅面呈淡藍灰色，前翅外緣、翅端和前緣及後翅外緣、亞外緣縱列斑紋呈灰黑色。雄、雌蝶翅面在色澤斑紋上明顯不同，且雌蝶明顯大型。

生態習性　成蟲主要發生期在春末至秋季期間。雌蝶多將卵單獨產於寄主的花梗上，幼蟲多棲附於寄主花上或鑽入花內嚙食，最後並化蛹在寄主根部附近地面落葉上或直接化蛹在花中。成蟲動作敏捷且低飛，常見於公園、耕地旁及溪畔的花叢中活動及日光浴，嗜食低矮草花的花蜜及鳥類排遺物，雄蝶亦有吸水的習性。

幼生期　卵為淡藍白色圓盤形且表面有網目狀凹紋，老熟幼蟲依棲息環境有淡褐色至紅褐色的變化，且背側中央有暗色縱帶，表面密生灰褐色短細刺毛，蛹為細長膠囊狀有黃褐色和淡褐色兩型，表面散生有暗色顆粒紋。幼蟲以薑科之月桃（*Alpinia zerumbet*）、球薑（*Zingiber zerumbet*）、野薑花（*Hedychium coronarium*）為食。

分布　北至南部市郊公園至低山區廣泛分布，如台北陽明山、東北角海岸、北橫公路、宜蘭礁溪、台中東勢林場、彰化八卦山、南投集集、高雄壽山、台東知本及屏東恆春半島等地較為常見。台灣以外於東南亞各地、中國南部至喜馬拉雅山區、印度南部及斯里蘭卡有分布。

保育等級　普通種

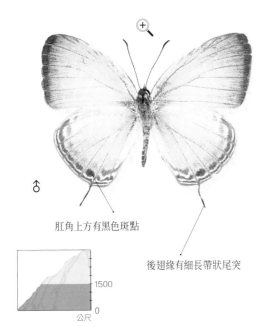

♂

肛角上方有黑色斑點

後翅緣有細長帶狀尾突

1500

0

公尺

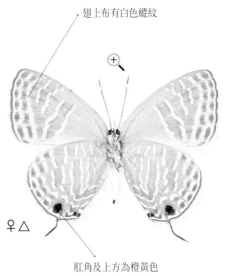

翅上布有白色縱紋

♀ △

肛角及上方為橙黃色且有黑色斑點

成蟲活動月份：北部 3 ～ 11 月，中南部全年	棲所：公園、苗圃、溪流沿岸	前翅展：2.8 ～ 3.3 公分

灰蝶科 LYCAENIDAE	學名：*Jamides bochus formosanus*	命名者：Fruhstorfer

雅波灰蝶（琉璃波紋小灰蝶）

　　腹面為淡褐色，在肛角及上方為橙色且有黑色斑點，翅上布有白色縱紋。雄蝶翅面前翅及後翅外緣、內緣呈灰黑色，前翅基部至中央及後翅有藍紫色琉璃光澤斑紋。雌蝶翅面呈灰黑色，前、後翅基部至中央密生灰藍色鱗片。雄、雌蝶翅面在色澤斑紋上明顯不同。

生態習性　成蟲主要發生期在夏、秋季節。雌蝶多以每回數個的方式將卵產於寄主的花梗、花柄或果莢上，且外表以白色泡沫狀分泌物被覆保護，幼蟲多鑽入寄主花或果莢內嚙食，最後並化蛹在寄主或附近其它植物上。成蟲飛行快速且低飛，天晴時可見於林緣、海濱草地、耕地旁及市郊公園的花叢中活動，嗜食低矮草花的花蜜及鳥類排遺物，雄蝶亦有吸水的習性。

幼生期　卵為淡藍白色中央凹陷的圓盤形，表面有網目狀凹紋。老熟幼蟲為黃褐色，且背側有1對褐色縱帶，表面密生灰黃色短細刺毛。蛹為膠囊狀白褐色，表面散生及背側中央密生黑褐色細紋。幼蟲以豆科之濱刀豆（*Canavalia rosea*）、山葛（*Pueraria montana*）、濱豇豆（*Vigna marina*）為寄主植物。

分布　北至南部平地至低山區廣泛分布，如台北北投及淡水、基隆彭佳嶼、桃園大溪、新竹北埔、台中豐原、南投國姓、台南關仔嶺、高雄美濃、台東太麻里及屏東雙流等地較為常見。台灣以外於日本琉球、東南亞各地、中國南部、澳洲北部、印度及斯里蘭卡有分布。

保育等級　普通種

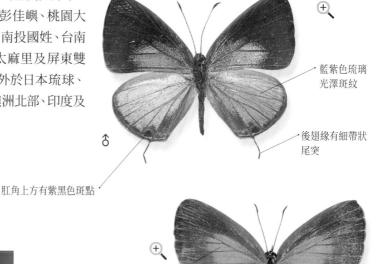

藍紫色琉璃光澤斑紋

後翅緣有細帶狀尾突

♂

肛角上方有紫黑色斑點

領域性占有的雄蝶

翅面密生灰藍色鱗片

1000
0
公尺

♀

後翅外緣有外併白色細紋的黑褐色縱帶

成蟲活動月份：北部 3～12 月，中南部全年	棲所：市郊公園、耕地、林緣	前翅展：2.4～2.8 公分

灰蝶科 LYCAENIDAE	學名：*Lampides boeticus*	命名者：Linnaeus

豆波灰蝶（波紋小灰蝶）

　　腹面為白褐色，在肛角及上方為橙色且有黑色斑點，翅上布有白色縱紋，其中後翅亞外緣呈粗大縱帶為本種鑑別之特徵。雄蝶翅面為藍紫色有琉璃光澤。雌蝶翅面呈灰黑色，前、後翅基部至中央密生藍灰色鱗片。

生態習性　成蟲主要發生期在夏、秋季節。雌蝶多將卵單獨產於寄主的花梗、花柄或果莢上，幼蟲多鑽入寄主花或果莢內囓食，最後並化蛹在寄主或附近其它植物低處。成蟲飛行快速且低飛，可見於向陽林緣荒地、海濱草地、耕地旁及市郊公園的花叢中活動，嗜食低矮草花的花蜜及鳥類排遺物，雄蝶亦有吸水的習性。

幼生期　卵為白色圓盤形且表面有網目狀凹紋。老熟幼蟲依棲息環境有黃綠至淡褐色的變化，且背側中央有暗色縱帶，表面密生灰白色短細刺毛。蛹為膠囊狀淡褐色，背側有縱列黑褐色點紋兩對。幼蟲以豆科之濱刀豆（*Canavalia rosea*）、蝶豆（*Lablab niger*）、大葛藤（*Pueraria lobata* subsp. *thomsonii*）、山葛（*P. montana*）為寄主植物。

分布　北至南部平地至低山區廣泛分布，如台北烏來及木柵動物園、基隆彭佳嶼、宜蘭龜山島、桃園石門水庫、新竹關西、台中東勢林場、南投埔里、台南曾文水庫、高雄美濃、台東知本及屏東恆春等地較為常見。台灣以外廣布於亞洲東南部、歐洲南部、澳洲中北部及非洲北部等地。

保育等級　普通種

外緣灰黑色

肛角上方有紫黑色斑點

♂

基部至中央密生藍灰色鱗片

♀

後翅緣有細帶狀尾突

豆波灰蝶蛹

1000
公尺　0

成蟲活動月份：北部 3 〜 12 月，中南部全年	棲所：市郊公園、耕地、林緣	前翅展：2.5 〜 2.8 公分

灰蝶科 LYCAENIDAE	學名：*Nacaduba berenice leei*	命名者：Hsu

熱帶娜波灰蝶（熱帶波紋小灰蝶）

　　緣毛灰色，後翅外緣有細長帶狀尾突，腹面為灰褐色，由亞基部至外緣間有暗色縱帶且兩側併有白色波紋，在肛角上方有橙色，且內嵌綠色金屬光澤鱗片的黑眼紋。翅面雄蝶呈藍灰色琉璃光澤，外緣線灰黑色。雌蝶全呈黑褐色，在前翅基部至中央密生及後翅基部至亞基部散生稀疏紫灰色鱗片，後翅外緣線黑色。雌、雄蝶翅面斑紋明顯不同，可依此來辨別雌雄。

生態習性　　一年多世代出現，主要發生期在夏季期間。雌蝶多將卵產於藤狀剛萌芽的寄主小葉上，幼蟲由卵孵化後即棲於小葉上，以寄主新葉為食，老熟幼蟲化蛹在寄主植物葉下或地面隱蔽處。成蟲動作敏捷，天晴時常於海岸林緣草花及寄主植物附近覓食和張翅進行日光浴，嗜食草花花蜜及溼地水分。

幼生期　　卵為白色微黃，扁平圓盤狀，表面密布網目狀凹紋及尖突，幼蟲淡灰黃色至淡紅褐色，體表密生灰白色長刺毛，背線兩側色澤較淡些，蛹為淡褐色膠囊狀，背線及兩側散生黑褐色細紋。以牛栓藤科之紅葉藤（*Rourea minor*）為幼蟲寄主植物。

分布　　目前僅在台東蘭嶼有發現。台灣以外於及中國南部至印度、斯里蘭卡及整個東南亞至澳洲東部多有分布。

保育等級　　稀有種

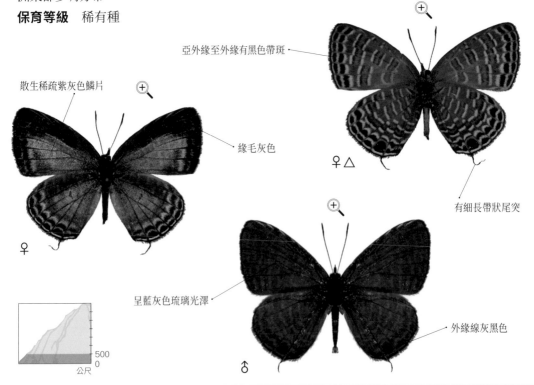

亞外緣至外緣有黑色帶斑

散生稀疏紫灰色鱗片

緣毛灰色

♀ △

有細長帶狀尾突

♀

呈藍灰色琉璃光澤

外緣線灰黑色

500
0
公尺

♂

成蟲活動月份：全年	棲所：海岸林、山徑	前翅展：2.5～2.9公分

灰蝶科 LYCAENIDAE	學名：*Nacaduba beroe asakusa*	命名者：Fruhstorfer

南方娜波灰蝶（南方波紋小灰蝶）

　　緣毛灰色，後翅外緣有細長帶狀尾突，腹面為淡灰褐色，由亞基部至外緣間有暗色縱帶且兩側併有白色波紋，在肛角及上方有橙灰色，且內嵌綠色金屬光澤鱗片黑眼紋。翅面雄蝶呈藍灰色琉璃光澤，外緣線灰黑色。雌蝶全呈黑褐色，在基部至中央散生稀疏藍灰色鱗片，後翅外緣及亞外緣線有白色縱帶排列弦月紋。雌、雄蝶翅面斑紋明顯不同，可依此來辨別雌雄。本種型態特徵與大娜波灰蝶相似，翅型較小些，雌蝶翅面有淡紫灰色片，大娜波灰蝶雌蝶翅面有淡藍色片。

生態習性　一年多世代出現，主要發生期在春季期間。成蟲動作敏捷，天晴時常見於林緣草花及寄主植物附近覓食和張翅進行日光浴，嗜食花蜜及溼地水分。

幼生期　尚待查明。

分布　南部低山區廣泛分布，如南橫公路、高雄六龜、屏東墾丁及台東紅葉等地，在發生期頗為常見。台灣以外廣布於中國南部及整個東南亞至澳洲北部等地。

保育等級　普通種

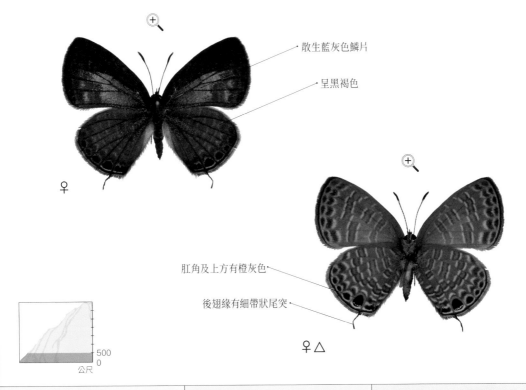

散生藍灰色鱗片

呈黑褐色

♀

肛角及上方有橙灰色

後翅緣有細帶狀尾突

500
0
公尺

♀ △

成蟲活動月份：4～6月	棲所：林緣、山徑	前翅展：2.6～2.8公分

灰蝶科 LYCAENIDAE	學名：*Nacaduba kurava therasia*	命名者：Fruhstorfer

大娜波灰蝶（埔里波紋小灰蝶）

　　腹面為白褐色，在肛角及上方為橙黃色且有紫黑色斑點，翅上布有白色縱紋，其中後翅亞外緣至外緣有灰黑色且外圈白紋的縱帶為本種鑑別之特徵。雄蝶翅面為淡紫色有琉璃光澤。雌蝶翅面呈灰黑色，前翅基部至中央密生而後翅散生藍白色鱗片。

生態習性　成蟲主要發生期在夏至秋季。雌蝶多將卵單獨產於林蔭間的寄主新葉裡或頂芽上，幼蟲多棲附於寄主新葉或頂芽上嚙食，最後並化蛹在寄主附近的其它植物葉裡。成蟲飛行快速且低飛，常見於林緣、疏林、山徑及市郊公園等寄主群落四周活動覓食，嗜食低矮草花的花蜜及動物排遺，雄蝶亦有吸水的習性。

幼生期　卵為黃白色中央略凹陷的圓盤形，且表面有網目狀凹紋。老熟幼蟲依棲息環境有黃綠至灰黃色的變化，且背側中央有暗紅色縱帶，表面密生灰白色短細刺毛。蛹為膠囊狀淡褐色，表面密生黑色點紋。幼蟲以報春花科之樹杞（*Ardisia sieboldii*）、台灣山桂花（*Maesa pedaria* var. *formosana*）為寄主植物。

分布　北至南部平地至低山區廣泛分布，如台北觀音山及木柵動物園、桃園角板山、新竹尖石、台中谷關、南投埔里、台南關仔嶺、高雄六龜、台東知本及屏東雙流等地較為常見。台灣以外廣布於日本南部、中國南部、東南亞各地及澳洲中北部等地。

保育等級　普通種

雄蝶翅面呈淡紫色
有琉璃光澤

外緣有灰黑色細紋

肛角上方有黑色斑點

後翅緣有細長帶狀尾突

1500

0

公尺

成蟲活動月份：北部 3～12 月，中南部全年	棲所：市郊公園、疏林、林緣	前翅展：2.6～2.8 公分

| 灰蝶科 LYCAENIDAE | 學名：*Nacaduba pactolus hainani* | 命名者：Bethune-Baker |

暗色娜波灰蝶（黑波紋小灰蝶）

　　腹面為淡灰褐色，外緣線黑褐色。在肛角上方有黑色斑點且外圈橙色紋，翅上有黑褐色縱帶且兩側併有白色細紋。翅面雄蝶為淡紫灰色有琉璃光澤，外緣線黑褐色。雌蝶翅面呈暗褐色，基部至中央密生紫灰色鱗片。雌、雄蝶翅面斑紋明顯不同，可依此來辨別雌雄。

生態習性　成蟲全年出現，主要發生期在夏至秋季期間。雌蝶多將卵單獨或零星數顆產於向陽的林緣、疏林的寄主群落的嫩莖或新葉裡，幼蟲多棲附於寄主新葉裡，若齡幼蟲嚙食葉肉，而殘留半透明的膜質葉脈，老熟幼蟲化蛹在寄主或鄰近植物離地面不遠處。成蟲動作敏捷且快速低飛，常見於山區林緣、溪畔的寄主或鄰近低矮植物附近日光浴、嗜食鳥類排遺、草花花蜜，雄蝶亦有吸水的習性。

幼生期　卵為灰白色微黃，圓盤形且表面有網目狀凹紋。幼蟲依棲息環境有淡黃至黃綠色的變化，老熟幼蟲轉為灰綠色，氣門黑褐色。蛹為膠囊狀淡紅褐色，表面散生有黑褐色斑紋。幼蟲以豆科之鴨腱藤（*Entada phaseoloides*）為寄主植物。

分布　北至南部低地有分布，如新竹峨嵋、苗栗大湖、南投埔里、台南新化、高雄六龜及屏東恆春等地有發現。台灣以外在中國南部至喜馬拉雅山區及整個東南亞地區亦有分布。

保育等級　普通種

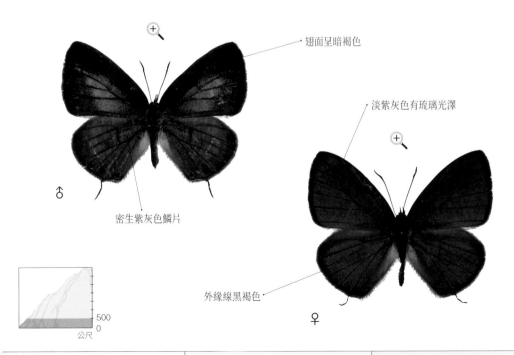

翅面呈暗褐色

淡紫灰色有琉璃光澤

密生紫灰色鱗片

外緣線黑褐色

♂　♀

500
0
公尺

| 成蟲活動月份：全年 | 棲所：公園、耕地、山徑 | 前翅展：2.2～2.5公分 |

灰蝶科 LYCAENIDAE	學名：*Phengaris atroguttata formosana*	命名者：Matsumura

青雀斑灰蝶（淡青雀斑小灰蝶）

　　腹面為灰白色，翅上布有黑色縱列斑帶。雄蝶翅面為淡藍白色有琉璃光澤，前翅外緣為灰黑色。雌蝶翅面呈灰白色，基部至中央散生而後翅散生淡藍白色鱗片，外緣、翅端及後翅亞外緣的斑紋為灰黑色。

生態習性　成蟲主要發生期在夏季期間。雌蝶多將卵單獨產於林蔭間的寄主新葉裡或頂芽上，幼蟲多棲附於寄主新葉裡或頂芽上嚙食，最後並化蛹在寄主附近的其它植物葉裡。成蟲飛行緩慢且貼地低飛，常見於山區路旁及向陽林緣等寄主群落四周活動覓食，嗜食低矮草花的花蜜及動物排遺，雄蝶亦有吸水的習性。

幼生期　卵為灰白色中央略凹陷的車輪形，表面密布尖錐狀短尖突。幼蟲呈淡灰黃色，且背側有數條暗紅色縱紋，表面散生灰黑色細刺毛。蛹為膠囊狀白褐色，表面布有黃褐色點紋。幼蟲以唇形科之疏花光風輪（*Clinopodium laxiflorum*）、香茶菜（*Isodon amethystoides*）為食，三齡蟲後由阿里山家蟻（*Myrmica arisana*）搬回蟻巢中飼養至化蛹。

分布　北至南部中海拔山區廣泛分布，如宜蘭思源埡口和太平山、新竹觀霧、台中武陵農場和梨山、花蓮碧綠神木、南投清境農場、新中橫塔塔加及南橫天池等地較為常見。台灣以外於中國中部至喜馬拉雅山區有分布。

保育等級　普通種

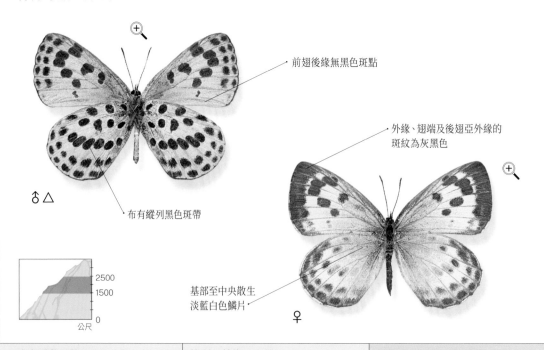

前翅後緣無黑色斑點

外緣、翅端及後翅亞外緣的斑紋為灰黑色

♂ △

布有縱列黑色斑帶

2500
1500
0
公尺

基部至中央散生淡藍白色鱗片

♀

成蟲活動月份：5～8月	棲所：林緣、山徑	前翅展：3.8～4.5公分

灰蝶科 LYCAENIDAE	學名：*Phengaris daitozana*	命名者：Wileman

白雀斑灰蝶（白雀斑小灰蝶）特有種

　　翅形寬圓為灰白色，腹面在後翅及翅端佈有縱列黑色斑點。翅面前翅端及橫脈呈黑色，雌蝶另於前、後翅外緣有黑色帶，雄、雌蝶翅面的斑紋明顯不同且雌蝶明顯大型許多，辨識時應無問題。

生態習性　一年一世代，初夏期間常見成蟲在山區活動。雌蝶多將卵單獨或零星數個產於林蔭的寄主頂芽或新葉裡，幼蟲由卵孵化後，嚙食寄主新葉或頂芽為食，3齡蟲後由黃毛家蟻搬回蟻巢飼養至化蛹。成蟲動作緩慢且貼地低飛，可見於山區向陽林緣和陡坡上活動，嗜食草花花蜜、動物排遺，雄蝶也會吸食葉上露水。

幼生期　已知卵為白色扁球形且表面密布錐狀隆突，老熟幼蟲白褐色且體表無刺毛，蛹呈暗黃色膠囊模樣。幼蟲初以龍膽科之台灣肺形草（*Tripterospermum taiwanense*）為寄主植物，3齡蟲起與黃毛家蟻（*Myrmica kurokii tipuna*）共生至化蛹。

分布　北至南部各地山區，如宜蘭太平山、新竹觀霧、中橫公路、新中橫塔塔加、嘉義阿里山及南橫公路等地有發現。台灣特有種。

保育等級　稀有種

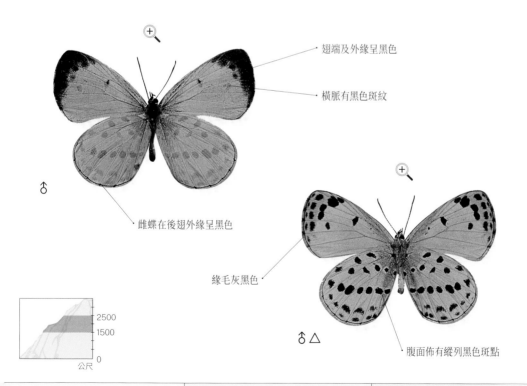

翅端及外緣呈黑色

橫脈有黑色斑紋

♂

雌蝶在後翅外緣呈黑色

緣毛灰黑色

♂ △

腹面佈有縱列黑色斑點

2500
1500
0
公尺

成蟲活動月份：6〜8月	棲所：向陽林緣、山徑	前翅展：3.4〜4.1公分

灰蝶科 LYCAENIDAE	學名：*Leptotes plinius*	命名者：Fabricius

細灰蝶（角紋小灰蝶）

　　腹面為白色，在肛角及上方為橙黃色且有銀黑色斑點，翅上布有黑褐色縱帶，其中外緣為黑褐色斑縱列的斑帶。雄蝶翅面為淡紫色有琉璃光澤，外緣及後翅前緣為灰黑色。雌蝶翅面呈白色，在外緣、前緣及後翅亞外緣為灰褐色。

生態習性　成蟲主要發生期在夏至秋季。雌蝶多將卵單獨產於向陽的寄主花或果莢上，幼蟲多棲附於寄主花或鑽入果莢內嚙食，最後並化蛹在寄主莖枝或葉裡較隱蔽處。成蟲飛行快速且低飛，常見於林緣、耕地旁及溪畔開曠地等寄主群落四周活動覓食，嗜食低矮草花的花蜜及動物排遺。

幼生期　卵為白色中央略凹陷的圓盤形，表面有網目狀凹紋。老熟幼蟲依棲息環境不同有紅褐至綠褐色的變化，背側有2對白色縱紋，表面密生灰白色短細刺毛。蛹為細長膠囊狀灰褐色，表面密生黑褐色細紋。幼蟲以藍雪科之烏面馬（*Plumbago zeylanica*），豆科之黃野百合（*Crotalaria pallida* var. *obovata*）、蝶豆（*Lablab niger*）為食。

分布　北至南部各地市郊至低地廣泛分布，如台北烏來及北投、桃園石門水庫、新竹仙腳石、台中豐原、南投國姓、台南關仔嶺、高雄美濃、台東知本及屏東雙流和恆春等地較為常見。台灣以外廣布於東南亞各地、中國南部至印度、斯里蘭卡及澳洲北部等地。

保育等級　普通種

雄蝶為淡紫色有琉璃光澤

前緣為灰褐色

後翅緣有短細帶狀尾突

基部至中央散生淡紫色鱗片

♂

♀

1000
0
公尺

成蟲活動月份：北部 5 ～ 12 月，中南部全年	棲所：市郊公園、耕地、林緣	前翅展：2.3 ～ 2.7 公分

灰蝶科 LYCAENIDAE	學名：*Udara albocaerulea*	命名者：Moore

白斑嫵琉灰蝶（白斑琉璃小灰蝶）

　　腹面為白色，翅上布有灰黑色細紋，其中外緣及前翅亞外緣呈縱帶排列。雄蝶翅面為淡藍色且中央有白色斑，翅端有灰黑色斑紋。雌蝶翅面呈藍色，外緣及前翅前緣和翅端為灰黑色。

生態習性　成蟲主要發生期在春至夏季間。雌蝶多將卵單獨產於林緣寄主的花枝或頂芽上，幼蟲多棲附於寄主花上囓食，化蛹在寄主根部附近的落葉裡或石塊上。成蟲飛行快速且低飛，常見於向陽林緣、山徑及溪流沿岸等環境活動，嗜食低矮草花的花蜜，雄蝶亦有吸水的習性。

幼生期　卵為淡藍白色中央略凹陷的圓盤形，且表面有網目狀凹紋。老熟幼蟲依棲息環境有白綠至暗紅色的變化，表面密生灰黑色細刺毛。蛹為褐色，不倒翁狀，腹部淡黃色。幼蟲以灰木科之山羊耳（*Symplocos glauca*）、灰木（*S. chinensis*）為寄主植物。

分布　北至南部各地低地至山區，如台北烏來及陽明山、北橫公路、宜蘭太平山、新竹尖石、台中梨山、南投霧社、新中橫公路、高雄藤枝及台東知本等地較為常見。台灣以外廣布於日本南部、中國中部至印度北部及中南半島等地。

保育等級　普通種

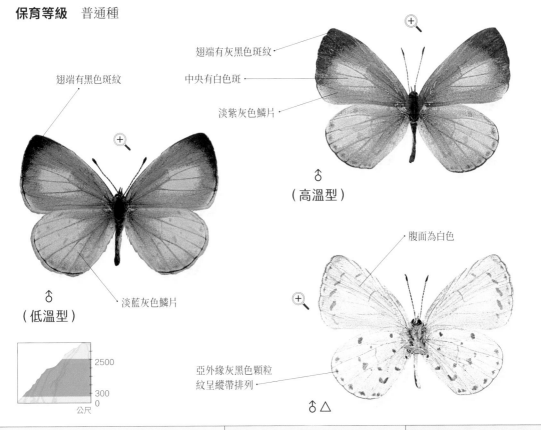

翅端有灰黑色斑紋

翅端有黑色斑紋

中央有白色斑

淡紫灰色鱗片

（高溫型）♂

腹面為白色

淡藍灰色鱗片

♂（低溫型）

亞外緣灰黑色顆粒紋呈縱帶排列

♂△

2500

300
0
公尺

成蟲活動月份：部 3〜12 月，中南部全年	棲所：市郊公園、疏林、林緣	前翅展：2.4〜2.8 公分

灰蝶科 LYCAENIDAE	學名：*Udara dilecta*	命名者：Moore

嫵琉灰蝶（達邦琉璃小灰蝶）

腹面為白色，翅上布有黑色斑點，其中後翅外緣細紋呈縱帶排列。翅面雄蝶為淡藍色，外緣有灰黑色細紋。雌蝶呈黑色，前翅基部至中央密生及後翅內緣至前緣下方散布有藍白色鱗片。

生態習性　成蟲主要發生期在春季期間。成蟲飛行緩慢且低飛，常見於向陽的林緣、溪流沿岸及山徑等環境活動覓食，嗜食低矮草花的花蜜及動物排遺，雄蝶亦有吸水的習性。

幼生期　卵為淡藍色圓盤形，且表面有網目狀凹紋。幼蟲以殼斗科之長尾尖葉櫧（*Castanopsis carlesii*）、青剛櫟（*Quercus glauca*）為寄主植物。

分布　北至南部各地低地至山區廣泛分布，如台北烏來、北橫公路、宜蘭太平山、新竹觀霧、台中谷關、南投霧社、台南關仔嶺、新中橫公路、高雄甲仙、台東關山及屏東雙流等地有發現。台灣以外於中國南部及東南亞各地有分布。

保育等級　普通種

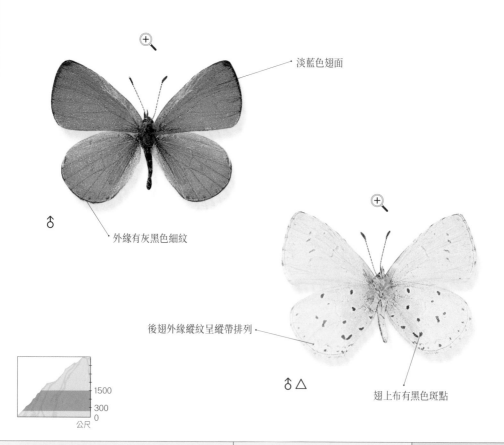

淡藍色翅面

♂

外緣有灰黑色細紋

後翅外緣縱紋呈縱帶排列

♂ △

翅上布有黑色斑點

1500
300
0
公尺

成蟲活動月份：北部 3～12月，中南部全年	棲所：溪流沿岸、山徑、林緣	前翅展：2.4～2.6公分

灰蝶科 LYCAENIDAE	學名：*Wagimo insularis*	命名者：Shirôzu

台灣線灰蝶（翅底三線小灰蝶）

前翅三角形，後翅扇形，且外緣呈稜形有1對尾突；緣毛灰白色。腹面為淡褐色，有多條縱列灰白色線紋，前翅後角亞外緣有黑褐色斑帶，後翅有外圈橙色環黑眼斑。本種翅面為黑色，前翅中央密布及後翅中央散生淡灰紫色光澤鱗片。雄蝶前足可見跗節，可依此鑑別雄雌。

生態習性　一年一世代，成蟲在夏季出現。雌蝶會將卵產於寄主樹冠層附近的休眠芽，以卵越冬。成蝶飛行快速，早晨會停棲於原始林緣、芒草上或疏林間等明亮處環境。其活動力並不強較少移動，偶見吸食葉上露水和鳥類排遺。

幼生期　已知幼蟲以殼斗科的狹葉櫟（*Cyclobalanopsis stenophylloides*）為寄主。

分布　北部～南部中高海拔山區原始林。臺灣以外於中國西部有分布。

保育等級　稀有種

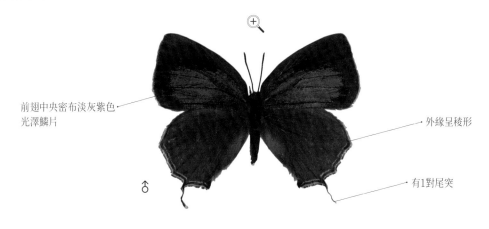

前翅中央密布淡灰紫色
光澤鱗片

外緣呈稜形

有1對尾突

♂

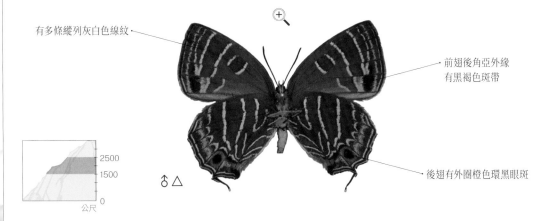

有多條縱列灰白色線紋

前翅後角亞外緣
有黑褐色斑帶

後翅有外圈橙色環黑眼斑

2500
1500
0
公尺

♂ △

成蟲活動月份：6～8月	棲所：林緣、疏林	前翅展：3.1～3.5公分

灰蝶科 LYCAENIDAE	學名：*Zizeeria maha okinawana*	命名者：Matsumura

藍灰蝶（沖繩小灰蝶）

　　腹面為淡灰褐色，外緣有黑褐色及前翅亞外緣和外緣內側有灰黑色顆粒紋排列呈縱帶。雄蝶翅面呈灰藍色有琉璃光澤，外緣、翅端及後翅前緣為灰黑色，雌蝶翅面則全呈灰黑色且中央布有灰紫色鱗片。

生態習性　成蟲主要發生期在春至夏季期間。雌蝶多將卵產於寄主的葉裡或匍伏莖上，幼蟲由孵化後至化蛹前都棲附於葉裡，最後並化蛹在離地面不遠的寄主或附近植物葉裡。成蟲動作緩慢且貼地低飛，常見棲息於向陽的公園草地、休耕地及荒地等有著生寄主的環境，嗜食草花花蜜，其活動範圍通常局限於寄主群落附近。

幼生期　卵為表面有網目狀凹紋的灰白色圓盤形。老熟幼蟲為淡灰綠色且散生灰黃色的刺毛。背側中央有暗色的縱帶，蛹為淡綠或淡灰綠色膠囊形，背側有黑色顆粒紋。幼蟲以酢漿草科之黃花酢漿草（*Oxalis corniculata*）為寄主植物。

分布　北至南部廣布於市區至中海拔山區及多數離島，如台北烏來及北投、基隆彭佳嶼、北橫公路、宜蘭太平山、桃園大溪、新竹北埔、台中梨山、南投霧社、澎湖馬公、台南曾文水庫、高雄澄清湖及台東知本等地十分常見。台灣以外廣布於東亞至中亞各地。

保育等級　普通種

雄蝶呈灰藍色有琉璃光澤

外緣有灰黑色細紋

雌蝶呈灰黑色

♂

中央布有灰紫色鱗片

腹面為淡灰褐色

亞外緣內側有灰黑色顆粒紋呈縱帶排列

♀

2000

0

公尺

♀ △

成蟲活動月份：平地全年，山區 3 ～ 12 月	棲所：林緣、溪流沿岸、公園	前翅展：2.2 ～ 2.5 公分

灰蝶科 LYCAENIDAE	學名：*Zizula hylax*	命名者：Fabricius

迷你藍灰蝶（迷你小灰蝶）

　　腹面為灰白色，外緣有灰黑色細紋及後翅亞外緣有灰黑色顆粒紋呈縱帶排列。雄蝶翅面呈藍灰色有金屬光澤，外緣及翅端為灰黑色。雌蝶翅面則全呈灰黑色且散生稀疏的藍灰色鱗片。

生態習性　成蟲主要發生期在春末、秋季期間。雌蝶多在天候晴朗時將卵產於寄主的花上，幼蟲由孵化後至化蛹前都棲附於花上，最後並化蛹在寄主葉裡、莖枝或鄰近植物離地面不遠處。成蟲動作緩慢且貼地低飛，常見棲息於林緣、花壇及路旁荒地等有著生寄主的環境，嗜食草花花蜜，其活動範圍通常以寄主群落附近較普遍。

幼生期　卵為扁球形且表面有網目狀凹紋的灰白色。老熟幼蟲為淡黃綠色表面散生灰白色的刺毛，背側中央有暗色的縱帶且兩側有併列的白色帶。蛹為淡黃綠色，翅膀部分為淡綠色。幼蟲以爵床科之賽山藍（*Blechum pyramidatum*），馬鞭草科之黃馬纓丹（*Lantana camara* cv. Flava）的花為寄主植物。

分布　北至南部平地至低地及離島如蘭嶼、綠島及澎湖等地多有分布，台灣以外廣布於亞、美、非及澳洲熱帶至亞熱帶地區各地。

保育等級　普通種

緣毛為灰色

外緣有灰黑色細紋

♂ △

後翅亞外緣有灰黑色顆粒紋

♀

翅面全呈灰黑色

外緣及翅端為灰黑色

雄蝶呈藍灰色有金屬光澤

♂

500
0
公尺

成蟲活動月份：全年	棲所：林緣、花壇、路旁荒地	前翅展：1.5 ～ 1.8 公分

灰蝶科 LYCAENIDAE	學名：*Prosotas dubiosa asbolodes*	命名者：Hsu & Yen

密紋波灰蝶

外緣線黑褐色。腹面為淡褐或黃褐色，在肛角及上方有黑色斑點且外圈橙色紋，翅上密布白色波紋。雄蝶翅面為淡紫灰色有琉璃光澤。雌蝶翅面呈暗褐色，基部至中央散生紫灰色鱗片。雌、雄蝶翅面斑紋明顯不同，可依此來辨別雌雄。

生態習性　成蟲主要發生期在夏、秋季節。雌蝶多將卵單獨產於寄主的花苞縫隙裡，表面還會分泌填充泡沫狀透明物保護，幼蟲多鑽入寄主花苞或花內嚙食，最後並集聚化蛹在附近植物低處。成蟲飛行快速且低飛，可見於寄主附近公園花壇、耕地旁及校園的草地上活動，嗜食低矮草花的花蜜及鳥類排遺物，雄蝶亦有吸水的習性。

幼生期　卵為灰白色圓盤形且表面平滑。老熟幼蟲依棲息環境有黃綠至灰綠色的差異，且背側中央及兩側有較淡色的縱帶，表面密生灰白色短細刺毛。蛹為膠囊狀有綠褐至淡褐色，背側中央及兩側有暗褐色斑紋。幼蟲以豆科之金合歡（*Acacia farnesiana*）、金龜樹（*Pithecellobium dulce*）、雨豆樹（*Samanea saman*）為寄主植物。

分布　中南部市區至低地廣泛分布，如台中科博館、南投草屯、台南中山公園、高雄美濃及屏東東港等地頗為常見。台灣以外廣布於中國南部至印度、斯里蘭卡及整個東南亞至澳洲北部等地。

保育等級　普通種

基部至中央散生
紫灰色鱗片

腹面為淡褐或黃褐色

密布白色波紋

♂ △

♀

翅面呈暗褐色

外緣線黑褐色

翅面淡紫灰色有
琉璃光澤

♂

500
0
公尺

成蟲活動月份：全年	棲所：公園、耕地、校園	前翅展：1.6～1.9公分

灰蝶科 LYCAENIDAE	學名：*Catopyrops ancyra almora*	命名者：Druce

曲波灰蝶（曲波紋小灰蝶）

　　緣毛白色，後翅外緣有細長帶狀尾突，肛角及上方有橙灰色黑眼紋。腹面為淡灰褐色，由亞基部至外緣間有暗灰褐色縱帶且兩側併有白色細紋，其中亞外緣縱帶呈>形排列，為本種名稱由來。翅面雄蝶呈紫灰色琉璃光澤，外緣線黑褐色。雌蝶全呈黑褐色，在基部至亞外緣散生稀疏紫灰色鱗片，後翅外緣有白色縱帶排列弦月紋。雌、雄蝶翅面斑紋明顯不同，可依此來辨別。

生態習性　一年多世代出現，主要發生期在秋季期間。雌蝶多將卵產於寄主葉下或花苞上，幼蟲由卵孵化後即棲於花上，以花苞和幼果為食，老熟幼蟲化蛹在寄主植物葉下或莖枝較隱蔽處。成蟲動作敏捷，天晴時常於海岸林緣草花及寄主植物附近覓食和張翅進行日光浴，嗜食花蜜及溼地水分。

幼生期　卵為白色微藍，扁平圓盤狀，表面密布網目狀凹紋及尖突，幼蟲淺綠色至淡褐色，體表密生灰白色長刺毛，背線兩側色澤較淡些，蛹為淡綠色膠囊狀，背線及兩側散生黑褐色細紋。幼蟲以蕁麻科之落尾麻（*Pipturus arborescens*），大麻科的山油麻（*Trema tomentosa*）為寄主。

分布　目前在台東蘭嶼和綠島有發現。台灣以外於整個東南亞至澳洲北部及南太平洋諸島多有分布。

保育等級　稀有種

亞外緣縱帶呈>形排列

呈黑褐色

散生稀疏紫灰色鱗片

有細長帶狀尾突

♀ △

♀

有灰白色縱帶排列弦月紋

緣毛白色

翅面呈紫灰色琉璃光澤

♂

500
0
公尺

成蟲活動月份：全年	棲所：林緣、海濱	前翅展：2～2.4公分

灰蝶科 LYCAENIDAE	學名：*Ancema ctesia cakravasti*	命名者：Fruhstorfer

鈿灰蝶（黑星琉璃小灰蝶）

　　前翅三角形，後翅卵形，且外緣呈波狀有2對尾突；緣毛灰白色。腹面為銀白色，橫脈附近條紋及橫脈外側縱列帶紋呈灰黑色，後翅有兩對外圈橙色環黑眼斑。本種翅面為黑色，雄蝶前翅中央及後翅密布靛藍色琉璃光澤鱗片，前翅中央、後緣中央及後翅基部各有灰黑色圓斑（性徵）。雌蝶前翅中央及後翅布有亮灰藍色琉璃光澤鱗片，前翅中室外緣略泛灰白色。

生態習性　一年多世代蝶種，低地成蟲主要發生期在秋、冬季節，中海拔山區冬季則不見蹤跡。雌蝶偏好晴天上午產卵於高枝的寄主葉芽及花芽上。幼蟲會在寄主莖枝上吐絲造蟲座，平時靜伏其上，覓食時才會游走於葉芽及花芽間。成蟲動作敏捷，通常棲於喬木樹冠層吸食樹花蜜源，甚少往林下移動，正午偶遇飛降下來吸食草花花蜜或濕地水分。

幼生期　卵呈扁平半球形灰色；表面有大小不一的菱形稜脊。本種幼蟲齡期有五齡，不同於一般小灰蝶的四個齡期。蟲體概呈水蛭模樣綠色，前胸背側的菱形斑為鑲有褐邊的灰白斑塊。蛹為帶蛹，暗黃綠色不倒翁形狀，表面散生灰白色短細毛。幼蟲取食檀香科桐櫟柿寄生（*Viscum liquidambaricolum*）及柿寄生（*V. diospyrosicolum*）為食。

分布　平地至中海拔山區，如台北陽明山、苗栗鯉魚潭水庫、台中谷關、南投蓮華池和蕙蓀林場、嘉義東埔和阿里山、台南關仔嶺及高雄藤枝。台灣以外在中國南部至中南半島北部有分布。

保育等級　稀有種

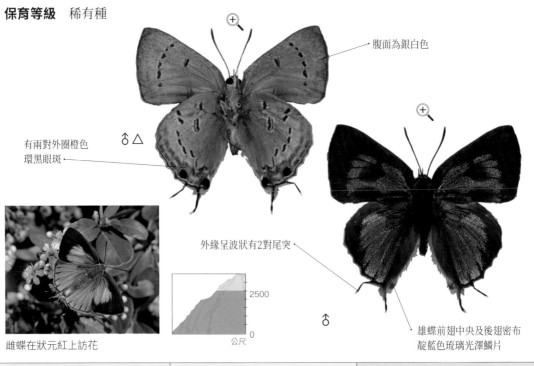

腹面為銀白色

有兩對外圈橙色
環黑眼斑

外緣呈波狀有2對尾突

2500

0

公尺

雌蝶在狀元紅上訪花

雄蝶前翅中央及後翅密布
靛藍色琉璃光澤鱗片

成蟲活動月份：全年	棲所：林緣、柿園	前翅展：3.3～3.6公分

灰蝶科 LYCAENIDAE	學名：*Antigius jinpingi*	命名者：Hsu

錦平折線灰蝶 特有種

　　雄蝶翅面黑褐色，後翅外緣內側有白紋且有長細帶狀尾突。腹面為灰白色，翅中央及稍外側有灰褐色縱帶及前翅亞外緣各室內有黑色斑點，肛角及尾突上方有外圈灰黃色環黑眼紋。雌蝶目前還沒有人發現過。

生態習性　一年一世代，成蟲已知在5月初開始出現，現今僅有數例觀察紀錄。成蟲飛行快速，可見於山區向陽林緣樹冠活動或飛降葉上吸食露水。

幼生期　尚待查明，本種可能的幼蟲寄主植物是殼斗科之槲樹（*Quercus dentata*）。

分布　已知在屏東霧台的霧頭山一帶有零星發現，自從2009年八八風災之後，由於霧台山區林道交通阻斷，而未能再前往探查。台灣特有種。

保育等級　稀有種

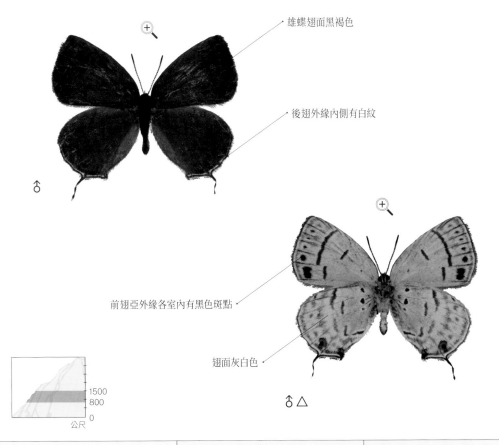

雄蝶翅面黑褐色

後翅外緣內側有白紋

前翅亞外緣各室內有黑色斑點

翅面灰白色

♂

♂ △

1500
800
0
公尺

成蟲活動月份：5、6月	棲所：林緣、山徑	前翅展：約 2.9 公分

灰蝶科 LYCAENIDAE	學名：*Leucantigius atayalicus*	命名者：Shirôzu & Murayama

瓏灰蝶（姬白小灰蝶） 特有種

　　腹面為白色，肛角黑色及上方有灰橙色的黑眼斑。翅面呈灰黑色，前翅中央密生、後翅散生灰白色鱗片。雄蝶前翅中央灰白色鱗片較稀疏且雌蝶前翅外緣與後緣間有灰白色斑。可依此來辨識雄雌。

生態習性　一年一世代，成蟲在春至夏初期間出現。成蟲飛行快速，可見於山區向陽林緣和疏林穿梭活動，嗜食花蜜、鳥類排遺及葉上露水。

幼生期　尚待查明，目前已知幼蟲以殼斗科之錐果櫟（*Quercus longinux*）為寄主植物。

分布　北至南部低山區至山區局部性分布，宜蘭思源埡口、台中谷關、南投霧社、嘉義阿里山及新中橫塔塔加等地有發現。台灣特有種。

保育等級　稀有種

雌蝶前翅外緣與後緣間
有灰白色斑

♀

細長的帶狀尾突

翅上有灰褐色縱紋

♀ △

肛角有黑色點

2000
1000
0
公尺

成蟲活動月份：4～8月	棲所：林緣、疏林	前翅展：2.5～2.8公分

| 灰蝶科 LYCAENIDAE | 學名：*Amblopala avidiena y-fasciatus* | 命名者：Sonan |

尖灰蝶（歪紋小灰蝶）

　　翅面為黑褐色，翅中央有藍紫色斑，在翅端下方有橙色斑。腹面前翅亞外緣有灰白色縱紋，後翅中央有Y形灰白褐色縱帶為其蝶名由來，雌蝶呈黃褐色，雄蝶呈褐色，前翅基部至亞外緣黃褐色。雄、雌蝶腹面的色澤斑紋明顯不同。

生態習性　一年一世代，成蟲在冬末至春季期間出現。雄蝶具有領域性且有濕地吸水的習性，雌蝶多將卵單獨產於林緣的寄主頂芽或腋芽上，幼蟲多棲附於寄主新葉上覓食，最後並化蛹在寄主根部附近的石塊或苔蘚地。成蟲動作敏捷且低飛，可見於山區向陽林緣和溪畔活動，嗜食樹液、花蜜及鳥類排遺。

幼生期　卵為白色圓盤形且表面有短錐狀隆突。老熟幼蟲為淡綠色，背側中央有暗色縱帶且兩側有白色斜紋，表面散生稀疏的灰白色刺毛。蛹為褐色，表面密布有黑色細紋。幼蟲以豆科之合歡（*Albizia julibrissin*）為寄主植物。

分布　中北部低地至山區局部性分布，如宜蘭太平山和南山、台中梨山、南投惠蓀林場及花蓮天祥等地有發現。台灣以外於中國中部至印度北部有分布。

保育等級　稀有種

翅端下方有橙色斑

前翅亞外緣有灰白色縱紋

♂

翅中央有藍紫色斑

後翅中央有Y形灰白褐色縱帶

♂ △

2000

500
0

公尺

| 成蟲活動月份：2～4月 | 棲所：林緣、溪流沿岸 | 前翅展：2.7～3公分 |

灰蝶科 LYCAENIDAE	學名：*Japonica patungkoanui*	命名者：Murayama

台灣焰灰蝶（紅小灰蝶） 特有種

　　腹面為淡灰褐色，翅中央及前翅中室外側有粗大暗色縱帶且兩側併有灰白色縱紋，在翅外緣為灰橙色且內有灰黑色斑點。翅面呈灰橙色，翅端及外緣細紋為灰黑色。雄、雌蝶在色澤斑紋十分相似，辨識雄、雌時最好直接比較腹部末端生殖器。

生態習性　一年一世代，成蟲在夏季期間較常發現。雌蝶多在午後將卵單獨產於寄主低矮分枝之休眠芽或不定芽上。翌年春季幼蟲由卵孵化後，多棲於新芽上覓食。老熟幼蟲則多棲附於新葉上，嚙食中肋兩側葉肉，最後並化蛹在寄主葉裡。成蟲飛行快速，可見於山區向陽林緣和疏林穿梭活動，嗜食花蜜及葉上露水，雄蝶具有領域性常停棲於樹冠高枝上。

幼生期　卵為白色半球形中央凹陷且表面有短錐狀隆突。老熟幼蟲為黃綠色，在背側中央有暗色縱紋兩側有黃色斑紋，表面密布細長的灰白色刺毛。蛹為黃綠色近似不倒翁狀，背側密布有淡色斑紋。幼蟲以殼斗科之青剛櫟（*Quercus glauca*）、錐果櫟（*Q. longinux*）及狹葉櫟（*Q. stenophylloides*）為寄主植物。

分布　北至南部山區至高山區局部性分布，如宜蘭思源埡口、南投霧社、嘉義阿里山及新中橫塔塔加等地有發現。台灣特有種。

保育等級　稀有種

翅端及外緣細紋為灰黑色

粗大的暗色縱帶兩側併有灰白色縱紋

♀

後翅緣有細長帶狀尾突

3000
1500
0
公尺

翅外緣為灰橙色且內有灰黑色斑點

♀△

成蟲活動月份：5～8月	棲所：林緣	前翅展：2.4～2.7公分

灰蝶科 LYCAENIDAE	學名：*Ravenna nivea*	命名者：Nire

朗灰蝶（白小灰蝶） 特有種

　　腹面為淡灰白色，翅中央有淡灰褐色縱紋，肛角及上方各有橙黃色的黑眼斑。翅面雄蝶呈淡藍灰色有琉璃光澤，前、後翅中央有淡灰白色斑紋，後翅內緣為白色。雌蝶則呈淡灰白色，橫脈、翅端至前緣及後翅外緣有灰黑色斑紋。雄、雌蝶翅面的色澤斑紋全然不同，辨識雄、雌時應無問題。

生態習性　一年一世代，成蟲在初夏期間較常發現。雌蝶多將卵單獨或零星數個產於低處的寄主小枝之休眠芽或不定芽上。翌年春季幼蟲由卵孵化後，即躲匿於寄主葉裡並嚙食新葉為食。成蟲飛行快速，偶見於山區向陽林緣和疏林間穿梭活動，嗜食鳥類排遺及葉上露水。

幼生期　已知卵為白色扁球形且表面有尖錐狀隆突，幼蟲以殼斗科之錐果櫟（*Quercus longinux*）及狹葉櫟（*Q. stenophylloides*）為寄主植物。

分布　北至南部各地山區，如桃園拉拉山、宜蘭太平山、新竹觀霧、南投霧社、嘉義阿里山及新中橫塔塔加等地有發現。台灣特有種。

保育等級　稀有種

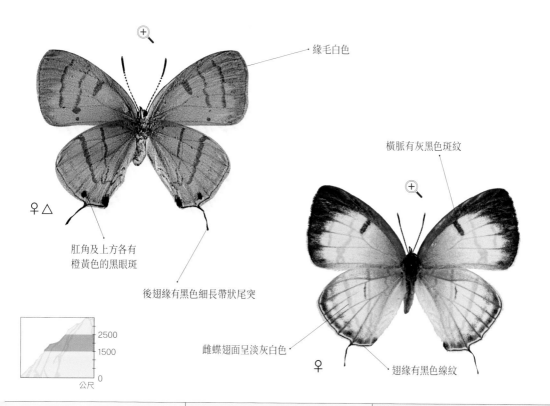

緣毛白色

橫脈有灰黑色斑紋

♀△

肛角及上方各有
橙黃色的黑眼斑

後翅緣有黑色細長帶狀尾突

2500
1500
0
公尺

雌蝶翅面呈淡灰白色

♀

翅緣有黑色線紋

成蟲活動月份：5～7月	棲所：林緣、疏林	前翅展：3.3～3.6公分

灰蝶科 LYCAENIDAE	學名：*Neozephyrus taiwanus*	命名者：Wileman

台灣榿翠灰蝶（寬邊綠小灰蝶）

　　腹面為黑褐色，翅中央稍外側有灰白色縱紋，在前翅亞外緣及後緣上方有灰黑色斑，肛角圓凸及上方有灰紅色的黑眼斑，且外緣藍灰色。雄蝶翅面呈黃綠色有琉璃光澤，外緣、翅端及後翅前、內緣灰黑色。雌蝶翅面呈灰黑色，翅端下方至後緣密生及後翅中央散生有藍色斑紋。

生態習性　　一年一世代，成蟲在夏季期間較常發現。雌蝶多將卵單獨產於寄主葉片以外之枝幹、休眠芽或不定芽上。翌年春季幼蟲由卵孵化後，多棲於寄主新葉上。老熟幼蟲則多棲附於寄主葉面，並吐絲捲曲葉片造袋狀蟲巢，並躲匿於巢中，天色昏暗時會離開蟲巢，嚙食巢外的葉片，化蛹在巢中或寄主根部附近的石塊或枯葉上。成蟲飛行快速，可見於山區向陽林緣和疏林穿梭活動及日光浴，嗜食樹液、花蜜及葉上露水，雄蝶具有領域性常停棲於高枝上，會驅趕侵入的其它蝶類。

幼生期　　卵為白色扁球形且表面有短錐狀隆突。老熟幼蟲為白綠色，在背側中央有綠色縱紋，表面密布細長的灰白色刺毛。蛹為黑褐色近似膠囊狀，背側密布有黃褐色細紋。幼蟲以樺木科之台灣赤楊（*Alnus formosana*）為寄主植物。

分布　　北至南部各地山區局部性分布，如桃園拉拉山、宜蘭思源埡口、台中梨山、南投霧社、嘉義阿里山及新中橫塔塔加等地有發現。台灣以外在中國中至南部有分布。

保育等級　　稀有種

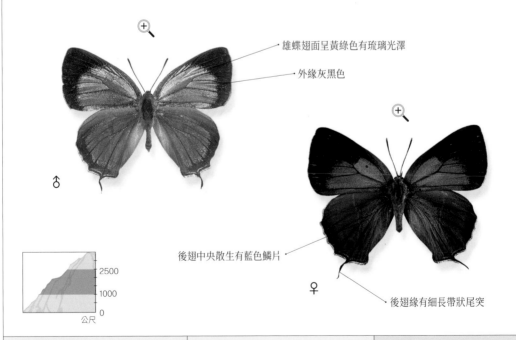

雄蝶翅面呈黃綠色有琉璃光澤

外緣灰黑色

後翅中央散生有藍色鱗片

後翅緣有細長帶狀尾突

2500
1000
0
公尺

♂

♀

成蟲活動月份：5～9月	棲所：林緣	前翅展：2.4～2.8公分

灰蝶科 LYCAENIDAE	學名：*Satyrium austrinum*	命名者：Murayama

南方灑灰蝶 (白底烏小灰蝶) 特有種

　　翅緣有灰黑色的線紋。腹面為灰白褐色，翅中央稍外側有灰白色縱紋，肛角略圓凸及上方有淡橙色的黑眼斑。翅面呈黑褐色。雄、雌蝶的色澤斑紋相似，辨識雄、雌時可依雄蝶前翅前緣靠近中室外側有黑色條斑 (性徵) 來區別。

生態習性　一年一世代，成蟲在春季末期較常發現。雌蝶多將卵單獨或零星數個產於寄主之枝幹上，翌年春季幼蟲剛由卵孵化後，即嚙食寄主新葉為食，化蛹與於寄主附近的低矮植物葉裡。成蟲飛行快速，偶見於山區向陽林緣和溪畔林間穿梭活動，嗜食花蜜及葉上露水。

幼生期　已知卵為白色扁球形且表面有尖細錐刺，蛹為淡灰綠色近似膠囊模樣，幼蟲以榆科之櫸 (*Zelkova serrata*) 為寄主植物。

分布　中北部各地低山區，如北橫公路、宜蘭福山植物園、新竹尖石及南投霧社等地有發現。台灣特有種。

保育等級　稀有種

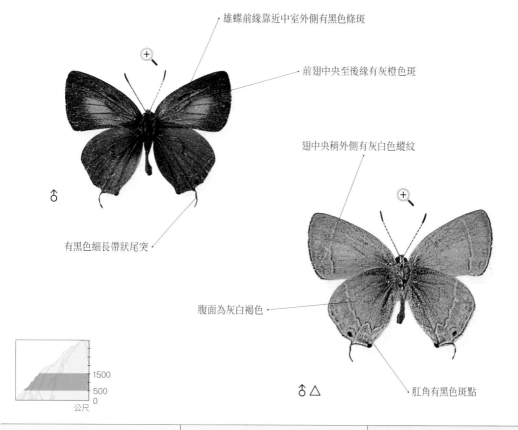

雄蝶前緣靠近中室外側有黑色條斑

前翅中央至後緣有灰橙色斑

翅中央稍外側有灰白色縱紋

♂

有黑色細長帶狀尾突

腹面為灰白褐色

♂ △

肛角有黑色斑點

1500
500
0
公尺

成蟲活動月份：4～7月	棲所：林緣、溪畔	前翅展：2.5～2.8公分

灰蝶科 LYCAENIDAE	學名：*Satyrium esakii*	命名者：Shirôzu

江崎灑灰蝶（江崎烏小灰蝶）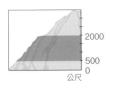特有種

　　腹面為灰褐色，前翅中央稍外側和外緣內側以及後翅中央有灰白色縱紋，翅緣及亞外緣有灰黑色線紋且後翅亞外緣有暗橙紅色鋸齒斑。翅面全呈褐色。辨識雄雌時可依雄蝶前翅中室中央有白褐色斑（性徵）及翅形較小型等差異點來區別。

生態習性　一年一世代，成蟲在夏季期間偶有發現。成蟲飛行快速且低飛，嗜食低矮草花花蜜。

幼生期　尚待查明。

分布　於中部低地至山區有零星分布，如中橫公路谷關至梨山一帶有發現。台灣特有種。

保育等級　稀有種

腹面為灰褐色

有2對黑色細帶狀尾突

後翅亞外緣有灰橙色鋸齒斑

2000
500
0
公尺

成蟲活動月份：6～8月	棲所：林緣、溪畔	前翅展：2.5～2.8公分

灰蝶科 LYCAENIDAE	學名：*Satyrium inouei*	命名者：Shirôzu

井上灑灰蝶（井上烏小灰蝶）

　　腹面為暗褐色，翅緣有灰黑色線紋，前翅中央及後翅中央稍外側有斷續的灰白色線紋，後翅肛角附近有暗橙紅色斑。翅面呈黑褐色，後翅肛角內側附近有暗橙紅色斑。辨識雄雌時可依腹面的灰白色線紋以雌蝶則較為清晰粗大些，而雄蝶翅色稍暗且線紋並不明顯等差異點來區別。

生態習性　一年一世代，成蟲在夏季期間偶有發現。成蟲飛行快速，嗜食低矮草花花蜜。
幼生期　尚待查明。
分布　於中部低山區至山區有零星分布，如南投霧社一帶有發現。
保育等級　稀有種

雄蝶灰白色線紋不明顯

♀ △

後翅緣有短細的尾突

內緣有灰白色線紋

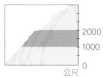

2000
1000
0
公尺

成蟲活動月份：6～8月	棲所：林緣、山徑	前翅展：2.6～2.8公分

灰蝶科 LYCAENIDAE	學名：*Satyrium eximium mushanum*	命名者：Matsumura

秀灑灰蝶 (霧社烏小灰蝶)

翅面全呈黑褐色。腹面為灰褐色，翅中央稍外側及後翅外緣、亞外緣有灰白色縱紋，在前翅亞外緣及後緣上方有暗色斑，肛角圓凸及上方有橙紅色的黑眼斑，雄蝶在翅面中室內有白褐色斑 (性徵)，辨識雄、雌時可依此來區別。

生態習性　一年一世代，成蟲在夏季期間出現。雌蝶多在午後將卵單獨或零星數個產於寄主枝幹上，以樹枝之凹縫或側枝分歧上較多。成蟲飛行快速，可見於山區向陽林緣和山徑的樹冠上活動，嗜食花蜜及濕地上露水，雄蝶具有領域性常停棲於高枝上。

幼生期　卵為灰黃色半球形表面有短錐狀隆突，其它階段生態尚待查明。幼蟲以鼠李科之小葉鼠李 (*Rhamnus parvifolia*) 為寄主植物。

分布　中北部低地至山區局部性分布，如台北烏來、宜蘭太平山和思源埡口、南投霧社及花蓮天祥等地有發現。台灣以外於中國東北部及朝鮮半島有分布。

保育等級　稀有種

雄蝶翅面中室內有白褐色斑

後翅緣有細長帶狀尾突

前翅灰白色縱紋明顯

肛角圓凸為橙紅色

♀△

肛角上方有橙紅色的黑眼斑

緣毛為白色

亞外緣有灰褐色縱紋

♂

♂△

2000
500
0
公尺

成蟲活動月份：6～8月	棲所：林緣、山徑	前翅展：2.6～2.9公分

灰蝶科 LYCAENIDAE	學名：*Satyrium formosanum*	命名者：Matsumura

台灣灑灰蝶（蓬萊烏小灰蝶）

　　後翅緣有細長帶狀尾突。翅面呈黑褐色，肛角圓凸有橙紅色斑。腹面為灰褐色，翅中央稍外側及後翅外緣、亞外緣有灰白色縱紋，在亞外緣有黑色斑點，肛角及上方有橙紅色的黑眼斑，雄蝶在翅面中室中央有淡褐色斑（性徵），辨識雄、雌時可依此來區別。

生態習性　一年一世代，成蟲主要發生期在春末期間。雌蝶多在午後將卵單獨或零星數個產於寄主枝幹的樹皮凹縫。成蟲飛行快速，可見於山區向陽林緣、市郊公園和山徑的樹冠上活動，黃昏時常集聚於寄主附近的樹冠高枝追逐飛翔，嗜食花蜜、鳥類排遺及濕地上露水，雄蝶具有領域性常停棲於高枝上。

幼生期　卵為灰白色半球形表面有短錐狀隆突。老熟幼蟲為淡黃色，在背側中央有淡綠色縱帶且兩側併有白黃色縱紋，表面密布細長的灰白色刺毛。蛹為藍綠色近似膠囊狀，背側散生有黑色點紋。幼蟲以無患子科之無患子（*Sapindus mukorossii*）為寄主植物。

分布　廣布於北至南部平地至山區，如台北陽明山和烏來、基隆海門天險、宜蘭礁溪、北橫公路、新竹尖石、苗栗獅頭山、南投埔里、花蓮天祥、高雄六龜、台東知本及屏東雙流和恆春等地有發現。台灣以外在中國東南部有分布。

保育等級　普通種

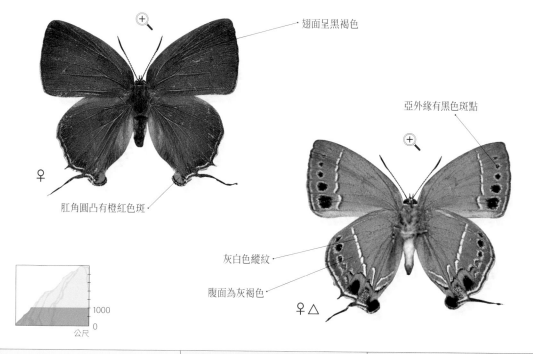

翅面呈黑褐色

亞外緣有黑色斑點

♀

肛角圓凸有橙紅色斑

灰白色縱紋

腹面為灰褐色

♀ △

1000
0
公尺

成蟲活動月份：3～7月	棲所：林緣、山徑	前翅展：2.6～2.9公分

灰蝶科 LYCAENIDAE	學名：*Satyrium tanakai*	命名者：Shirôzu

田中灑灰蝶（田中烏小灰蝶）特有種

　　後翅緣有細帶狀尾突，腹面為灰褐色，翅中央稍外側有斷續的灰白色縱紋，翅緣有灰黑色線紋且前翅外緣稍內側有1個鮮明的黑斑，後翅亞外緣有暗橙紅色斑。翅面呈灰黑褐色，後翅肛角內側附近有暗橙紅色斑。辨識雄雌時可依雄蝶翅色澤稍暗及前翅外緣近乎平直（雌蝶則呈圓凸狀）等差異點來區別。

生態習性　一年一世代，成蟲在春末期間偶有發現。成蟲飛行快速，嗜食花蜜及鳥類排遺。

幼生期　尚待查明。

分布　中部低山區有零星分布，如南投霧社一帶有發現。台灣特有種。

保育等級　稀有種

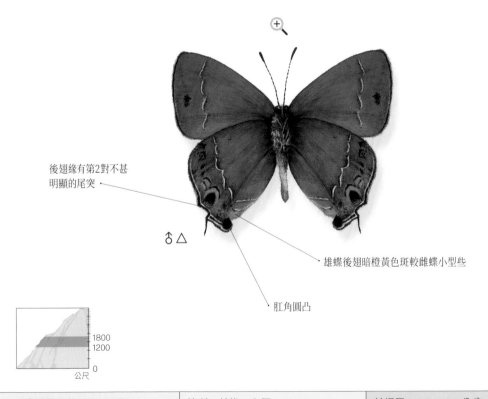

後翅緣有第2對不甚
明顯的尾突

♂△

雄蝶後翅暗橙黃色斑較雌蝶小型些

肛角圓凸

1800
1200
0
公尺

成蟲活動月份：4～6月	棲所：林緣、山徑	前翅展：2.6～2.8公分

| 灰蝶科 LYCAENIDAE | 學名：*Catapaecilma major moltrechti* | 命名者：Wileman |

三尾灰蝶（銀帶三尾小灰蝶）

　　後翅外緣有3對帶狀尾突。腹面為白褐色，前翅基部至外緣有銀色縱帶數條，外緣線灰黑色，基部至亞外緣有灰橙色且間夾雜黑色斑紋。翅面雄蝶為藍灰色，前緣和外緣以及後翅內緣灰黑色。而雌蝶基部至中央密生淡藍色鱗片，可依此斑紋來辨識雄、雌。

生態習性　成蟲全年出現，主要發生期在春、秋季期間。成蟲動作緩慢不畏人，以耕地附近的疏林間或林緣較常見在低矮樹冠間跳躍飛行，雄蝶常飛降於小喬木樹冠，具有領域性。嗜食已被蟻類咀食過的小枝樹液、鳥類排遺及葉上露水。

幼生期　尚待查明。

分布　中南部海濱至低地局部分布，如南投埔里、嘉義梅山、台南新化、高雄田寮、屏東滿州及台東蘭嶼等地偶有發現。台灣以外於中國南部至印度、斯里蘭卡及東南亞地區（不包括菲律賓）多有分布。

保育等級　稀有種

外緣線灰黑色

藍灰色琉璃光澤

♂△

有銀色縱帶

有3對帶狀尾突

♂

500
0
公尺

| 成蟲活動月份：全年 | 棲所：林緣、耕地 | 前翅展：2.6～2.9公分 |

灰蝶科 LYCAENIDAE	學名：*Deudorix rapaloides*	命名者：Naritomi

淡黑玳灰蝶（淡黑小灰蝶）特有種

　　後翅緣有細帶狀尾突，肛角圓凸有橙黃色的黑眼紋。翅面黑褐色，雄蝶後翅前緣在基部外側有灰褐色斑（性徵）以及中央有暗紫灰色光澤斑紋。腹面雄蝶為白褐色，翅中央稍外側有灰白色縱紋，雌蝶呈灰白色，翅中央及前翅外緣有白褐色縱帶茄且翅緣有灰黑色線紋。

生態習性　成蟲主要發生期在春末、秋季間。雌蝶多將卵產於寄主花或果莢上。幼蟲由卵孵化後即鑽入寄主花瓣或果莢內嚙食。成蟲動作敏捷，偶見於低山區向陽林緣樹冠附近活動，嗜食花蜜及葉上露水。

幼生期　已知幼蟲以茶科之大頭茶（*Gordonia axillaris*）為寄主植物。

分布　北至南部各地低地至低山區，如台北陽明山和烏來、宜蘭員山、苗栗三義、台中谷關及南投埔里等地有發現。台灣特有種。

保育等級　稀有種

翅面黑褐色

灰白色底色

♀

後翅緣有細帶狀尾突　　肛角圓凸有橙黃色的黑眼紋

♀ △

有橙黃色黑眼紋

淡黑玳灰蝶

1500
300
公尺

成蟲活動月份：4～10月	棲所：林緣、疏林	前翅展：2.6～3公分

灰蝶科 LYCAENIDAE　　學名：*Deudorix sankakuhonis*　　命名者：Matsumura

三角峰小灰蝶（茶翅玳灰蝶）

　　後翅緣有細長帶狀尾突，肛角圓凸橙灰色。腹面為暗褐色，外緣線黑色，翅中央稍外側、中室有暗色縱帶且兩側併有灰白色斷續細紋，肛角上方有橙灰色的黑眼斑。翅面黑褐色，雄蝶在前、後翅面中央有紫黑色金屬光澤及後翅前緣有灰褐色斑（性徵），辨識雄、雌時可依紫黑色斑紋和性徵來區別。

生態習性　成蟲主要發生期在夏季期間。成蟲動作緩慢不畏人，嗜食花蜜及葉上露水。

幼生期　尚待查明。

分布　北至南部山區偶見，如宜蘭思源埡口、台中大雪山和南投清境農場及嘉義阿里山等地有發現。台灣以外於中國南部有分布。

保育等級　稀有種

外緣線黑色

腹面暗褐色

肛角上方有橙灰色黑眼斑

♂ △

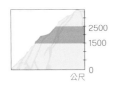

2500
1500
0
公尺

成蟲活動月份：6～8月　　棲所：林緣、山徑　　前翅展：2.7～3.3 公分

灰蝶科 LYCAENIDAE	學名：*Fixsenia watarii*	命名者：Matsumura

渡氏烏灰蝶（渡氏烏小灰蝶） 特有種

後翅緣有細帶狀尾突，腹面為灰褐色，翅中央稍外側有灰白色縱紋，肛角略圓凸及附近有暗橙紅色斑。翅面呈灰黑褐色，前翅中央及後翅肛角內側附近有暗橙黃色斑。辨識雄雌時可依雄蝶翅面暗橙黃色斑色澤稍淡及後翅暗橙黃色斑較小型些等差異點來區別。

生態習性　一年一世代，成蟲在初夏期間較常發現。雌蝶多將卵單獨或零星數個產於寄主小枝上。成蟲飛行快速，偶見飛降於山區向陽林緣和山徑低矮植物上，嗜食花蜜及葉上水份。

幼生期　已知幼蟲以薔薇科之台灣笑靨花（*Spiraea prunifolia* var. *pseudoprunifolia*）為寄主植物。

分布　中北部低地至山區，如北橫公路、宜蘭思源埡口、新竹尖石、台中梨山、南投霧社和東埔、花蓮太魯閣及嘉義阿里山有發現。台灣特有種。

保育等級　稀有種

緣毛灰白色

外緣有縱帶排列的灰黑色斑

後翅亞外緣有灰白色細紋

♀ △

翅面呈灰黑褐色

雄蝶後翅暗橙黃色斑較雌蝶小型些

2000
500
0
公尺

♂

後翅緣有第2對不甚明顯的尾突

成蟲活動月份：5～7月	棲所：林緣、山徑	前翅展：2.7～3公分

灰蝶科 LYCAENIDAE	學名：*Teratozephyrus arisanus*	命名者：Wileman

阿里山鐵灰蝶（阿里山長尾小灰蝶）特有種

　　後翅緣有細長帶狀尾突。腹面為灰白色，翅中央稍外側及前翅橫脈和後翅中央有灰黑色縱帶，肛角圓凸及上方有淡橙黃色的黑眼斑。翅面為黑褐色，雌蝶翅端下方有2個暗橙色的斑紋，可依此辨識雄雌。

生態習性　一年一世代，成蟲在初夏期間較常發現。雌蝶多將卵單獨或零星數個產於寄主小枝之休眠芽或不定芽上。翌年春季幼蟲剛由卵孵化後，囓食寄主新葉為食。成蟲飛行快速且低飛，偶見於山區向陽林緣和疏林間穿梭活動，嗜食鳥類排遺及葉上露水。

幼生期　已知幼蟲以殼斗科之狹葉櫟（*Quercus stenophylloides*）、栓皮櫟（*Q. variabilis*）為寄主植物。

分布　北至南部各地山區，如桃園拉拉山、宜蘭思源埡口、新竹觀霧、台中大禹嶺、南投清境農場、新中橫塔塔加及嘉義阿里山等地有發現。台灣特有種。

保育等級　稀有種

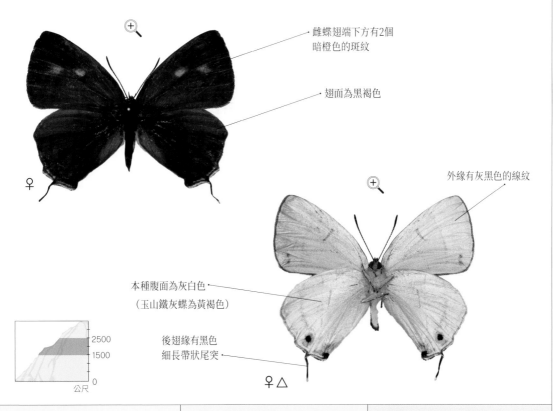

雌蝶翅端下方有2個暗橙色的斑紋

翅面為黑褐色

外緣有灰黑色的線紋

本種腹面為灰白色
（玉山鐵灰蝶為黃褐色）

後翅緣有黑色細長帶狀尾突

♀

♀ △

2500
1500
0
公尺

成蟲活動月份：5～7月	棲所：林緣、疏林	前翅展：2.9～3.2公分

灰蝶科 LYCAENIDAE	學名：*Teratozephyrus elatus*	命名者：Hsu & Lu

高山鐵灰蝶

　　後翅緣有細長帶狀尾突。翅面呈黑褐色，雌蝶在翅端下方有灰橙色斑點。腹面為灰褐色，亞外緣有灰白色縱帶，本種翅中央稍外側的縱帶及亞外緣縱紋為灰白色較玉山鐵灰蝶粗大些，前翅亞外緣內側有黑褐色漸層帶斑，肛角及上方為暗橙色有黑眼斑。辨識雄、雌時可依翅面在翅端下方有無暗橙色斑來區別。

生態習性　一年一世代，成蟲主要發生期在夏末期間。雌蝶喜好在向陽的寄主樹冠產卵，卵多產於寄主休眠芽兩側，隔年春末孵化後幼蟲亦多靜伏於新葉裡，老熟幼蟲則多棲息於新葉上，最後並化蛹在寄主或鄰近植物葉下較隱蔽處。成蟲飛行快速，可見於高山向陽林緣樹冠活動和乘著氣流往山頂埡口移動，嗜食喬木花蜜及葉上露水。

幼生期　卵為灰白色半球形，表面密布針狀尖突，老熟幼蟲體色為淡綠色，在背側中央有1條灰黃色縱帶，蛹為黃褐色有黑褐色斑，目前已知幼蟲以殼斗科之高山櫟（*Quercus spinosa*）為寄主植物。

分布　零星分布於中部高山區，如中橫公路關原一帶有發現。台灣以外於中國甘肅、陝西的秦嶺有分布。

保育等級　稀有種

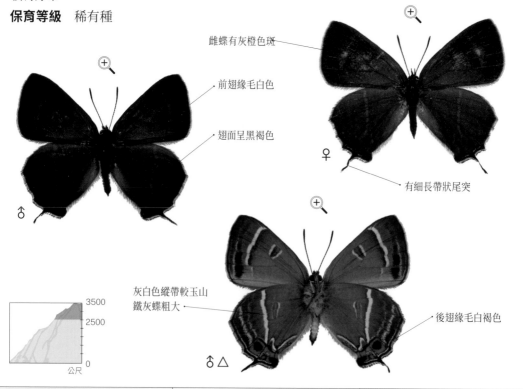

雌蝶有灰橙色斑

前翅緣毛白色

翅面呈黑褐色

♀

有細長帶狀尾突

3500
2500
0
公尺

灰白色縱帶較玉山
鐵灰蝶粗大

後翅緣毛白褐色

♂ △

♂

成蟲活動月份：8～9月	棲所：林緣、山徑	前翅展：2.7～2.9公分

灰蝶科 LYCAENIDAE	學名：*Teratozephyrus yugaii*	命名者：Kano

台灣鐵灰蝶（玉山長尾小灰蝶）特有種

　　後翅緣有細長帶狀尾突。翅面全呈黑褐色，雌蝶在翅端下方有橙紅色斑。腹面為灰褐色，翅中央稍外側的縱帶及亞外緣縱紋為灰白色，肛角及上方為橙紅色有黑眼斑。辨識雄、雌時可依翅面在翅端下方有無暗橙色斑來區別。

生態習性　一年一世代，成蟲主要發生期在夏季期間。成蟲飛行快速，可見於山區向陽林緣樹冠活動和乘著氣流往山頂埡口移動，嗜食花蜜、鳥類排遺及葉上露水。

幼生期　尚待查明，目前已知幼蟲以殼斗科之狹葉櫟（*Quercus stenophylloides*）為寄主植物。

分布　零星分布於北至南部山區至高山區，如宜蘭思源埡口、台中大禹嶺、南投翠峰及新中橫塔塔加鞍部等地有發現。台灣特有種。

保育等級　稀有種

雌蝶翅端下方有暗橙色斑

翅中央稍外側的縱帶為灰白色

♀

肛角尖凸

♀ △

肛角上方有橙紅色的黑眼斑

翅面全呈黑褐色

♂

後翅緣有細長帶狀尾突

3500
1800
0
公尺

成蟲活動月份：6～9月	棲所：林緣、山徑	前翅展：2.6～2.8公分

灰蝶科 LYCAENIDAE	學名：*Artipe eryx horiella*	命名者：Matsumura

綠灰蝶（綠底小灰蝶）

腹面為灰綠色，翅中央稍外側及後翅亞外緣有灰白色縱紋，在後緣呈灰白色，肛角有灰黑色眼斑。雄蝶翅面灰黑色，在翅面中央有藍紫色斑，雌蝶在肛角上方布有灰白色斑，辨識雄、雌時可依此來區別。

生態習性　成蟲全年出現，主要發生期在夏季期間。雌蝶多將卵單獨產於林緣及疏林間的寄主果實上，幼蟲由卵孵化後即鑽入果實裡嚙食果肉，並將糞便由鑽入的孔洞排出，最後並化蛹在果實裡。成蟲動作敏捷且快速低飛，休憩時會躲匿於葉裡，常見於市郊公園、疏林或低地林緣活動，嗜食花蜜及鳥類排遺。

幼生期　卵為灰白色半球形表面有網目狀凹紋，老熟幼蟲為白褐與灰黑色相間的模樣，蛹為黑褐色不倒翁狀。幼蟲以茜草科之山黃梔（*Gardenia jasminoides*）為寄主植物。

分布　北至南部市郊至低山區頗為常見，如台北烏來和北投、桃園虎頭山、宜蘭礁溪、台中豐原、南投埔里、花蓮鯉魚潭、台南關仔嶺、高雄美濃及屏東雙流等地有發現。台灣以外於日本琉球、中國南部至中南半島及婆羅洲有分布。

保育等級　普通種

雄蝶在翅面中央有藍紫色斑

腹面為灰綠色（為本蝶種名稱由來）

♂

肛角圓凸為綠色

後翅緣有細長帶狀尾突

肛角有灰黑色眼斑

♂ △

綠灰蝶的老熟幼蟲

1000
0
公尺

成蟲活動月份：全年	棲所：林緣、疏林、市郊公園	前翅展：2.6～3.2 公分

灰蝶科 LYCAENIDAE	學名：*Chrysozephyrus lingi*	命名者：Okano & Okura

白芒翠灰蝶 (蓬萊綠小灰蝶)

　　後翅緣有細帶狀尾突，翅面雄蝶呈灰綠色有琉璃光澤，外緣、前緣及後翅外緣為黑褐色，後翅前、內緣為灰褐色。雌蝶呈黑褐色，翅端下方至後緣間及中室有淡藍灰色斑紋。腹面在肛角及上方有暗橙紅色的黑眼斑，雄蝶呈白色，亞外緣、橫脈及翅端亞外緣至橫脈間有黃褐色縱紋，雌蝶呈暗褐色，外緣有灰白色細紋，翅端亞外緣至橫脈間及後翅中央至後緣有灰白色縱紋。雄、雌蝶翅上的色澤斑紋明顯不同，辨識雄、雌時應無問題。

生態習性　一年一世代，成蟲在初夏期間較常發現。雌蝶多將卵單獨或零星數個產於寄主高枝上之休眠芽或不定芽上。翌年春季幼蟲剛由卵孵化後，多躲匿在寄主新葉所吐絲捲曲的蟲巢中。老熟幼蟲則多棲附於新葉裡，嚙食葉片，最後並化蛹在寄主枝幹或葉片中肋上。成蟲飛行快速，偶見於山區向陽林緣和疏林穿梭及樹冠高枝上活動，嗜食喬木樹冠上花蜜及葉上露水。

幼生期　已知卵為白色扁球形且表面有尖錐狀隆突，老熟幼蟲為灰黃色，且背側1對有斷續的灰綠色縱帶，表面密生灰白色細刺毛，蛹為膠囊狀紅褐色，腹部散生灰黃色細紋。幼蟲以殼斗科之赤皮 (*Quercus gilva*) 為寄主植物。

分布　僅於北部桃園拉拉山一帶有發現。台灣以外於日本、中國西部至喜瑪拉雅山區及中南半島北部有分布。

保育等級　稀有種

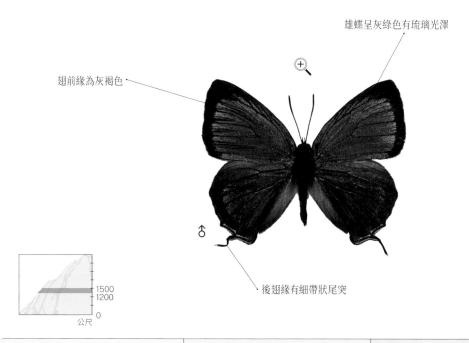

雄蝶呈灰綠色有琉璃光澤

翅前緣為灰褐色

後翅緣有細帶狀尾突

1500
1200
0
公尺

成蟲活動月份：5～7月	棲所：林緣、疏林	前翅展：3.4～3.7公分

| 灰蝶科 LYCAENIDAE | 學名：*Chrysozephyrus nishikaze* | 命名者：Araki & Sibatani |

西風翠灰蝶（西風綠小灰蝶）

　　後翅緣有細帶狀尾突，腹面為淡灰褐色，翅中央稍外側有灰白色縱紋，在前翅亞外緣有模糊的灰黑色斑帶，肛角圓凸及上方有暗橙紅色的黑眼斑，且外緣藍灰色。翅面雄蝶呈淡灰綠色有琉璃光澤，外緣、前緣及後翅前、外及內緣為黑褐色。雌蝶呈黑褐色，翅端下方有2個暗橙色的斑紋，翅端下方至後緣間及中室有藍灰色斑紋。雄、雌蝶翅面的色澤斑紋明顯不同，辨識雄、雌時應無問題。

生態習性　一年一世代，成蟲在初夏期間較常發現。雌蝶多將卵單獨或零星數個產於寄主小枝之休眠芽或不定芽上。翌年春季幼蟲剛由卵孵化後，嚙食寄主花瓣為食。成蟲飛行快速，偶見於山區向陽林緣和疏林間穿梭活動，嗜食花蜜及葉上露水。

幼生期　已知卵為白色扁球形且表面有尖錐狀隆突，幼蟲以薔薇科之山櫻花（*Prunus campanulata*）為寄主植物。

分布　北至南部各地山區，如桃園拉拉山、宜蘭太平山、新竹觀霧、南投霧社及新中橫塔塔加等地有發現。台灣以外於中國西部至喜瑪拉雅山區東部有分布。

保育等級　稀有種

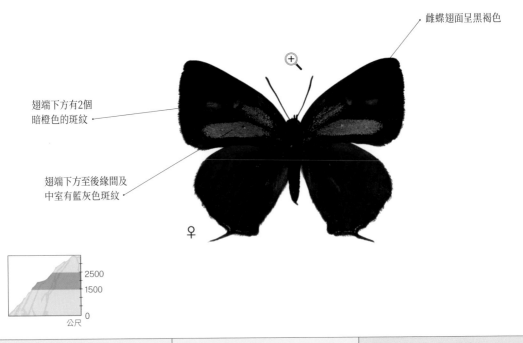

雌蝶翅面呈黑褐色

翅端下方有2個
暗橙色的斑紋

翅端下方至後緣間及
中室有藍灰色斑紋

♀

2500
1500
0
公尺

| 成蟲活動月份：5～7月 | 棲所：林緣、疏林 | 前翅展：3.1～3.4公分 |

灰蝶科 LYCAENIDAE	學名：*Chrysozephyrus disparatus pseudotaiwanus*	命名者：Howarth

小翠灰蝶（台灣綠小灰蝶）

　　腹面為灰褐色，翅中央稍外側有灰白色縱紋，在前翅亞外緣及後緣上方有灰黑色斑，肛角圓凸及上方有灰橙色的黑眼斑，外緣為藍灰色。雄蝶翅面呈黃綠色有琉璃光澤，外緣及後翅前、內緣灰黑色。雌蝶翅面呈黑褐色。

生態習性　一年一世代，成蟲在夏季期間較常發現。雌蝶多在黃昏時將卵單獨產於寄主分枝之休眠芽或不定芽上。翌年春季幼蟲剛由卵孵化後，多將寄主新葉吐絲捲曲造蟲巢，並躲匿於巢中。老熟幼蟲則多棲附於新葉裡，嚙食中肋兩側葉肉，最後並化蛹在寄主根部附近的石塊、枯葉上或苔蘚地。成蟲飛行快速，可見於山區向陽林緣和疏林穿梭活動，嗜食花蜜及葉上露水，雄蝶具有領域性常停棲於樹冠高枝上。

幼生期　卵為白色半球形且表面有短錐狀隆突。老熟幼蟲為暗紅色，在背側中央兩側有白色斜紋，表面密布短細的灰白色刺毛。蛹為黑褐色近似膠囊狀，背側密布有褐色細紋。幼蟲以殼斗科之錐果櫟（*Quercus longinux*）、狹葉櫟（*Q. stenophylloides*）為寄主植物。

分布　北至南部低山區至山區局部性分布，如桃園拉拉山、宜蘭太平山和思源埡口、南投霧社及新中橫塔塔加等地有發現。台灣以外於中國西部至印度北部有分布。

保育等級　稀有種

前翅中央有藍色斑紋

翅端下方有橙色斑

外緣灰黑色

黃綠色翅面有琉璃光澤

細長的帶狀尾突

♀　♂

2500
1000
0
公尺

成蟲活動月份：5～9月	棲所：林緣	前翅展：2.4～2.8公分

灰蝶科 LYCAENIDAE	學名：*Chrysozephyrus teisoi*	命名者：Sonan

碧翠灰蝶（江崎綠小灰蝶） 特有種

腹面為淡灰褐色，翅中央稍外側至後翅內緣有灰白色縱紋且併列灰黑色底紋，前翅外緣有雙重模糊的灰黑色斑帶，肛角圓凸及上方有暗橙黃色的黑眼斑，且後翅外緣佈有藍灰色鱗片。翅面雄蝶呈灰黃綠色有金屬光澤，外緣、前緣及後翅內緣為灰黑色，雌蝶呈黑褐色，在翅端下方有2個暗橙色的斑紋。

生態習性　一年一世代，成蟲在夏季期間出現。雌蝶多將卵產於寄主小枝之休眠芽或不定芽上。翌年春季幼蟲由卵孵化後即嚙食寄主新葉為食。成蟲飛行快速，偶見於山區林緣和疏林間穿梭活動，嗜食鳥類排遺及葉上露水。

幼生期　已知卵為白色扁球形且表面有尖錐狀隆突，幼蟲以殼斗科之錐果櫟（*Quercus longinux*）、赤柯（*Q. morii*）及栓皮櫟（*Q. variabilis*）等為食。

分布　北至南部各地山區，如桃園拉拉山、宜蘭太平山和思源埡口、新竹觀霧、南投霧社、嘉義阿里山及新中橫塔塔加等地有發現。台灣特有種。

保育等級　稀有種

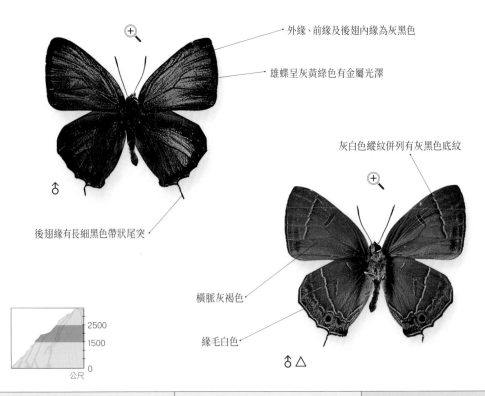

外緣、前緣及後翅內緣為灰黑色

雄蝶呈灰黃綠色有金屬光澤

♂

後翅緣有長細黑色帶狀尾突

灰白色縱紋併列有灰黑色底紋

橫脈灰褐色

緣毛白色

♂ △

2500
1500
0
公尺

成蟲活動月份：6～8月	棲所：林緣、疏林	前翅展：3～3.3公分

灰蝶科 LYCAENIDAE	學名：*Chrysozephyrus rarasanus*	命名者：Matsumura

拉拉山翠灰蝶（拉拉山綠小灰蝶） 特有種

　　腹面為淡灰褐色，翅緣有灰白與黑色併列的線紋，翅中央稍外側有灰白色縱紋，在前翅後角上方有黑褐色斑，肛角圓凸及上方有暗橙紅色的黑眼斑，且外緣灰白色。翅面雄蝶呈淡灰綠色有琉璃光澤，後翅前、外緣及內緣為黑褐色。雌蝶呈黑褐色，翅緣有黑色的線紋，前翅橫脈外側有1個灰橙色斑。

生態習性　一年一世代，成蟲在初夏期間較常發現。雌蝶多將卵產於寄主小枝之休眠芽或不定芽上。成蟲飛行快速，正午時間偶見於林緣和疏林間活動，嗜食花蜜及溼地水份。

幼生期　已知幼蟲以殼斗科之錐果櫟（*Quercus longinux*）為寄主植物。

分布　北、南部低山區，如桃園拉拉山、宜蘭太平山及高雄六龜一帶有發現。台灣特有種。

保育等級　稀有種

緣毛灰白色

前翅外緣呈黑色

♂

後翅緣有細長帶狀尾突

前翅後角上方有黑褐色斑

翅緣有黑色的線紋

♂ △

1500
1200
0
公尺

成蟲活動月份：5～8月	棲所：林緣、疏林	前翅展：2.9～3.2公分

灰蝶科 LYCAENIDAE	學名：*Chrysozephyrus splendidulus*	命名者：Murayama & Shimonoya

單線翠灰蝶 (台灣單帶綠小灰蝶、單帶綠小灰蝶) 特有種

　　腹面為淡灰褐色，翅中央稍外側及內緣有明顯的灰白色縱帶，在前翅亞外緣有2個灰黑色圓斑，肛角圓凸及上方有暗橙紅色的黑眼斑，且後翅外緣藍灰色。翅面雄蝶呈灰綠色有琉璃光澤，外緣、前緣及後翅前、外及內緣為黑褐色。雌蝶呈黑褐色，翅端下方有2個暗橙色的斑紋，翅端下方至後緣間及中室有藍紫色斑紋。雄、雌蝶翅面的色澤斑紋明顯不同，辨識雄、雌時應無問題。

生態習性　一年一世代，成蟲在初夏期間較常發現。成蟲飛行快速，天晴時偶見於山區向陽林緣和森林間穿梭活動，嗜食葉上露水。

幼生期　已知卵為白色扁球形其中央有凹陷的精孔且表面有尖細錐狀隆突，老熟幼蟲為灰白色表面有暗灰紅色斑紋及灰白色刺毛，蛹為黑褐色膠囊模樣且在背側有白褐色斑紋，幼蟲以殼斗科之赤皮 (*Quercus gilva*) 為食。

分布　北至南部各地低山區至山區，如桃園拉拉山、北橫公路東段及宜蘭太平山等地有發現。台灣特有種。

保育等級　稀有種

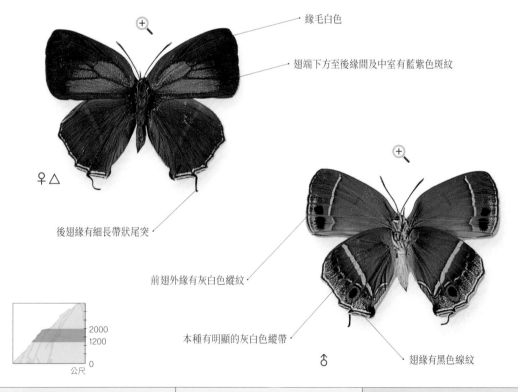

緣毛白色

翅端下方至後緣間及中室有藍紫色斑紋

♀ △

後翅緣有細長帶狀尾突

前翅外緣有灰白色縱紋

本種有明顯的灰白色縱帶

2000
1200
0
公尺

♂

翅緣有黑色線紋

成蟲活動月份：5～7月	棲所：林緣、疏林	前翅展：3～3.1公分

灰蝶科 LYCAENIDAE	學名：*Chrysozephyrus yuchingkinus*	命名者：Murayama & Shimonoya

清金翠灰蝶 (埔里綠小灰蝶、清金綠小灰蝶) 特有種

緣毛白色，後翅緣有長細黑色帶狀尾突，腹面為灰褐色，後翅中央、內緣及前翅中央稍外側有筆直的白色縱帶，後角上方有黑色斑，肛角略圓凸及上方有橙紅色的黑眼斑，翅緣有灰黑色線紋，後翅外緣密佈灰褐色鱗片。翅面呈黑褐色，雄蝶前翅面中央散佈稀疏的綠色鱗片，其前翅緣與後緣近乎垂直，而雌蝶其前翅緣圓凸且翅形較大型些，辨識雄、雌時應無問題。

生態習性　一年一世代，成蟲在春末至夏初期間較常發現。成蟲飛行快速，黃昏時偶見飛降於林緣下部植物上，嗜食鳥類排遺及葉上露水。

幼生期　已知卵為白色扁球形其中央有凹陷的精孔且表面有尖錐狀隆突，幼蟲以殼斗科之錐果櫟 (*Quercus longinux*) 為食。

分布　目前已知在中北部低山區有發現，如桃園拉拉山和南投埔里山區一帶有發現。台灣特有種。

保育等級　稀有種

雌蝶翅面呈黑褐色

♀

後翅緣有帶狀尾突

雌蝶吸食葉上露水

1800
1200
0
公尺

成蟲活動月份：5～8月	棲所：林緣、山徑	前翅展：2.8～3公分

灰蝶科 LYCAENIDAE	學名：*Euaspa milionia formosana*	命名者：Nomura

鈍灰蝶（台灣單帶小灰蝶）

　　後翅具有尾突，翅面為淡藍灰色，外緣和翅端黑褐色。腹面暗褐色，翅中央有貫穿前後翅的粗大白色縱帶，外緣各翅室有縱列明顯或不清晰白圈，肛角並有一個外圈紅環黑眼斑。雄蝶前足可見跗節，可依此鑑別雄雌。

生態習性　一年一世代，成蟲在夏季較容易發現。雌蝶會將卵產於寄主休眠芽附近，以卵越冬。成蝶飛行快速，平常停棲於原始林緣或疏林間等稍暗處環境。其活動力並不強較少移動，偶見吸食樹花花蜜、葉上露水和鳥類排遺。

幼生期　尚待查明，已知幼蟲以殼斗科的錐果櫟（*Quercus longinux*）為寄主。

分布　廣布於北部至南部中海拔山區原始林。台灣以外於海南島、大陸西南部、中南半島北部、喜瑪拉雅山區有分布。

保育等級　稀有種

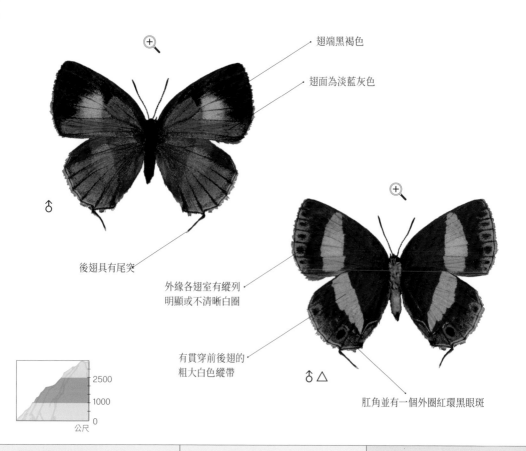

翅端黑褐色

翅面為淡藍灰色

♂

後翅具有尾突

外緣各翅室有縱列
明顯或不清晰白圈

有貫穿前後翅的
粗大白色縱帶

♂ △

肛角並有一個外圈紅環黑眼斑

2500

1000

0

公尺

成蟲活動月份：5～9月	棲所：山徑、林緣	前翅展：2.3～2.7公分

灰蝶科 LYCAENIDAE	學名：*Euaspa forsteri*	命名者：Esaki & Shirôzu

伏氏鍇灰蝶（伏氏綠小灰蝶） 特有種

腹面為灰褐色，前翅亞外緣及後翅中央與內側有灰白色縱帶，肛角略圓凸及上方有暗橙紅色的黑眼斑，且後翅中央的灰白色縱帶外側有灰白色斑帶。翅面呈黑褐色，在翅端下方至後緣有藍紫色光澤的斑紋。雌蝶另於翅端下方有2個暗橙色的斑紋可依此特徵來辨識雄雌。

生態習性　一年一世代，成蟲在初夏期間偶有發現。成蟲飛行快速，偶見於山區林緣和疏林間穿梭活動，嗜食鳥類排遺及葉上露水。

幼生期　已知幼蟲以殼斗科之長尾尖葉櫧（*Castanopsis carlesii*）等為寄主植物。

分布　北部低山區，如台北烏來的福山至桃園拉拉山及北橫公路東段等地有發現。台灣特有種。

保育等級　稀有種

緣毛末端呈灰黑色

翅端下方至後緣有藍紫色光澤的斑紋

後翅緣有細黑色帶狀尾突

♂

前翅後角上方有黑色斑

肛角及上方有暗橙紅色的黑眼斑

1800
1200
0
公尺

♂ △

後翅中央外側有雙重灰白色鋸齒紋

成蟲活動月份：6～8月	棲所：林緣、疏林	前翅展：2.9～3.2公分

| 灰蝶科 LYCAENIDAE | 學名：*Euaspa tayal* | 命名者：Esaki & Shirôzu |

泰雅鉠灰蝶（泰雅綠小灰蝶）特有種

　　腹面為灰褐色，前翅亞外緣及後翅中央有灰白色縱帶，在前翅後角上方有2個黑色斑點，肛角略圓凸及上方的暗橙紅色的黑眼斑，且後翅中央外側有灰白色鋸齒紋。翅面呈黑褐色，在翅端下方至後緣有淡紫色光澤的斑紋。雌蝶另於翅端下方有2個暗橙色的斑紋可依此特徵來辨識雄雌。

生態習性　一年一世代，成蟲在春末至初夏期間偶有發現。成蟲飛行快速，偶見於向陽林緣和疏林間穿梭活動，嗜食鳥類排遺及葉上露水。

幼生期　尚待查明。

分布　北部低山區，如台北烏來福山至桃園拉拉山及北橫公路東段等地有發現。台灣特有種。

保育等級　稀有種

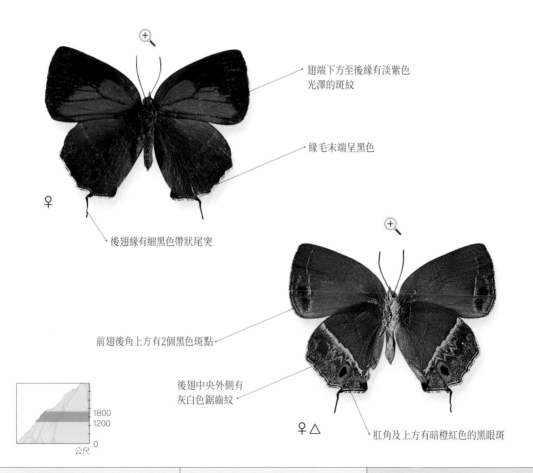

翅端下方至後緣有淡紫色
光澤的斑紋

緣毛末端呈黑色

♀

後翅緣有細黑色帶狀尾突

前翅後角上方有2個黑色斑點

後翅中央外側有
灰白色鋸齒紋

1800
1200
0
公尺

♀ △

肛角及上方有暗橙紅色的黑眼斑

| 成蟲活動月份：5～6月 | 棲所：林緣、疏林 | 前翅展：2.7～3 公分 |

| 灰蝶科 LYCAENIDAE | 學名：*Sibataniozephyrus kuafui* | 命名者：Hsu & Lin |

夸父璀灰蝶（夸父綠小灰蝶） 特有種

　　腹面為淡灰白色，亞外緣有灰黑色斑帶，翅中央及稍外側有灰褐色縱帶，肛角略圓凸及上方有暗橙紅色的黑眼斑，翅緣有灰黑色線紋。翅面在後翅緣有灰黑色線紋，雄蝶呈淡藍灰色有琉璃光澤，外緣及後翅前、內緣為灰黑色，雌蝶呈黑褐色。雄、雌蝶翅面的色澤斑紋明顯不同，辨識雄、雌時應無問題。

生態習性　一年一世代，成蟲在春末至夏初期間較常發現。雌蝶多將卵單獨產於寄主上部的小枝之休眠芽或不定芽上。翌年春季幼蟲由卵孵化後囓食寄主頂芽和新葉。成蟲飛行快速，偶見於山頂鞍部的林緣和疏林間穿梭活動，嗜食鳥類排遺及葉上露水。

幼生期　已知卵為灰白色扁球形且表面密布錐狀隆突，老熟幼蟲淡黃褐色在背側有白褐色斑，蛹為淡褐色膠囊模樣，幼蟲以殼斗科之台灣山毛櫸（*Fagus hayatae*）為寄主植物。

分布　目前已知在北部山區有發現，如桃園拉拉山和北插天山及宜蘭三星山等地有發現。台灣特有種。

保育等級　稀有種

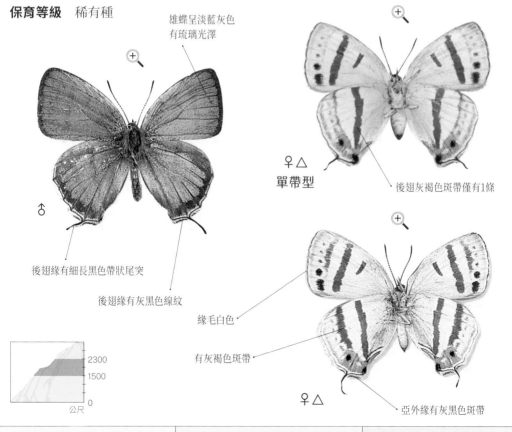

雄蝶呈淡藍灰色有琉璃光澤

♂

後翅緣有細長黑色帶狀尾突

後翅緣有灰黑色線紋

2300
1500
0
公尺

♀ △
單帶型

後翅灰褐色斑帶僅有1條

緣毛白色

有灰褐色斑帶

♀ △

亞外緣有灰黑色斑帶

| 成蟲活動月份：5～7月 | 棲所：林緣、山頂鞍部 | 前翅展：2.6～2.9公分 |

灰蝶科 LYCAENIDAE	學名：*Rapala varuna formosana*	命名者：Fruhstorfer

燕灰蝶 (墾丁小灰蝶)

　　後翅緣有細長帶狀尾突，肛角圓凸。腹面為灰褐色，翅中央稍外側、中室、外緣及亞外緣有暗色縱帶且兩側併有灰白色細紋，肛角上方有橙灰色的黑眼斑。翅面藍紫色，翅端、前緣及外緣灰黑色，肛角有橙灰色的黑眼斑。雄蝶在後翅面前緣有白褐色斑 (性徵)，辨識雄、雌時可依性徵來區別。

生態習性　　成蟲主要發生期在夏季期間。成蟲動作敏捷且快速低飛，常見於市郊公園、疏林或低地向陽林緣活動，嗜食花蜜及鳥類排遺。

幼生期　　尚待查明，目前已知幼蟲以大麻科之石朴 (*Celtis formosana*) 為寄主植物。

分布　　北至南部市郊至低山區頗為常見，如台北烏來和北投、北橫公路、宜蘭礁溪、台中谷關、南投埔里、花蓮鯉魚潭、台南關仔嶺、高雄甲仙、台東知本及屏東四重溪和恆春等地有發現。台灣以外於日本琉球、中國南部至中南半島及婆羅洲有分布。

保育等級　　普通種

翅面藍紫色

亞外緣有暗色縱帶且兩側併有灰白色細紋

肛角有橙灰色的黑眼斑

肛角為紫黑色

雄蝶後翅面前緣有白褐色斑

有細長帶狀尾突

1200
0
公尺

成蟲活動月份：3～12月	棲所：林緣、疏林、市郊公園	前翅展：2.6～3公分

灰蝶科 LYCAENIDAE	學名：*Rapala caerulea liliacea*	命名者：Nire

菫彩燕灰蝶（淡紫小灰蝶）

　　前翅三角形，後翅卵形，緣毛黃褐色。且後翅緣有細長帶狀尾突。翅面黑褐色具藍紫色光澤。腹面白褐色有外圈橙環黑眼斑和灰黑眼斑各1個，在翅中央和外緣各有暗色且外嵌灰白色細紋縱帶。肛角有黑斑。雄蝶後翅面前緣有灰色斑（性徵），可依此鑑別雄雌。

生態習性　一年多世代蝶種，成蟲發生期在春至秋季，動作敏捷，天晴時通常出現在寄主群落附近林緣或山徑等環境開闊處。嗜食草花花蜜和鳥類排遺。雌蝶多在晴天時將卵產於寄主的花苞或新葉上。由卵孵化後幼蟲亦棲附寄主花苞或新葉上，老熟幼蟲會化蛹在寄主暗蔽處葉片或附近落葉中。

幼生期　卵為綠色扁球形且表面密生透明短細刺。老熟幼蟲為暗紅色，蟲體略扁平在各體節有灰黃色斜帶，簇生短細刺。蛹為暗褐色不倒翁形狀，其腹部背側隆起白褐色。幼蟲取食豆科之毛胡枝子（*Lespedeza formosa*）及彎龍骨（*Campylotropis giraldii*）等。

分布　可見於北至中部中低海拔山區。如新竹尖石、南投清境農場、中橫碧綠神木等地。台灣以外於中國大陸及朝鮮半島有分布。

保育等級　稀有種

有暗色且外嵌灰白色細紋縱帶

緣毛黃褐色

藍紫色光澤

♀ △

♀

肛角有黑斑

2500
1000
0
公尺

山櫻花上訪花的春型雄蝶前翅有橙斑

成蟲活動月份：4～10月	棲所：山徑、林緣	前翅展：2.8～3.5公分

灰蝶科 LYCAENIDAE	學名：*Arhopala japonica*	命名者：Murray

日本紫灰蝶 (紫小灰蝶)

　　腹面為暗灰褐色，翅中央稍外側的縱帶及中央有暗色斑，前翅後緣有淡色斑。翅面藍紫色，前緣、外緣及內緣灰黑色，雌蝶灰黑色部份擴張至中室外側，辨識雄、雌時可依斑紋來區別。本種多為無尾型，另外少數有尾型在後翅外緣有短細尾突。

生態習性　成蟲全年出現，主要發生期在春季期間。雌蝶多將卵單獨產於涼濕林緣及疏林間的寄主頂芽上，幼蟲由卵孵化後即棲附於新葉裡嚙食，並吐縛綴結3～4條絲帶折曲葉片造蟲巢，白晝時並躲匿巢中，化蛹於幼蟲時期所造蟲巢中。成蟲動作敏捷且警戒性高，常躲匿於林蔭間休憩，活動範圍以寄主群落附近的疏林或林緣為主，嗜食花蜜、濕地水分及鳥類排遺。

幼生期　卵為白色半球形表面密布錐狀尖突。老熟幼蟲為淡綠色，而背側中央有淡黃色縱帶。蛹為灰褐色，胸部及腹部背側的縱帶密生灰黑色斑。幼蟲以殼斗科之青剛櫟 (*Quercus glauca*)、赤皮 (*Q. gilva*) 為寄主植物。

分布　北至南部市郊至低山區頗為常見，如台北烏來和坪林、北橫公路、宜蘭棲蘭、南投埔里、花蓮太魯閣、新中橫公路、高雄甲仙、台東知本和蘭嶼及屏東四重溪等地有發現。台灣以外於日本、中國及朝鮮半島有分布。

保育等級　普通種

雌蝶灰黑色部份擴張至中室外側

少數有尾型在後翅外緣有短細尾突

前翅後緣有淡色斑

中央有暗色斑

♀

♀ △

2000

0

公尺

成蟲活動月份：全年	棲所：林緣、疏林	前翅展：2.6～3.1 公分

灰蝶科 LYCAENIDAE	學名：*Arhopala birmana asakurae*	命名者：Matsumura

小紫灰蝶 (朝倉小灰蝶)

　　腹面為灰褐色且密生灰白色細紋，前翅中央至後緣及後翅前緣、外緣有灰白色斑。雄蝶翅面為藍紫色，前緣、外緣及內緣灰黑色。而雌蝶為灰黑色，翅中央密生淡藍色鱗片。雄、雌蝶翅面在色澤斑紋上明顯不同，辨識雄、雌時應無問題。

生態習性　成蟲全年出現，主要發生期在春季期間。成蟲動作敏捷且警戒性高，以寄主群落附近的疏林或林緣較常見，嗜食花蜜及鳥類排遺。

幼生期　尚待查明，目前已知幼蟲以殼斗科之青剛櫟 (*Quercus glauca*)、狹葉櫟 (*Q. stenophylloides*) 為寄主植物。

分布　北至南部低地至低山區局部分布，如台北烏來、新竹尖石、台中谷關、南投埔里、花蓮太魯閣、高雄六龜、台東知本及屏東恆春等地有發現。台灣以外於中國南部至中南半島北部有分布。

保育等級　普通種

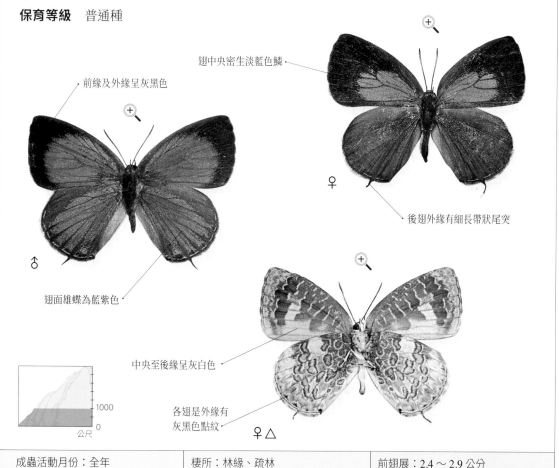

翅中央密生淡藍色鱗

前緣及外緣呈灰黑色

♀

後翅外緣有細長帶狀尾突

♂

翅面雄蝶為藍紫色

中央至後緣呈灰白色

各翅是外緣有
灰黑色點紋

♀ △

1000
0
公尺

成蟲活動月份：全年	棲所：林緣、疏林	前翅展：2.4～2.9公分

灰蝶科 LYCAENIDAE	學名：*Arhopala ganesa formosana*	命名者：Kato

蔚青紫灰蝶（白底青小灰蝶）

　　腹面為灰白色且散生暗灰色細紋，前翅有灰黑色縱帶，而越冬型底色多為淡灰褐色。雄蝶翅面藍灰色，翅端、前緣、外緣及內緣灰黑色。而雌蝶為灰黑色，翅中央散生淡藍色鱗片。雄、雌蝶翅面在色澤斑紋上明顯不同，辨識雄、雌時應無問題。

生態習性　全年出現，在冬季以成蟲越冬，主要發生期在秋季期間。雌蝶多將卵產於寄主高枝的新芽上。成蟲動作敏捷且警戒性高，在寄主群落附近的疏林間或林緣偶有發現，嗜食花蜜及葉上露水。

幼生期　已知卵為灰白色扁球形，表面密布錐狀尖突。幼蟲以殼斗科之狹葉櫟（*Quercus stenophylloides*）為寄主植物。

分布　中北部低山區至山區局部分布，如桃園拉拉山、宜蘭太平山和思源埡口、新竹觀霧、台中梨山及南投霧社等地有發現。台灣以外於日本、中國西部至喜馬拉雅山區及海南島有分布。

保育等級　稀有種

前緣為灰黑色

前翅有黑褐色縱帶

♂△

後翅有暗褐色細紋

雄蝶翅面為藍灰色

♂

外緣有黑色線紋

底色為灰白色

♀△

2500
1000
0
公尺

成蟲活動月份：全年	棲所：林緣、疏林	前翅展：2.2～2.5 公分

灰蝶科 LYCAENIDAE　　學名：*Horaga albimacula triumphalis*　　命名者：Murayama & Shibatani

小鑽灰蝶（姬三尾小灰蝶）

　　前翅中央有白斑，後翅外緣有3對帶狀尾突。腹面為黃褐色，前翅後緣白褐色，且後翅中央有斷續灰白色縱帶，肛角暗灰色而稍上方有黑眼斑，後翅外緣有灰綠金屬色細紋。翅面黑褐色，後翅外緣有白色縱紋，前翅基部至中央白斑間散生或無藍色鱗片，而鑽灰蝶則前後翅有藍色鱗片。雄、雌蝶翅面中央白斑的大小不同，辨識時應無問題。

生態習性　成蟲全年出現，主要發生期在夏、秋季期間。雌蝶多將卵單獨產於林緣及公園裡的寄主花苞或新芽上，幼蟲棲附於花苞中或新葉裡，化蛹於寄主或鄰近植物暗處的葉裡和細莖。成蟲動作敏捷但不畏人，尤以寄主植物萌芽或開花時雌蝶較常出現附近活動，嗜食花蜜、樹液及葉上露水。

幼生期　已知卵為灰白色扁球形表面有蜂巢狀凹紋。老熟幼蟲為黃綠色，表面有多對末端暗紅色長肉棘。蛹為灰黃綠色且腹背側中央有紅褐色斑。幼蟲為廣食性，以鼠刺科之小花鼠刺 (*Itea parviflora*)，豆科之阿勃勒 (*Cassia fistula*) 等多種植物為食。

分布　北至南部平地至低山區多有分布，如台北植物園、新竹內灣、台中大肚、南投國姓、花蓮鳳林、高雄美濃、台東鹿野及屏東枋寮等地有發現。台灣以外於菲律賓及印尼有分布。

保育等級　稀有種

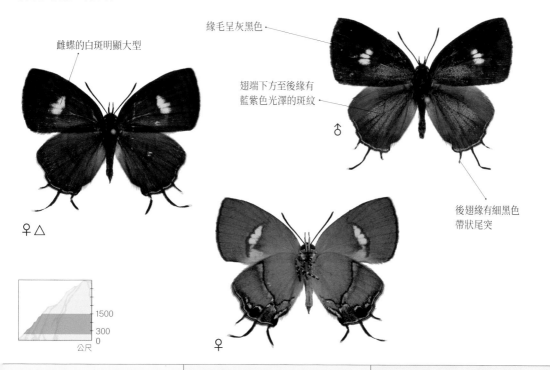

雌蝶的白斑明顯大型

緣毛呈灰黑色

翅端下方至後緣有藍紫色光澤的斑紋

♂

後翅緣有細黑色帶狀尾突

♀ △

1500
300
0
公尺

♀

成蟲活動月份：全年　　棲所：林緣、公園、海濱　　前翅展：2.3～2.5公分

灰蝶科 LYCAENIDAE	學名：*Horaga onyx moltrechti*	命名者：Matsumura

鑽灰蝶（三尾小灰蝶）

　　前翅中央有白斑，後翅外緣有3對帶狀尾突。腹面為褐色，前翅後緣白褐色，且後翅中央有灰白色縱帶，肛角暗灰色而稍上方有黑眼斑。翅面黑褐色，後翅外緣有白色縱紋，而雌蝶前翅亞外緣至基部散生藍色鱗片，可依此斑紋來辨識雄、雌。

生態習性　成蟲全年出現，主要發生期在春季期間。雌蝶多將卵單獨產於林緣及疏林間的寄主新葉或新芽上，幼蟲棲附於新葉裡，化蛹於寄主或鄰近植物低處的葉裡。成蟲動作敏捷且低飛，以寄主群落附近的疏林間或林緣較常見，嗜食鳥類排遺及葉上露水。

幼生期　已知卵為灰白色扁球形表面有蜂巢狀凹紋。老熟幼蟲為淡綠色，表面有多對淡綠或暗紅色長肉棘。蛹為綠色且表面散生暗褐斑。幼蟲以葉下珠科之細葉饅頭果（*Glochidion rubrum*），無患子科之龍眼（*Euphoria longana*）為寄主植物。

分布　中北部低山區至山區局部分布，如台北烏來、桃園拉拉山、宜蘭土場、台中谷關、花蓮天祥及南投埔里及台南關仔嶺等地有發現。台灣以外於菲律賓及印尼有分布。

保育等級　稀有種

前翅中央有白斑

♀

後翅外緣有3對帶狀尾突

後翅中央有灰白色縱帶

♀ △

肛角暗稍上方有黑眼斑

1500
300
0
公尺

成蟲活動月份：全年	棲所：林緣、疏林	前翅展：2.4～2.7公分

| 灰蝶科 LYCAENIDAE | 學名：*Mahathala ameria hainani* | 命名者：Bethune-Baker |

凹翅紫灰蝶 (凹翅紫小灰蝶)

後翅外緣有末端圓凸的帶狀尾突，肛角圓凸而內緣凹陷。翅面為黑色，翅基部至中央為藍紫色，前緣、外緣及內緣灰黑色。腹面為黑褐色且前翅後緣色澤較淡。雄、雌蝶翅面在色澤斑紋相似，辨識雄、雌時最好直接比較腹部末端生殖器。

生態習性　在中南部全年出現，主要發生期在夏季期間。雌蝶多將卵單獨產於林緣及疏林間的寄主葉上，幼蟲由卵孵化後即棲附於葉裡，並嚙裂葉緣再以絲帶固定折曲葉片，造一個小型蟲巢，白晝時多躲匿巢中，伴隨著成長會再造更大型蟲巢，化蛹於老熟幼蟲時所造蟲巢中。成蟲動作敏捷且警覺性高，稍受驚擾即振翅飛離，沒多久又返回原來位置，以寄主群落附近的疏林間或林緣較常見，嗜食樹液、水果腐汁及葉上露水。

幼生期　卵為灰白色扁球形，表面有網目狀凹紋且四週凸緣上密生灰白色細刺。老熟幼蟲為淡綠色且背側有淡黃色縱帶，表面密生白褐色細刺毛。蛹為褐色膠囊狀。幼蟲以大戟科之扛香藤（*Mallotus repandus*）為寄主植物。

分布　北至南部市郊至低地頗為常見，如台北新店和北投、桃園虎頭山、宜蘭礁溪、台中豐原、南投埔里、花蓮富源、台南關仔嶺、高雄柴山和六龜、台東知本及屏東雙流和恆春等地有發現。台灣以外於中國南部至中南半島及印尼有分布。

保育等級　普通種

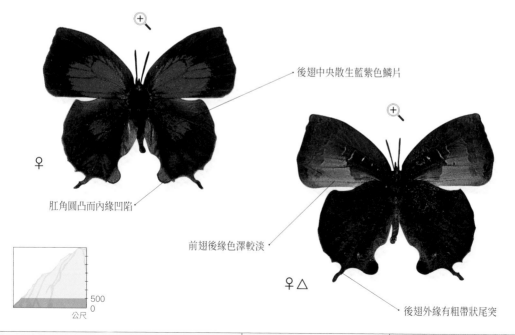

後翅中央散生藍紫色鱗片

♀

肛角圓凸而內緣凹陷

前翅後緣色澤較淡

♀ △

後翅外緣有粗帶狀尾突

500
0
公尺

| 成蟲活動月份：北部 5 ～ 12 月，中南部全年 | 棲所：林緣、疏林 | 前翅展：2.8 ～ 3.3 公分 |

灰蝶科 LYCAENIDAE	學名：*Tajuria caerulea*	命名者：Nire

褐翅青灰蝶 (褐底青小灰蝶) 特有種

　　後翅緣有2對細帶狀尾突，肛角圓凸有暗橙紅色的黑眼紋，腹面為黃褐色，翅中央稍外側有灰白色縱紋。翅面黑色，雄蝶前翅中央至後緣及後翅中央有淡藍灰色光澤斑紋；以及雌蝶翅端下方至後緣及後翅前緣下方至後緣間有淡紫灰色光澤斑紋。

生態習性　成蟲在夏季期間較常發現。雌蝶多將卵產於寄主葉上，幼蟲孵化後即棲息於寄主葉裡，最後並化蛹在寄主莖枝或葉上。成蟲動作敏捷，可見於低山區向陽林緣和梅林等中小型喬木上部穿梭活動，嗜食喬木花蜜及低矮植物葉上露水。

幼生期　卵為白色半球形且表面有五角或蜂巢形隆起脈紋，老熟幼蟲為蟲體淡灰綠色而背側有灰紅色縱帶，蛹為黑褐色而背側隆突。幼蟲以桑寄生科之大葉桑寄生 (*Scurrula liquidambaricola*) 為食。

分布　北至南部各地低山區，如台北烏來、北橫公路、宜蘭福山植物園、新竹尖石、南投霧社、雲林草嶺、嘉義奮起湖及高雄寶來等地有發現。台灣特有種。

保育等級　稀有種

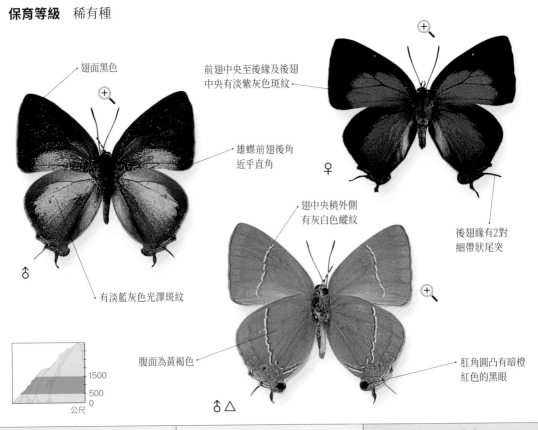

翅面黑色

前翅中央至後緣及後翅中央有淡紫灰色斑紋

雄蝶前翅後角近乎直角

♀

翅中央稍外側有灰白色縱紋

後翅緣有2對細帶狀尾突

♂

有淡藍灰色光澤斑紋

腹面為黃褐色

肛角圓凸有暗橙紅色的黑眼

♂ △

1500
500
0
公尺

成蟲活動月份：全年	棲所：林緣、疏林	前翅展：2.8～3.2公分

| 灰蝶科 LYCAENIDAE | 學名：*Tajuria diaeus karenkonis* | 命名者：Matsumura |

白腹青灰蝶（花蓮青小灰蝶）

　　後翅緣有2對細長帶狀尾突。腹面為灰白色，在中央稍外側及外緣有灰褐色縱帶，後翅外緣在肛角及上方有黑眼紋。雄蝶翅面為淡藍色有琉璃光澤，翅端及後翅前緣黑色。雌蝶翅面為藍紫色且前翅中央有稀疏白色鱗片，前緣、翅端及前翅外緣黑色。雄、雌蝶在翅面的斑紋色澤上不同，在辨識雄、雌上並無問題。

生態習性　成蟲在春至秋季間出現，主要發生期在夏季期間。雌蝶多將卵單獨產於寄主的花或葉裡，幼蟲多棲附於寄主花或新葉上，老熟幼蟲化蛹在寄主的葉裡或花枝上。成蟲飛行迅速且常沿樹冠高飛，可見於山區寄主植物附近的向陽林緣活動，嗜食喬木花蜜及飛降至地面吸食水分。

幼生期　卵為白色表面有網目狀凹紋旳的扁球形。終齡幼蟲為綠色且腹部背側中央有X型暗褐色斑帶。蛹為暗褐色中胸隆起，且頭部有1對尖錐隆突。幼蟲以桑寄生科之桷樹桑寄生（*Loranthus delavayi*）、高氏桑寄生（*L. kaoi*）為寄主植物。

分布　中北部山區局部分布，如桃園拉拉山、宜蘭思源埡口、台中梨山、南投霧社及花蓮碧綠神木等地。台灣以外在印尼及喜瑪拉雅山區亦有分布。

保育等級　稀有種

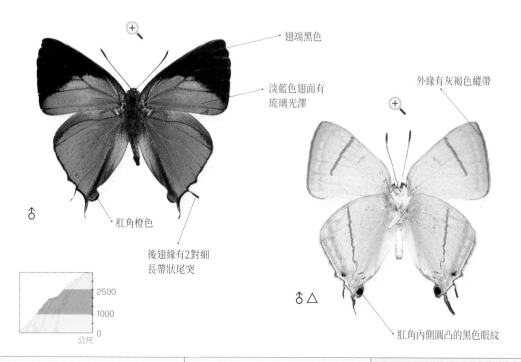

翅端黑色

淡藍色翅面有
琉璃光澤

外緣有灰褐色縱帶

♂

肛角橙色

後翅緣有2對細
長帶狀尾突

2500
1000
0
公尺

♂ △

肛角內側圓凸的黑色眼紋

| 成蟲活動月份：5～11月 | 棲所：林緣、樹冠 | 前翅展：2.7～3公分 |

灰蝶科 LYCAENIDAE	學名：*Spindasis kuyanianus*	命名者：Matsumura

蓬萊虎灰蝶（姬雙尾燕蝶）特有種

　　後翅緣有2對帶狀尾突，在肛角圓凸為橙色且有紫黑色斑。翅面雄蝶呈黑褐色有藍紫色琉璃光澤，雌蝶呈暗褐色。腹面為灰黃色，佈有暗褐色且內嵌有銀色顆粒紋的縱帶。雄、雌蝶翅面的色澤斑紋明顯不同且雌蝶翅形寬圓，辨識雄、雌時應無問題。

生態習性　成蟲主要發生期在春末與秋季間，冬季數量略少。雌蝶喜好在位置較低的寄主群落或蟻巢附近產卵，卵多產於寄主葉柄上，剛孵化後幼蟲多棲伏於葉裡，老熟幼蟲及化蛹在囓食成碎裂狀的寄主葉面隱蔽處。成蟲動作敏捷且貼地低飛，常見於市郊公園、山徑、溪畔及林緣等寄主群落附近訪花吸蜜。

幼生期　已知卵為淡紅褐色扁球形且表面佈有近似蜂巢形凹紋，老熟幼蟲黑褐色且體表散生淡褐色刺毛，蛹呈暗紅褐色膠囊模樣。幼蟲以大戟科之野桐（*Mallotus japonicus*）及漆樹科之羅氏鹽膚木（*Rhus javanica* var. *roxburghiana*）為寄主植物，亦有由舉尾蟻餵食（共生）至化蛹。

分布　北至南部平地至低山區，如北橫公路、宜蘭礁溪、新竹北埔、苗栗獅頭山、南投埔里、台南關仔嶺及屏東恆春等地有發現。台灣特有種。

保育等級　普通種

翅面有藍紫色光澤

緣毛為褐色

肛角為橙色且翅緣有
2對帶狀尾突

暗褐色縱帶內散生
銀色顆粒紋

1000
0
公尺

♂

♀△

成蟲活動月份：全年	棲所：林緣、山徑、溪畔	前翅展：2.4～2.7公分

灰蝶科 LYCAENIDAE	學名：*Spindasis syama*	命名者：Horsfield

三斑虎灰蝶（三星雙尾燕蝶）

　　後翅緣有2對帶狀尾突，肛角圓凸紫黑色且內側有橙斑。翅面呈黑褐色，雌蝶色澤稍淡，雄蝶閃現藍紫色琉璃光澤。腹面為灰黃色，佈有暗褐或紅褐色且內嵌有銀色顆粒紋的縱帶，本種後翅基部外側的3個分開黑條斑，是蝶名的由來。雌蝶翅面無琉璃光澤且雌蝶翅形寬圓些，辨識雄、雌時應無問題。

生態習性　成蟲主要發生期在春末與秋季間，中北部冬季數量略少。雌蝶喜好在隱蔽處的寄主群落或蟻巢附近產卵，卵多產於寄主花苞或葉柄凹處，剛孵化後幼蟲多棲伏於葉裡或花苞中，老熟幼蟲及化蛹在寄主或附近植物吐絲捲曲的葉片蟲巢內。成蟲經常有前後摩擦後翅動作且緩慢低飛不畏人，常見於市郊荒地、山徑、湖畔及林緣等寄主群落向陽處訪花吸蜜。

幼生期　已知卵為暗紅褐色扁球形且表面佈有近似蜂巢形凹紋，老熟幼蟲黑褐色且體表散生淡褐色刺毛，蛹呈暗黑褐色膠囊模樣。幼蟲以菊科之大花咸豐草（*Bidens pilosa* var. *radiata*）及小白花鬼針（*B. pilosa* var. *minor*）為寄主植物，幼蟲亦有由腹部蜜腺釋出蜜露給螞蟻取食，來獲得保護（共生）至化蛹的習性。

分布　北至南部平地至低山區，如台北陽明山、宜蘭礁溪、新竹北埔、苗栗三義、南投埔里、台南虎頭埤、台東知本及高雄茂林等地有發現。台灣以外在中國中部至喜馬拉雅山區及整個東南亞地區亦有分布。

保育等級　普通種

雌蝶翅緣寬圓

內嵌有銀色顆粒紋的縱帶

♀ △

肛角內側有橙斑

雄蝶翅緣筆直

閃現藍紫色琉璃光澤

翅面呈黑褐色

後翅緣有2對狀帶尾突

♂ △

肛角圓凸紫黑色

1000

0

公尺

成蟲活動月份：全年	棲所：林緣、耕地、溪畔	前翅展：2.6～3.1公分

| 灰蝶科 LYCAENIDAE | 學名：*Spindasis lohita formosanus* | 命名者：Moore |

虎灰蝶 (台灣雙尾燕蝶)

　　後翅緣有2對帶狀尾突，肛角圓凸紫黑色在內側有橙斑。翅面呈黑褐色，雌蝶色澤稍淡，且雄蝶翅中央有藍紫色琉璃光澤。腹面為灰黃色，佈有暗褐或紅褐色且內嵌有銀色顆粒紋的縱帶，本種後翅基部外側的3個黑條斑接連，且第3個條斑末端縮呈細條紋。雌蝶翅面無琉璃光澤且雌蝶翅形寬圓些，辨識雄、雌時應無問題。

生態習性　成蟲主要發生期在春季與秋季間，中北部冬季數量略少。雌蝶喜好在林緣的寄主群落或舉尾蟻巢附近產卵，卵產於寄主細枝或葉下，每回產3～6顆不等，剛孵化後幼蟲多棲伏於葉裡，2齡蟲起會群聚吐絲捲曲的葉片造蟲巢，化蛹在寄主植物葉上蟲巢內。成蟲經常有前後摩擦後翅動作且緩慢低飛不畏人，可見於市郊荒地、山徑、海濱及林緣等寄主群落附近訪花吸蜜。

幼生期　卵為暗紅褐色扁球形且表面佈有近似蜂巢形凹紋，老熟幼蟲黑褐色且體表散生淡褐色刺毛，蛹呈暗黑褐色膠囊模樣。幼蟲以大戟科之扛香藤 (*Mallotus repandus*)、葉下珠科細葉饅頭果 (*Glochidion rubrum*) 及豆科之領垂豆 (*Archidendron lucidum*) 為食，幼蟲亦有由腹部蜜腺釋出蜜露給螞蟻取食，來獲得保護 (共生) 至化蛹的習性。

分布　北至南部海濱至低山區，如台北烏來、北橫公路、宜蘭礁溪、新竹北埔、苗栗三義、南投埔里、台南關仔嶺、高雄柴山和六龜、台東知本及屏東雙流等地有發現。台灣以外在中國南部至喜馬拉雅山區、中南半島、婆羅洲、印度南部及斯里蘭卡有分布。

保育等級　普通種

雌蝶翅面無琉璃光澤

有藍紫色琉璃光澤

♀

肛角內側有橙斑

1000

0

公尺

♂

肛角圓凸紫黑色

| 成蟲活動月份：全年 | 棲所：林緣、山徑、海濱 | 前翅展：2.7～3.3公分 |

灰蝶科 LYCAENIDAE	學名：*Abisara burnii etymander*	命名者：Fruhstorfer

白點褐蜆蝶（阿里山小灰蛺蝶）

　　翅為紅褐色且後翅外緣內側有2個黑斑，腹面色澤較淡，前翅有3條紫白色縱紋、雄蝶後翅有2條紫白色縱紋而雌蝶有3條縱紋。雌蝶翅形明顯寬圓且後翅腹面縱紋多1條，辨識雄、雌並不困難。

生態習性　成蟲主要發生期在春、秋季節。成蟲動作敏捷，偶見棲息於山區路旁及林緣活動，嗜食鳥類排遺、葉上露水及花蜜。

幼生期　已知幼蟲以報春花科之藤毛木槲（*Embelia laeta* var. *papilligera*）為寄主植物。

分布　低地至中海拔山區，如宜蘭仁澤、苗栗鯉魚潭水庫、台中谷關、南投蓮花池和蕙蓀林場、嘉義東埔和阿里山、台南關仔嶺及高雄藤枝。台灣以外在中國南部至中南半島北部有分布。

保育等級　稀有種

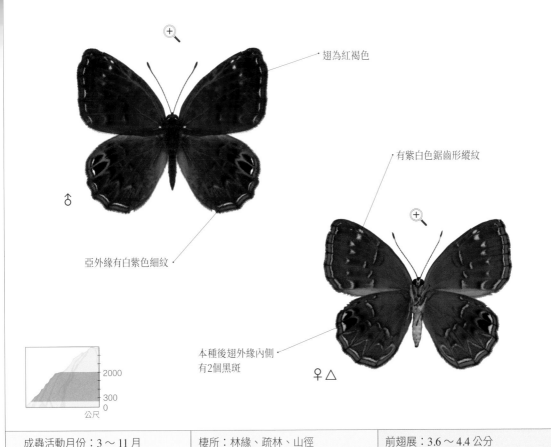

翅為紅褐色

有紫白色鋸齒形縱紋

亞外緣有白紫色細紋

本種後翅外緣內側
有2個黑斑

♂

♀ △

2000
300
0
公尺

成蟲活動月份：3～11月	棲所：林緣、疏林、山徑	前翅展：3.6～4.4公分

灰蝶科 LYCAENIDAE	學名：*Dodona formosana*	命名者：Matsumura

台灣尾蜆蝶（銀紋尾蜆蝶、台灣小灰挾蝶）

翅端有白色斑點，肛角尖突為黑色。翅面為黑褐色，前翅中央有暗黃色斑。腹面為暗褐色，前翅淡褐色及後翅有灰白色閃現光澤的斑帶。雌蝶前翅緣圓凸而雄蝶則平直，辨識雄、雌並不困難。

生態習性　成蟲主要發生期在夏、秋季節。雌蝶多將卵產於寄主葉片，孵化後幼蟲多棲附於新葉裡，隨著成長而移棲於較隱蔽的葉面或莖枝上，化蛹在寄主小枝或鄰近低矮植物上。成蟲飛行快速，常見棲息於寄主群落附近的山徑、林緣及溪畔，嗜食鳥類排遺、濕地水分及花蜜。

幼生期　卵為淡紅色半球形。老熟幼蟲為淡綠色，在背側中央有1條暗綠色縱帶，體表密生灰白色刺毛。蛹為淡黃綠色且有淡藍色帶紋。幼蟲以報春花科之小葉鐵仔（*Myrsine africana*）為寄主植物。

分布　北部族群：北部平地至低海拔山區，如台北陽明山和木柵、宜蘭太平山和仁澤、北橫公路、新竹尖石及苗栗泰安和鹿場等地。中/南部族群：中南部低地至中海拔山區，如花蓮太魯閣、台中谷關和梨山、南投埔里和霧社及新中橫公路等地。台灣以外在中國南部至喜馬拉雅山區有分布。

保育等級　稀有種

雄蝶前翅緣平直而雌蝶則圓凸

翅端有白色斑點

♀ △
北部族群

粗短的帶狀尾突

肛角尖突為黑色

♂

北部族群

中/南部族群

2500
1500
500
公尺　0
公尺　0

後翅有灰白色閃現光澤的斑帶

♀ △
中/南部族群

成蟲活動月份：全年	棲所：林緣、溪畔、山徑	前翅展	北部族群：2.8 ～ 3.1 公分
			中 / 南部族群：3.3 ～ 3.6 公分

弄蝶科 HESPERIIDAE

小型蝴蝶，翅膀底色多為黑褐色，翅形小而體軀在比例上顯得較為肥大，最大特徵是其觸角末端膨大並有眉狀突出。本科的形態、行為習性與蛾類頗為相似，例如體軀粗壯，體表密生細毛，休息時將翅膀V字形展開（其它科蝴蝶休息時翅膀大都緊閉）。大多在陽光充足的處所棲息和活動，飛行速度在蝴蝶中算是最迅捷的一科。本科除訪花吸蜜外，亦常吸食動物排遺與溼地上水份。幼蟲的體壁極薄且略透明，通常從老熟幼蟲外表觀察是否有「精囊」即可立即分辨雄雌。全世界目前已知種類約有3,600種，其中以中南美洲所產種類最多，約佔總數2/3，台灣約產66種，本書介紹34種。

台灣瑟弄蝶吸食小花蔓澤蘭花蜜

台灣颯弄蝶在愛情花上訪花

圓翅絨弄蝶吸食翅果鐵刀木花蜜

弄蝶科 HESPERIIDAE	學名：*Zinaida kiraizana*	命名者：Sonan

奇萊襌弄蝶（奇萊褐弄蝶）特有種

　　緣毛灰褐色，翅端、前翅中室內及前、後翅中央有數個灰白色斑點，翅面黑褐色，腹面呈褐色。雄、雌蝶的斑紋和色澤相似，辨識雄、雌時可依雄蝶前翅面中央有白褐色斜紋（性徵）來區別。

生態習性　成蟲主要發生期在盛夏期間。成蟲飛行快速且低飛，偶見於林緣荒地吸食草花花蜜及飛降於低山區溪畔或濕壁吸水。

幼生期　已知幼蟲以禾本科之芒（*Miscanthus sinensis*）為食。

分布　在低山區至山區偶有發現，如宜蘭太平山、新竹觀霧、台中谷關、中橫新白楊及高雄出雲山等地。台灣特有種。

保育等級　稀有種

翅端尖突

雄蝶前翅面中央的
白褐色斜紋

肛角略圓凸

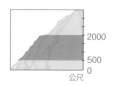

2000
500
0
公尺

成蟲活動月份：7～9月	棲所：林緣、溪畔	前翅展：3.5～3.8公分

弄蝶科 HESPERIIDAE	學名：*Badamia exclamationis*	命名者：Fabricius

長翅弄蝶（淡綠弄蝶）

　　前翅狹長，後翅肛角向外側尖突，翅面為黑褐色，腹面色澤除了肛角外，皆較翅面淡色些。雄蝶前翅中央有小型白褐色斑，雌蝶前翅中央有大型明顯白褐色斑。雌、雄蝶外形頗為類似，可依前翅中央的白褐色斑來辨別雄雌。

生態習性　成蟲全年出現，主要發生期在初夏期間，雌蝶通常將卵產於林緣和溪旁林間的寄主老熟葉面，孵化後幼蟲亦棲息於葉面中肋，並吐縛綴結2～3條絲帶來捲曲閉合兩側葉緣造蟲巢，以天色昏暗時離巢攝食較為頻繁，伴隨著幼蟲成長會造更大的蟲巢，最後並化蛹於蟲巢裡。成蟲動作captured敏捷且貼地低飛，發生期時常見棲息於郊區路旁低矮樹叢上活動，嗜好在林緣路旁、荒地上訪花、吸食動物排遺及水分。

幼生期　卵為灰白色半球形，幼蟲呈灰黃色且外表密生的環帶及背側中央縱帶為灰黑色，蛹為淡褐色且表明密布白色蠟質，幼蟲以黃褥花科之猿尾藤（*Hiptage benghalensis*）為寄主植物。

分布　主要出現於各地市郊至低海拔山區，如台北的烏來和觀音山、桃園石門水庫、新竹北埔、南投埔里、彰化八卦山、高雄六龜、台東知本及屏東恆春最為常見。台灣以外在印尼至澳洲北部、印度及斯里蘭卡有分布。

保育等級　普通種

雌蝶前翅中央有大型明顯的白褐色斑

雌蝶底色較雄蝶暗色些

♀

前翅狹長為其蝶名之由來

♂

後翅肛角向外側尖突

1000

公尺　0

成蟲活動月份：全年	棲所：林緣、山徑	前翅展：4.1～4.9 公分

弄蝶科 HESPERIIDAE	學名：*Burara jaina formosana*	命名者：Fruhstorfer

橙翅傘弄蝶（鸞褐弄蝶）

　　翅端尖突，後翅肛角尖突且緣毛橙色，翅為橙褐色，雄蝶前翅面中央有黑色毛簇（性徵）。腹面色澤較翅面淡色些，前翅前緣下方有白色斑點，且雄蝶中央至後緣為白褐色，雌蝶為橙灰色。辨別雄雌可依前述差異來區別。

生態習性　成蟲全年出現，主要發生期在初夏期間，雌蝶通常將卵產於林緣和溪旁林間的寄主葉面，孵化後幼蟲棲息於葉緣，並嚙裂蟲體前後兩端葉緣，吐縛綴結2～3條絲帶來捲曲葉緣造蟲巢，以天色昏暗時離巢攝食較為頻繁，伴隨著幼蟲成長會造更大的蟲巢或直接以數片葉片交疊綴結而躲匿其中，最後並化蛹於蟲巢裡。成蟲動作敏捷且貼地低飛，發生期時常見棲息於郊區路旁低矮樹叢上活動，嗜好在林緣路旁、花壇上訪花、吸食動物排遺及濕地水分。

幼生期　卵為灰白色半球形。幼蟲呈紫黑色且外表密生的環帶及背側中央縱帶為灰橙色。蛹為淡黃褐色且表面密布白色蠟質。幼蟲以黃褥花科之猿尾藤（*Hiptage benghalensis*）為寄主植物。

分布　主要出現於各地市郊至低海拔山區，如台北的烏來和觀音山、桃園石門水庫、新竹北埔、花蓮鯉魚潭、南投埔里和國姓、彰化八卦山、高雄甲仙、台東知本及屏東恆春最為常見。台灣以外在中國南部、東南亞各地、印度及斯里蘭卡有分布。

保育等級　普通種

雄蝶中央有黑色毛簇

♂

後翅肛角外側尖突

剝開蟲巢所見到的老熟幼蟲

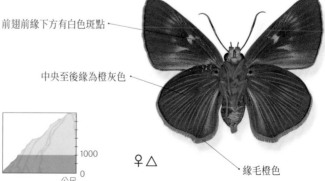

前翅前緣下方有白色斑點

中央至後緣為橙灰色

1000
0
公尺

♀ △

緣毛橙色

成蟲活動月份：全年	棲所：林緣、山徑	前翅展：4.3～4.6 公分

| 弄蝶科 HESPERIIDAE | 學名：*Choaspes benjaminii formosana* | 命名者：Fruhstorfer |

綠弄蝶（大綠弄蝶）

　　後翅肛角尖突且緣毛橙色，腹面為灰綠色，肛角附近有橙色斑。翅面為墨綠色，雌蝶由基部至中央為淡藍灰色。雌、雄蝶外形頗為類似，可依雌蝶翅面淡藍灰色斑來辨別。

生態習性　成蟲全年出現，主要發生期在初夏期間，雌蝶通常將卵產於林緣和疏林間的寄主葉裡和新芽上，孵化後幼蟲棲息於葉面中肋先端，並嚙裂蟲體兩側葉緣吐縛綴結1～2條絲帶來捲曲葉緣造蟲巢，以天色昏暗時離巢攝食較為頻繁，2齡以後則直接嚙裂葉片呈碎裂數片，再交疊綴結成袋狀蟲巢，且伴隨著幼蟲成長會造更大的蟲巢來躲匿其中，最後並化蛹於蟲巢裡。成蟲動作敏捷且低飛，休憩時常停棲於葉裡，發生期時常見棲息於郊區路旁低矮樹叢上活動，嗜好在山區路旁、林緣荒地上訪花、吸食動物排遺及濕地水分。

幼生期　卵為淡黃色半球形。幼蟲呈紫黑色且外表密生灰黃色環帶及各體節背側有1對灰藍色斑點，頭部橙色有4個黑斑點。蛹為淡紅色且表面密布白色蠟質。幼蟲以清風藤科之山豬肉（*Meliosma rhoifolia*）、筆羅子（*M. rigida*）、綠樟（*M. squamulata*）為寄主植物。

分布　主要出現於各地市郊至低海拔山區，如台北的烏來和陽明山、北橫公路、新竹尖石、台中谷關、花蓮天祥、南投埔里和日月潭、彰化八卦山、嘉義奮起湖、高雄甲仙及屏東雙流最為常見。台灣以外在日本、中國、朝鮮半島、印度及中南半島等地有分布。

保育等級　普通種

雌蝶中央為淡藍灰色

♀

緣毛橙色

後翅肛角外側尖突

1500

0

公尺

在葉裡休息的雄蝶

| 成蟲活動月份：全年 | 棲所：林緣、山徑、疏林 | 前翅展：4.1～4.4公分 |

弄蝶科 HESPERIIDAE	學名：*Choaspes xanthopogon chrysopterus*	命名者：Hsu

褐翅綠弄蝶

　　後翅肛角尖突且緣毛橙色，腹面為灰綠色，後緣白褐色，肛角附近有橙色斑。翅面為黑褐色，雄蝶密布淡藍灰色鱗片，雌蝶由基部至中央間為淡藍灰色。雌、雄蝶可依雌蝶翅面淡藍灰色斑大小來辨別。

生態習性　成蟲全年出現，會依季節變換而在不同地區活動。低地主要發生期在春末及秋末期間，中海拔山區在夏季也有出現。雌蝶通常將卵產於林緣和疏林間的寄主新葉裡，孵化後幼蟲棲息於新葉中肋先端上，並嚙裂蟲體兩側葉緣吐縛綴結1～2條絲帶來捲曲葉緣造袋狀蟲巢，且伴隨著幼蟲成長會造更大的蟲巢來躲匿其中，最後並化蛹於蟲巢裡。成蟲動作敏捷且常低飛於疏林間，多在天色不太明亮時於棲地林緣活動，喜好在山區路旁、林緣荒地上訪花、吸食動物排遺及濕地水分。

幼生期　卵為白色半球形，表面有隆起脈紋36條以上。幼蟲呈紫黑色，背部中央及體側有縱列黃色斑點，以及各體節背側有1大1小成對白色斑點，頭部橙色有6個黑斑點。蛹表面密布白色蠟質，氣門和腹側有黑斑點。幼蟲以清風藤科之阿里山清風藤（*Sabia transarisanensis*）、台灣清風藤（*S. swinhoei*）為寄主植物。

分布　市郊至中海拔山區偶有發現，如台北的烏來和石碇、桃園拉拉山、宜蘭南山、新竹尖石、苗栗三義、台中清境、南投日月潭及嘉義阿里山最為常見。台灣以外由中國南部至喜馬拉雅山區等地有分布。

保育等級　稀有種

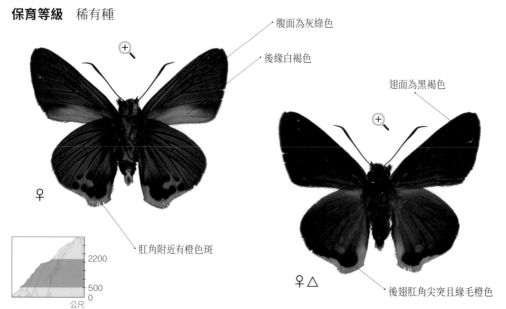

腹面為灰綠色

後緣白褐色

翅面為黑褐色

♀

肛角附近有橙色斑

2200

500

公尺

♀ △

後翅肛角尖突且緣毛橙色

成蟲活動月份：全年	棲所：林緣、山徑、疏林	前翅展：4～4.3公分

弄蝶科 HESPERIIDAE	學名：*Hasora mixta limata*	命名者：Hsu & Huang

南風絨弄蝶

　　翅為黑褐色，翅形狹長且前翅尖突，肛角外側稍尖突，雌蝶前翅中央有3個白褐色斑，腹面除了前翅後緣至中央外，前、後翅閃現白紫色金屬光澤，在肛角上方有白褐色斑。雌、雄蝶外形相似，可依雌蝶前翅中央的3個白褐色斑來辨別雄雌。

生態習性　成蟲全年出現，主要發生期在初夏期間，以天色昏暗時較為容易觀察到。雌蝶通常將卵產於溪畔和林緣的寄主新芽的小葉縫隙，孵化後幼蟲棲於小葉上，會吐縛綴結1～2條絲帶來捲曲葉緣造蟲巢，以光線昏暗時離巢攝食較為頻繁，隨著蟲體成長會造更大的蟲巢，最後並化蛹於蟲巢裡。成蟲動作敏捷且快速低飛，常見棲息於寄主群落周圍的路旁草花上活動，嗜食花蜜、動物排遺及溼地水分。

幼生期　卵初產為灰白色半球形，後轉呈橙灰色。5 (終) 齡幼蟲灰黃色，圓筒狀，背部第2、3胸節及2、4、6、8腹節背側各有1對紅斑點，頭部橙紅色。蛹為淡灰綠色細長圓筒狀，化蛹處四周密布白色蠟質。淡紅色半球形。老熟幼蟲呈紫黑色且外表密生灰白色毛，背側中央有2對、體側有1對白色縱紋。蛹為淡灰綠色且表面密布白色蠟質，兩端尖突圓筒形。幼蟲以豆科之蘭嶼魚藤（*Derris oblonga*）為寄主植物。

分布　目前在台東蘭嶼有發現。台灣以外在菲律賓、印尼及馬來半島有分布。

保育等級　稀有種

閃現白紫色金屬光澤

♀ △

肛角上方有白褐色斑

翅面為黑褐色

♀

500
0
公尺

成蟲活動月份：全年	棲所：溪畔、林緣	前翅展：4.1～4.5公分

| 弄蝶科 HESPERIIDAE | 學名：*Hasora anura taiwana* | 命名者：Hsu, Tsukiyama & Chiba |

無尾絨弄蝶（無尾絨毛弄蝶）

　　翅為黑褐色，前翅尖突，後翅肛角略弧形突出，腹面亞外緣有不明顯灰紫色光澤。後翅肛角上方及中央各有1個白點。雌蝶翅端有1列和前翅中央有3個白色斑，雄蝶前翅則無白色斑。雌、雄蝶外形可依前述前翅白斑的差異點來辨別。

生態習性　成蟲主要在春末至夏季期間出現，其他時間幾乎鮮少發現。每年春末寄主開始萌芽時，雌蝶將卵產於寄主小枝的老葉下，孵化後幼蟲會移棲於幼葉上，並嚙裂葉片呈溝槽狀，再吐縛綴結2～3條絲帶來捲曲葉緣造蟲巢，以天色昏暗時離巢攝食較為頻繁，隨著蟲體成長會綴結葉片造更大型蟲巢，最後並化蛹於數片老葉綴結蟲巢裡。成蟲動作敏捷且飛行快速，發生期時可見於寄主群落附近的花壇上活動，嗜食花蜜及葉上露水。

幼生期　卵為灰白色半球形，表面有縱紋約15條。老熟幼蟲呈紫黑色圓管狀且外表密生灰白色毛，背側中央有4條縱紋、各體節5條環紋為淡黃色。蛹為淡黃褐色圓筒狀且表面密布白色蠟質。幼蟲以豆科之台灣紅豆樹（*Ormosia Formosana*）為寄主植物。

分布　主要出現於中部低地，如台中東勢及南投魚池等地。台灣以外在中國南部至喜馬拉雅山區、海南島及中南半島有分布。

保育等級　稀有種

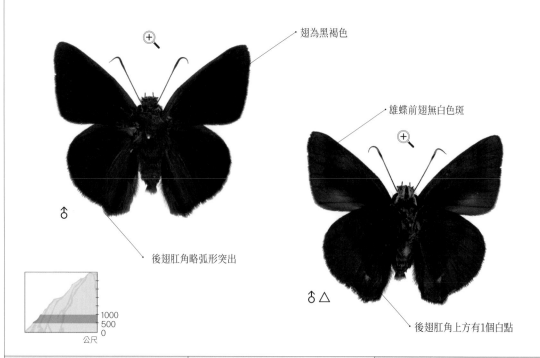

翅為黑褐色

雄蝶前翅無白色斑

♂

後翅肛角略弧形突出

1000
500
0
公尺

♂ △

後翅肛角上方有1個白點

| 成蟲活動月份：5～7月 | 棲所：林緣 | 前翅展：3.7～4.1 公分 |

弄蝶科 HESPERIIDAE	學名：*Hasora chromus*	命名者：Cramer

尖翅絨弄蝶（沖繩絨毛弄蝶）

前翅極尖突，後翅肛角略尖突，雌蝶前翅中央有2個白色斑，翅面為黑褐色，腹面色澤除了肛角之外皆較翅面淡色且在翅端及後翅閃現灰紫色光澤。雌、雄蝶外形頗為類似，可依前述差異點來辨別雄雌。

生態習性 成蟲全年出現，主要發生期在初夏期間，雌蝶通常將卵產於公園和路旁行道樹的寄主新芽或新葉面，孵化後幼蟲棲於葉面，並嚙裂葉片呈溝槽狀，再吐縛綴結2～3條絲帶來捲曲葉緣造蟲巢，以光線昏暗時離巢攝食較為頻繁，隨著蟲體成長會造更大的蟲巢，最後並化蛹於蟲巢裡。成蟲動作敏捷且快速低飛，發生期時常見棲息於栽植寄主的公園及路旁花壇上活動，嗜食花蜜、動物排遺及葉上露水。

幼生期 卵為淡紅色半球形。老熟幼蟲呈紫黑色且外表密生灰白色毛，背側中央有2對、體側有1對白色縱紋。蛹為淡灰褐色且表面密布白色蠟質。幼蟲以豆科之水黃皮（*Pongamia pinnata*）為寄主植物。

分布 主要出現於各地市區公園至低地，如台北的植物園和北投、西濱公路、桃園虎頭山、新竹北埔、台中大坑、南投水里、彰化八卦山、高雄美濃、南海東沙島、台東知本和蘭嶼及屏東恆春最為常見。台灣以外在東南亞各地、澳洲北部、中國南部至印度、巴基斯坦及斯里蘭卡有分布。

保育等級 普通種

前翅極尖突

雌蝶前翅中央
有2個白色斑

♂

後翅肛角外側尖突

♀ △

後翅中央有
灰白色縱帶

肛角黑褐色

化蛹在蟲巢內

500
0

公尺

成蟲活動月份：全年	棲所：公園、路旁、林緣	前翅展：4～4.5公分

弄蝶科 HESPERIIDAE	學名：*Hasora taminatus vairacana*	命名者：Fruhstorfer

圓翅絨弄蝶（台灣絨毛弄蝶）

前翅略尖凸，後翅肛角稍圓凸，雌蝶前翅中央有兩個白色斑。翅面為黑褐色，腹面色澤除了肛角之外皆較翅面淡色，且在翅端及後翅閃現灰紫色光澤。雌雄蝶外型相似，可依前述雌蝶前翅中央有兩個白色斑來鑑別雌雄。

生態習性　成蟲全年出現，主要發生期在春、秋兩季。雌蝶多將卵產於寄主新芽縫隙。孵化後幼蟲躲藏在新芽間，隨著齡期成長會吐絲綴結2或3條絲帶來捲曲葉緣造巢，幼蟲通常在光線昏暗離巢覓食，老熟幼蟲最後會化蛹蟲巢中。成蟲飛行快速且動作敏捷，通常光線昏暗時段出現在溪畔、寄主群落或山徑等環境活動，嗜食花蜜和動物排遺。

幼生期　卵呈包子形灰黃色；表面有縱列稜脊。老熟幼蟲概呈圓筒狀暗紅色，且背側有數條灰黃色縱紋，頭部黃褐色。蛹為帶蛹，淡灰綠色背側有4條灰白色縱紋，表面密布灰白色蠟質。幼蟲以豆科之光葉魚藤（*Callerya nitida*）及台灣魚藤（*Millettia pachycarpa*）為食。

分布　在台灣本島低地至中海拔山區廣泛分布。如北橫公路、新竹尖石、台中谷關、南投埔里和南橫公路。台灣以外廣布於中國大陸南部、西部以及東南亞地區。

保育等級　普通種

翅面為黑褐色

雄蝶前翅中央無白斑

閃現灰紫色光澤

♂△

後翅肛角稍圓凸

♂

2000
500
公尺

雄蝶在翅果鐵刀木訪花

成蟲活動月份：全年	棲所：山徑、溪流沿岸	前翅展：4～4.5公分

弄蝶科 HESPERIIDAE	學名：*Suastus gremius*	命名者：Fabricius

黑星弄蝶

　　翅端及前翅中央有灰白色斑。翅面黑褐色。腹面為灰褐色，前翅後緣至中央密生黑褐色鱗片且翅端及後翅中央有黑色斑點。雄、雌蝶的斑紋和色澤相似，雄蝶前翅後緣平直或內凹，雌蝶則略呈弧形且翅較寬，辨識雄、雌蝶除了依翅形外，最好直接觀察其腹部末端的交尾器來區別。

生態習性　　主要發生期在夏秋季。雌蝶多將卵單獨或零星數個產在寄主葉面，以低矮處較為常見，幼蟲由卵孵化後即棲於葉裡且嚙裂蟲體前、後葉緣，再吐縛絲帶固定折曲的葉片，而躲匿於蟲巢中，並隨著發育成長而移棲於中肋上，並綴結數片複葉或折曲兩側的葉片造更大型的蟲巢，最後並化蛹在巢內。成蟲動作快速且低飛，嗜食花蜜和鳥類排遺，常棲息於有栽植寄主植物的路旁花壇、庭院、公園及苗圃等地點。

幼生期　　卵為紅色略扁平狀的半球形且表面有隆起脈紋，老熟幼蟲為頭部白褐色而兩側有黑褐色斑帶，蟲體灰黃綠色而背側中央有暗色縱帶，蛹為淡灰褐色圓筒形，表面密布白色臘質分泌物。幼蟲以棕櫚科之黃椰子（*Chrysalidocarpus lutescens*）、蒲葵（*Livistona chinensis* var. *subglobosa*）、觀音棕竹（*Rhapis excelsa*）等為食。

分布　　北至南部平地至低山區，其中以校園或市郊公園較為常見，如台北植物園、大安森林公園、木柵動物園和烏來、桃園角板山、台中公園、彰化花壇、台南關仔嶺、高雄美濃及屏東墾丁公園等地。台灣以外可見於中國南部至中南半島、斯里蘭卡及印度等地。

保育等級　　普通種

雄蝶翅端較尖突

翅端上有灰白色斑紋

雄蝶前翅後緣平直

♂

前翅中央有灰白色斑帶

後翅中央有黑色斑點為其名稱之由來

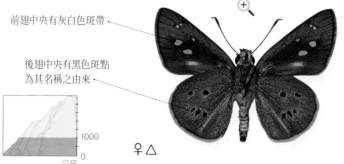

1000
0
公尺

♀ △

大花咸豐草上訪花的雌蝶

成蟲活動月份：全年	棲所：公園、苗圃、林緣	前翅展：2.7～3.1 公分

弄蝶科 HESPERIIDAE	學名：*Ampittia virgata myakei*	命名者：Matsumura

黃星弄蝶（狹翅黃星弄蝶）

　　翅為黑褐色，翅中央、翅端及中室內有淡黃色斑，腹面密生黃色鱗片。雌、雄蝶外形頗為類似，雌蝶翅形較寬大些且斑紋為白色，雄蝶在翅面後緣中央有灰色條斑（性徵），可依此性徵來辨別雄雌。

生態習性　成蟲全年出現，主要發生期在夏、秋季節，雌蝶通常將卵產於市郊荒地或山區路旁的寄主新葉面。孵化後幼蟲棲於葉面中肋先端附近，並嚙裂兩側葉片呈溝槽狀，再吐縛綴結1～2條絲帶來捲曲葉緣造蟲巢，以光線昏暗時離巢攝食較頻繁，隨著蟲體成長會往葉柄方向直接捲曲葉緣造更大的蟲巢，最後化蛹於蟲巢裡。成蟲動作敏捷且快速低飛，發生期時常見棲息於市郊公園花壇、山徑及溪畔活動，嗜食花蜜、動物排遺及濕地水分。

幼生期　卵為白色包子形。老熟幼蟲呈淡灰色且背側中央有綠色縱帶，頭部灰橙色有1對黑色斑。蛹為灰白色且表面散生黑色顆粒紋。幼蟲以禾本科之五節芒（*Miscanthus floridulus*）、芒（*M. sinensis*）為寄主植物。

分布　廣布於各地市郊公園至中海拔山區，如台北烏來和陽明山、宜蘭太平山、北橫公路、新竹觀霧、台中谷關、花蓮天祥、南投霧社、嘉義奮起湖、高雄甲仙、台東知本及屏東四重溪最為常見。台灣以外在中國東南部有分布。

保育等級　普通種

雌蝶翅形較寬大些且斑紋為白色

緣毛淡灰白色

翅端有淡黃色斑

雄蝶在翅面後緣中央有灰色條斑

2000

0

公尺

濕地吸水的雄蝶

♂　♀

成蟲活動月份：全年	棲所：林緣、山徑	前翅展：2.7～3.1公分

| 弄蝶科 HESPERIIDAE | 學名：*Potanthus motzui* | 命名者：Hsu, Li & Li |

墨子黃斑弄蝶 (細帶黃斑弄蝶) 特有種

　　緣毛交雜著橙黃與褐色毛。翅面為黑褐色，腹面橙黃色且前翅後緣為黑褐色。前翅中室和翅端及前、後翅中央有淡橙黃色斑帶。雌蝶翅色較淡色些且淡橙黃色斑帶窄細，可依此來辨別雄雌。

生態習性　成蟲全年出現，主要發生期在秋季期間。成蟲警戒性不高且低飛，可見於向陽林緣、荒地及溪畔活動，嗜食花蜜、鳥類排遺。

幼生期　已知卵為白色包子形且表面光滑。幼蟲以禾本科之五節芒 (*Miscanthus floridulus*)、芒 (*M. sinensis*) 為食。

分布　北至南部濱海低地至低海拔山區，如台北烏來、宜蘭蘇澳、新竹北埔、台中鐵鉆山、台南關仔嶺、高雄六龜、屏東恆春及台東知本等地有發現。台灣特有種。

保育等級　稀有種

雌蝶淡橙黃色斑在中室外側較明顯

本種翅中央的淡橙黃色斑帶窄細

雌蝶前緣的淡橙黃色斑不清晰

♀

雄蝶前緣有明顯淡橙黃色斑

♂

後半部緣毛全呈黃色

1000
0
公尺

| 成蟲活動月份：全年 | 棲所：林緣 | 前翅展：2.5～2.8公分 |

弄蝶科 HESPERIIDAE	學名：*Ochlodes niitakanus*	命名者：Sonan

台灣赭弄蝶（玉山黃斑弄蝶）特有種

　　後翅中央有數個灰黃色斑點，翅面暗橙褐色，腹面橙褐色且前翅後緣有白褐色斑。辨識雄、雌時可依雄蝶前翅面中央有黑色斜帶（性徵）及雌蝶前翅面中央斑點較大型，雄蝶翅端、前翅中室內及中央斑點為灰黃色，而雌蝶呈灰白色來區別。

生態習性　成蟲主要發生期在夏季期間。成蟲飛行快速且低飛，偶見於林緣草花上訪花吸蜜或葉上鳥類排遺，雄蝶常飛降於溪畔或濕地上吸水。

幼生期　已知幼蟲以禾本科之膝曲莠竹（*Microstegium geniculatum*）為食。

分布　偶見於各地低地至中海拔山區，如台北的烏來、宜蘭太平山、北橫公路、中橫公路、嘉義奮起湖、南橫公路及高雄出雲山等地。台灣特有種。

保育等級　稀有種

前翅後緣有灰黃色斑點

灰黃和黑褐色相間的緣毛

♂

前翅翅端下方有大型灰白色斑

後翅散生灰黃色斑

♂ △

2200
500
0
公尺

成蟲活動月份：4～10月	棲所：林緣、溪畔	前翅展：3～3.2公分

弄蝶科 HESPERIIDAE	學名：*Ochlodes bouddha yuchingkinus*	命名者：Murayama & Shimonoya

菩提赭弄蝶（雪山黃斑弄蝶）

　　前翅三角形而後翅呈扇形，翅面暗黃褐色，腹面黃褐色且前翅中央～後緣色澤較暗色。前翅中央有多個白色的大或小斑塊，翅端有3個白色斑點，以及後翅中央有3個白斑。雄蝶翅面中央有灰黑色條斑（性徵），可依此鑑別雄雌。

生態習性　一年一世代蝶種，成蟲在春末～夏季期間出現於中海拔山區，飛行快速且警戒性高，通常在全日照溪畔、林緣或山徑等有玉山箭竹生長環境活動，雄蝶有領域性常停棲於高處警戒並驅趕其他侵入蝶類。亦有觀察到雌蝶產卵於寄主離低不原低處，嗜食草花花蜜和動物排遺。

幼生期　卵為灰白色半球形。幼蟲以禾本科之玉山箭竹（*Yushania niitakayamensis*）為食。

分布　北部至中部的中海拔山區有分布。如桃園拉拉山、北橫明池、宜蘭太平山和思源埡口等地。台灣以外於中國大陸西部以及中南半島北部亦有分布。

保育等級　稀有種

翅端有3個白色斑點

中央有灰黑色
條斑性徵

♂△

腹面黃褐色

♂

後翅中央有3個白斑

翅呈扇方形

2500
1500
0
公尺

雄蝶在阿里山忍冬訪花

成蟲活動月份：5～8月	棲所：山徑、溪流沿岸	前翅展：2.9～3.3公分

弄蝶科 HESPERIIDAE	學名：*Udaspes folus*	命名者：Cramer

薑弄蝶（大白紋弄蝶）

　　緣毛黑褐及白色相間，翅面為黑褐色，翅中央有大型、翅端及中室內有白色斑，腹面色澤較翅面淡色些，白色斑較為擴張，後翅中央有黑褐色斑。雌、雄蝶外形頗為類似，雌蝶翅形較寬大些，雄蝶在翅面的白色斑閃現珍珠光澤，可依前述特徵來辨別雄雌。

生態習性　成蟲全年出現，主要發生期在夏、秋季節，雌蝶通常將卵產於市郊荒地或山區路旁的寄主新葉面，孵化後幼蟲棲於葉面中肋先端附近，並嚙裂蟲體前、後兩端葉片呈2條溝槽狀，再吐縛1～2條絲帶來固定捲曲的葉緣造蟲巢，以光線昏暗時離巢攝食較頻繁，隨著蟲體成長會往葉柄方向造更大的蟲巢，最後並化蛹於蟲巢裡。成蟲動作敏捷且快速低飛，發生期時常見棲息於市郊公園花壇、山徑及溪畔活動，嗜食花蜜、鳥類排遺及溼地水分。

幼生期　卵為灰紅色半球形。老熟幼蟲呈灰黃綠色且表面近乎平滑，頭部黑色。蛹為白綠色且頭部前端尖突。幼蟲以薑科之台灣月桃（*Alpinia formosana*）、月桃（*A. zerumbet*）為寄主植物。

分布　廣布於各地市郊公園至低海拔山區，如台北烏來和陽明山、東北角海岸、宜蘭仁澤、北橫公路、新竹尖石、台中谷關、花蓮太魯閣、南投埔里、嘉義梅山、高雄美濃、台東知本及屏東雙流最為常見。台灣以外在日本琉球、中國南部至中南半島、印尼及印度有分布。

保育等級　普通種

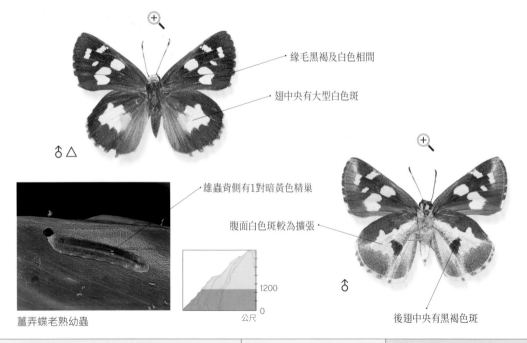

緣毛黑褐及白色相間

翅中央有大型白色斑

♂△

雄蟲背側有1對暗黃色精巢

腹面白色斑較為擴張

♂

薑弄蝶老熟幼蟲

1200

0

公尺

後翅中央有黑褐色斑

成蟲活動月份：北部 3～12 月，中南部全年	棲所：林緣、溪畔	前翅展：3.6～4.1 公分

弄蝶科 HESPERIIDAE	學名：*Erionota torus*	命名者：Evans

蕉弄蝶（香蕉弄蝶）

　　肛角圓凸，翅面為黑褐色，腹面色澤較翅面淡色些，翅中央和翅端下方及中室內有大型灰黃白色斑。雌、雄蝶外形頗為類似，雌蝶翅形較寬大些，辨別雄雌最好直接比較腹部末端的生殖器形態。

生態習性　成蟲全年出現，主要發生期在秋季期間，雌蝶通常將卵產於市郊耕地或溪畔的寄主葉片，孵化後幼蟲棲於葉緣，並嚙裂蟲體前、後兩端葉片呈2條溝槽狀，再吐縛2～3條絲帶來固定捲曲的葉緣造蟲巢。以夜間離巢攝食較頻繁，隨著蟲體成長會斜切葉片成為長條狀溝槽以捲曲葉片造更大的蟲巢，最後並化蛹於蟲巢裡。成蟲動作敏捷且快速低飛，休憩時多停棲植物葉裡，常見於市郊公園花壇、耕地周圍及溪畔活動，嗜食花蜜、鳥類排遺及葉上露水。

幼生期　卵為鮮紅色半球形。老熟幼蟲呈灰白色且表面散生白色短毛，頭部灰黑色。蛹為淡褐色且頭部下顎突伸長度超過蛹體。幼蟲以芭蕉科之台灣芭蕉（*Musa basjoo* var. *formosana*）、香蕉（*M. sapientum*）為寄主植物。

分布　廣布於各地市郊公園至低地，如台北烏來和北投、東北角海岸、宜蘭礁溪、桃園石門水庫、新竹北埔、台中豐原、花蓮鯉魚潭、南投國姓、嘉義梅山、高雄美濃、台東知本及屏東四重溪最為常見。台灣以外在日本琉球、中國南部、東南亞各地至印度有分布。

保育等級　普通種

前翅中央有大型灰黃白色斑

翅端有白褐色斑

肛角圓凸

前翅後緣淡灰褐色

♂

♂ △

800
0
公尺

成蟲活動月份：全年	棲所：耕地、溪畔	前翅展：5.6～6.5公分

弄蝶科 HESPERIIDAE	學名：*Pelopidas conjuncta*	命名者：Herrich-Schäffer

巨褐弄蝶（台灣大褐弄蝶）

　　肛角略圓凸，翅為黑褐色，翅中央至翅端下方有帶狀排列的灰白色斑，中室內有2個灰白色斑且閃現珍珠光澤。雌、雄蝶外形頗為類似，雌蝶翅形較寬圓大型些，辨別雄雌最好直接比較腹部末端的生殖器形態。

生態習性　　成蟲全年出現，主要發生期在秋末期間，雌蝶通常將卵產於市郊荒地或低地向陽林緣的寄主葉片。成蟲警戒性較低且快速低飛，常見於市郊公園花壇、耕地周圍及溪畔活動，嗜食花蜜、鳥類排遺。

幼生期　　卵為灰白色半球形。已知幼蟲以禾本科之五節芒（*Miscanthus floridulus*）、芒（*M. sinensis*）為寄主植物。

分布　　各地市郊公園至低海拔山區，如台北觀音山、宜蘭牛鬥、桃園虎頭山、新竹北埔、苗栗鯉魚潭水庫、花蓮富源、南投國姓、嘉義竹崎、高雄美濃、台東知本及屏東雙流有發現。台灣以外在東南亞各地有分布。

保育等級　　稀有種

中室內有2個灰白色斑

腹面基部至中央密布黑色鱗片

♀

肛角略圓凸

後翅散生灰白色顆粒紋

♀ △

1200

0

公尺

成蟲活動月份：全年	棲所：荒地、林緣	前翅展：3.8～4.1 公分

弄蝶科 HESPERIIDAE	學名：*Telicota bambusae horisha*	命名者：Evans

竹橙斑弄蝶（埔里紅弄蝶）

　　腹面暗橙黃色，在前翅後緣至中央為灰黑色。翅面為黑褐色，前翅基部前緣、後緣、亞外緣及後翅中央和內側斑點為橙黃色，雄蝶前翅中央有暗灰色條斑（性徵）。雌、雄蝶外形頗為類似，雌蝶翅形較寬圓大型且橙黃色斑暗色些，可依據性徵來區別辨別雄雌。

生態習性　主要發生期在夏秋季期間。雌蝶多將卵產於寄主的葉面先端上，幼蟲由卵孵化後即棲於葉緣且嚙裂部份葉緣再吐縛絲帶固定葉緣，躲匿於所捲曲葉片的巢中，隨著成長而吐縛絲帶固定交疊的葉片或捲曲葉緣兩側造更大型的蟲巢，最後並化蛹在巢內。成蟲動作敏捷且低飛，常見其微張雙翅停棲於低矮植物上進行日光浴，嗜食花蜜、鳥類排遺及葉上露水，以向陽林緣及竹林附近較常發現。

幼生期　卵為白色半球形且表面光滑，老熟幼蟲頭部白褐色且中央及單眼附近呈黑色，蟲體淡灰褐色而第十腹節黑色，蛹為紅褐色而腹部色澤較淡。幼蟲以禾本科之桂竹（*Phyllostachys makinoi*）為寄主植物。

分布　北至南部平地至低地，如台北烏來和陽明山、北橫公路、宜蘭礁溪、南投國姓、嘉義梅山、高雄六龜、台東知本和大武及屏東雙流有發現。台灣以外在中國東部至東南亞各地及澳洲北部有分布。

保育等級　普通種

翅面斑紋為橙黃色

雌蝶前翅中央無暗灰色條斑

前翅後緣至中央為灰黑色

腹面為暗橙黃色

卵產附於桂竹葉裡

1200
0
公尺

♀

♀ △

成蟲活動月份：全年	棲所：竹林、林緣	前翅展：2.4～2.7公分

弄蝶科 HESPERIIDAE	學名：*Telicota colon hayashikeii*	命名者：Tsukiyama, Chiba & Fujioka

熱帶橙斑弄蝶（熱帶紅弄蝶）

　　腹面橙黃色，在前翅後緣至中央為灰黑色。翅面為黑褐色，前翅基部至亞外緣及後翅中央和內側斑點為橙色，雄蝶前翅中央有暗灰色條斑（性徵）。雌、雄蝶外形頗為類似，雌蝶翅形較寬圓大型且橙色斑暗色些，辨別雄雌可依據性徵來區別。

生態習性　成蟲全年出現，主要發生期在春末期間，雌蝶通常將卵產於濱海荒地或低地向陽草地的寄主葉面。成蟲警戒性不高且貼地低飛，常見於濱海的公園花壇、荒地及溪畔活動，嗜食花蜜、鳥類排遺。

幼生期　已知卵為白色半球形。幼蟲以禾本科之五節芒（*Miscanthus floridulus*）為寄主植物。

分布　各地濱海荒地至低地及離島，如台北烏來、基隆彭佳嶼、東北角海岸、宜蘭龜山島、南投國姓、嘉義中埔、高雄美濃、台東知本和綠島及屏東恆春有發現。台灣以外在中國南部、東南亞各地及澳洲東北部有分布。

保育等級　稀有種

雄蝶前翅中央有暗灰色條斑

雄蝶有鮮明的橙色斑

♂

前翅中央無條斑

♀

雌蝶橙色斑暗色些

肛角略圓凸

800
0
公尺

成蟲活動月份：全年	棲所：荒地、林緣	前翅展：3.2～3.5 公分

弄蝶科 HESPERIIDAE	學名：*Telicota ohara formosana*	命名者：Fruhstorfer

寬邊橙斑弄蝶（竹紅弄蝶）

　　前翅中室、翅端至亞外緣及後翅中央有灰黃色斑帶。翅面黑褐色且緣毛灰橙色。腹面為暗橙黃色，前翅腹面在後緣為黑褐色且後翅中央的灰黃色斑帶有黑褐色輪廓細紋。雄蝶在前翅面中央有灰褐色斜帶（性徵）且前緣為灰黃色，可依此來辨識雄雌。

生態習性　成蟲全年出現，主要發生期在初夏至秋季節。雌蝶多將卵產於寄主的葉面先端及莖上，幼蟲由卵孵化後即棲於葉緣且嚙裂部份葉緣再吐縛絲帶固定而躲匿於所捲曲葉片的巢中，隨著成長而移棲於中肋上，並吐縛絲帶固定交疊的葉片或捲曲葉緣兩側造更大型的蟲巢，最後並化蛹在巢內。成蟲動作敏捷且低飛，常見其微張雙翅停棲於低矮植物上進行日光浴，嗜食花蜜、鳥類排遺及濕地水份，以向陽林緣、路旁花壇及耕地附近較常發現。

幼生期　卵為白色半球形且表面光滑，老熟幼蟲頭部呈黑色，蟲體光滑呈灰黃綠色而背側中央有暗色縱帶，蛹為暗黃褐色而表面密布白色臘質分泌物。幼蟲以禾本科之五節芒（*Miscanthus floridulus*）、棕葉狗尾草（*Setaria palmifolia*）為食。

分布　北至南部平地至低海拔山區普遍常見，如台北烏來和陽明山、基隆海門天險、東北角海岸、新竹北埔、苗栗南庄、南投埔里、嘉義中埔、高雄美濃、台東知本及屏東四重溪有發現。台灣以外在中國南部、東南亞各地及澳洲北部有分布。

保育等級　普通種

雌蝶前翅中央無灰褐色斜帶

後翅內側橙斑較不明顯

前翅後緣為黑褐色

腹面為暗橙黃色

♀

♀ △

1200

0

公尺

成蟲活動月份：全年	棲所：荒地、林緣	前翅展：2.8～3.2公分

弄蝶科 HESPERIIDAE	學名：*Notocrypta curvifascia*	命名者：C. & R. Felder

袖弄蝶（黑弄蝶）

　　前翅中央有斜列白色粗帶，翅端有數顆白斑點。翅面全呈黑色，腹面為黑褐色，前翅的白色粗斑帶較翅面發達，前、後翅亞外緣及後翅中央散生白淡紫灰色鱗片。雌蝶的翅形較雄蝶寬圓大型些，辨識雄、雌時可依翅形差異來區別。

生態習性　成蟲主要發生期在春末至夏季間，冬季在南部低地仍時常出現。雌蝶通常將卵產於溪畔或涼濕林緣的低矮處寄主葉片，孵化後幼蟲棲於葉上，並嚙裂頭尾兩端葉片呈溝槽狀，再吐縛綴結1或2條絲帶，來固定捲曲的葉緣造蟲巢，通常在天候昏暗時離巢攝食較頻繁，隨著蟲體成長會造更大的蟲巢，老熟幼蟲會離開蟲巢在寄主葉下吐縛絲帶化蛹。成蟲不畏人且常於天色昏暗時活動，以林緣或溪畔開闊地花叢間較常出現，嗜食花蜜、葉上露水及鳥類排遺。

幼生期　卵為淡紅色，表面光滑半球形。幼蟲體表光滑淡綠色，細長圓筒形，1～4齡幼蟲頭部黑褐色，5（終）齡幼蟲頭部的前頭轉為白褐色，氣門白色。蛹為兩端尖突長圓筒形灰黃綠色，表面光滑有腹側灰白色蠟質。幼蟲以薑科之月桃（*Alpinia zerumbet*）及野薑花（*Hedychium coronarium*）等植物為寄主。

分布　北至南部平地至低山區，如台北木柵、宜蘭礁溪、新竹關西、苗栗大湖、南投水里、台南關廟、台東鹿野及高雄美濃等地有發現。台灣以外在日本南部、中國南部至印度、斯里蘭卡及整個東南亞地區亦有分布。

保育等級　普通種

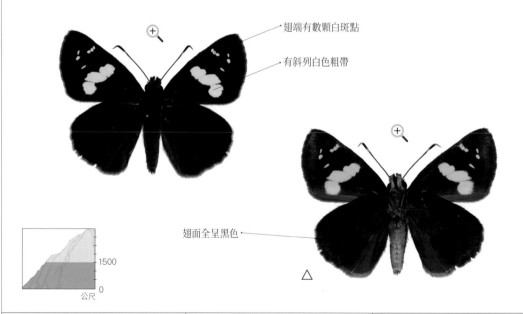

翅端有數顆白斑點

有斜列白色粗帶

翅面全呈黑色

1500
0
公尺

成蟲活動月份：全年	棲所：林緣、山徑	前翅展：4.1 ～ 4.5 公分

| 弄蝶科 HESPERIIDAE | 學名：*Notocrypta feisthamelii arisana* | 命名者：Sonan |

連紋袖弄蝶-台灣亞種 (阿里山黑弄蝶)

　　前翅中央有斜列白色粗斑帶，翅端有數顆白斑點。翅面全呈黑褐色，腹面為暗褐色，前翅的白色粗斑帶較翅面發達且斷續接連至前緣，前、後翅亞外緣散生白淡紫灰色鱗片。雌蝶的翅形較寬圓大型些，且前翅後角近似直角狀，辨識雄、雌時可依翅形差異來區別。

生態習性　成蟲主要發生期在春末至夏季間，冬季低地偶而可見。雌蝶通常將卵產於山徑或林緣的寄主葉上，孵化後幼蟲棲於葉上，並嚙裂頭尾兩端葉片呈溝槽狀，再吐縛綴結1或2條絲帶，來固定捲曲的葉緣造蟲巢，通常在天候昏暗時離巢攝食較頻繁，隨著蟲體成長會造更大的蟲巢，老熟幼蟲會離開蟲巢在寄主葉下吐縛絲帶化蛹。成蟲不畏人且常於天晴時進行覓食，以山區林緣或林間開闊地花叢間較常出現，嗜食花蜜、葉上露水及鳥類排遺。

幼生期　卵為淡紅色，表面光滑半球形。幼蟲體表光滑淡綠色，細長圓筒形，1～4齡幼蟲頭部黑褐色，5 (終) 齡幼蟲頭部的前頭轉為白褐色，氣門白色。蛹為兩端尖突長圓筒形淡綠色，表面光滑有腹側灰白色蠟質。幼蟲以薑科之島田氏月桃 (*Alpinia shimadae*) 及日本月桃 (*A. japonica*) 為寄主植物。

分布　本亞種 (ssp. *arisana*) 在台灣地區北至南部低地至山區零星分布，如台北烏來、桃園拉拉山、宜蘭福山植物園、新竹尖石、苗栗雪霸、南投清境、嘉義阿里山及高雄藤枝等地有發現。離島的台東蘭嶼島上另有菲律賓亞種 (ssp. *alinkara*) 分布。台灣以外在中國南部至喜馬拉雅山區及整個東南亞地區亦有分布。

保育等級　稀有種

白色粗斑帶接連至前緣

♂ △

散生白紫灰色鱗片

中央有白色粗斑帶

♂

翅面黑褐色

成蟲常於天晴時覓食

2000
500
公尺

| 成蟲活動月份：3～12月 | 棲所：林緣、山徑、開闊地 | 前翅展：4～4.4公分 |

弄蝶科 HESPERIIDAE	學名：*Notocrypta feisthamelii alinkara*	命名者：Fruhstorfer

連紋袖弄蝶-菲律賓亞種 (菲律賓連紋黑弄蝶)

　　前翅中央有斜列白色粗斑帶，翅端有數顆白斑點。翅面全呈黑褐色，腹面為暗褐色，前翅的白色粗斑帶較翅面發達且延伸至前緣，前、後翅亞外緣散生白淡紫灰色鱗片。雌蝶的翅形較寬圓大型些，且前翅後角近似直角狀，辨識雄、雌時可依翅形差異來區別。

生態習性　　為多世代全年出現蝶種，雌蝶通常將卵產於溪畔或潮濕林緣的寄主葉上，孵化後幼蟲棲於葉上，並嚙裂頭尾兩端葉片呈溝槽狀，再吐縛綴結1或2條絲帶，來固定捲曲的葉緣造蟲巢，通常在天候昏暗時離巢攝食較頻繁，隨著蟲體成長會造更大的蟲巢，老熟幼蟲會離開蟲巢在寄主葉下吐縛絲帶化蛹。成蟲常於天色昏暗時活動，以蘭嶼島上海岸林緣或溪畔開闊地花叢間較常出現，嗜食花蜜及鳥類排遺。

幼生期　　卵為淡黃色，表面光滑半球形。幼蟲體表光滑黃綠色，細長圓筒形，1～4齡幼蟲頭部黑色，5 (終) 齡幼蟲頭部的前頭轉為白褐色，氣門白色。蛹為兩端尖突長圓筒形淡黃綠色，表面光滑有腹側灰白色蠟質。幼蟲以薑科之呂宋月桃 (*Alpinia flabellata*) 為寄主植物。

分布　　目前菲律賓亞種 (ssp. *alinkara*) 台灣地區僅於台東蘭嶼島上有發現，台灣本島另有台灣亞種 (ssp. *arisana*) 分布。台灣以外在中國南部至喜馬拉雅山區及整個東南亞地區亦有分布。

保育等級　　稀有種

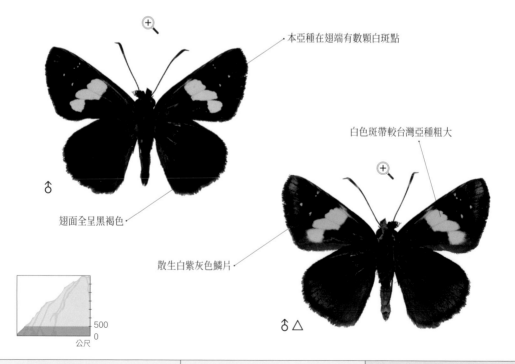

本亞種在翅端有數顆白斑點

白色斑帶較台灣亞種粗大

翅面全呈黑褐色

散生白紫灰色鱗片

♂

♂ △

500
0
公尺

成蟲活動月份：全年	棲所：林緣、溪畔	前翅展：4.1～4.5 公分

弄蝶科 HESPERIIDAE	學名：*Caltoris ranrunna*	命名者：Sonan

台灣黯弄蝶（黑紋弄蝶）特有種

　　翅面黑褐色，腹面除前翅中央外色澤稍淡色些。後翅扇形無斑點，前翅中央有大小不一的7個白色斑點，斑點位置與背面相同。緣毛白褐色。大部分雌蝶前翅後緣中央多有1個白色斑點。

生態習性　成蟲全年出現，主要發生期在春、秋季節，雌蝶多見午後時段於竹林進行產卵，卵產於寄主暗蔽處的葉面上。幼蟲由卵孵化後多棲附寄主老熟葉下，通常會在寄主葉下造管狀蟲巢，老熟幼蟲會直接化蛹於蟲巢中。成蟲飛行快速，天晴時常出現在竹林、菜圃或山徑等環境向陽處活動，嗜食鳥類排遺和訪花。

幼生期　卵為灰白色半球形且表面布有雌蝶半透明分泌物。幼蟲為白綠色，蟲體細長圓管狀有4條灰白色縱紋。蛹為淡灰綠色圓管狀且兩端尖突，幼蟲以禾本科之綠竹（*Bambusa oldhamii*）和台灣蘆竹（*Arundo formosana*）為寄主植物。

分布　分布於台灣本島平地至低海拔地區，離島澎湖、綠島、蘭嶼及龜山島也有發現。台灣特有種。

保育等級　普通種

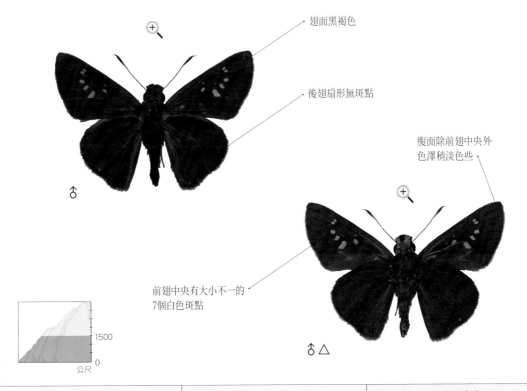

翅面黑褐色

後翅扇形無斑點

腹面除前翅中央外色澤稍淡色些

前翅中央有大小不一的7個白色斑點

♂

♂△

1500

0

公尺

成蟲活動月份：全年	棲所：竹林、山徑	前翅展：3.6～4.1公分

弄蝶科 HESPERIIDAE	學名：*Caltoris bromus yanuca*	命名者：Fruhstorfer

變紋黯弄蝶（無紋弄蝶）

　　暗褐色，翅頂尖突且外緣為弧形，後翅無斑紋翅面。前翅翅端、中央及中室內各有2個白斑點，或者前翅為全無白斑點（這也是無紋弄蝶名稱由來），白斑點隨個體差異大小也有所不同。腹面前翅後緣中央有白褐斑塊。雌、雄蝶外形頗為類似，雄蝶翅形較雌蝶狹長，雌蝶則翅形較寬長些，可依前述差異點來辨別雄雌。

生態習性　成蟲全年出現，主要發生期在初夏期間，通常在天色昏暗時出沒，雌蝶多在傍晚時段，把卵產於河岸濕地的寄主新葉上，孵化後幼蟲棲於葉面，並嚙裂葉片呈溝槽狀，再吐縛綴結1或2條絲帶來捲曲葉緣造蟲巢，常見光線昏暗時離巢攝食，隨著蟲體成長會再造更大的蟲巢，最後大都化蛹於終齡蟲巢裡。成蟲快速低飛於寄主群落及外圍草花上活動，嗜食花蜜及葉上露水。

幼生期　卵初產為淡黃色半球形，後轉呈橙灰色。幼蟲呈淡黃綠色，長管狀，背部中央及體側有縱列淡色帶紋，頭部淡黃色。蛹為淡灰綠色細長圓筒狀，化蛹處四周密布白色蠟質。幼蟲以禾本科之開卡蘆（*Phragmites vallatoria*）為寄主植物。

分布　主要出現於各地河岸至低地湖泊，如台北的基隆河、大漢溪上游、宜蘭雙連埤、桃園龍潭、新竹竹東、台中東勢、南投草屯、台南新化、高雄旗山、台東關山及屏東楓港多有發現。台灣以外在東南亞各地、中國南部至印度有分布。

保育等級　普通種

前翅白斑的多寡依個體有差異

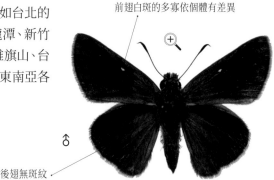

後翅無斑紋

♂

後緣中央有
白褐斑塊

♂ △

緣毛淡灰褐色

1200

0

公尺

白斑型於青葙上覓食

成蟲活動月份：全年	棲所：湖畔、河岸、濕地	前翅展：3.8～4.1公分

弄蝶科 HESPERIIDAE	學名：*Daimio tethys moori*	命名者：Mabille

玉帶弄蝶

　　外緣有白色和黑褐色相間的緣毛，翅為黑褐色，翅面中央及翅端有帶狀排列的白色斑。腹面中央的白色斑較為擴張且後翅白斑內有黑色斑點，雌、雄蝶外形頗為類似，雌蝶翅形較寬圓且前翅後緣白斑大型，辨別雄雌最好直接比較腹部末端的生殖器形態。

生態習性　成蟲全年出現，主要發生期在春末至夏季期間，雌蝶通常將卵產於疏林或向陽林緣的寄主低處葉面，孵化後幼蟲棲於葉面，並嚙裂蟲體兩側葉片溝槽狀，再吐縛綴結2～3條絲帶來固定折曲葉片造袋狀蟲巢，天候昏暗時才離巢攝食，隨著蟲體成長會造更大的蟲巢，最後並化蛹於蟲巢裡。成蟲警戒性高且快速低飛，常見於林緣花叢、山區路旁及濕地上活動，嗜食花蜜、鳥類排遺及溼地水分。

幼生期　卵為淡黃褐色半球形且表面通常會沾覆淡褐色肛毛。老熟幼蟲為灰綠色而頭部暗紅褐色。蛹為白褐色而翅膀部分白色。幼蟲以薯蕷科之家山藥（*Dioscorea batatas*）、薄葉野山藥（*D. japonica*）為寄主植物。

分布　各地市郊公園至山區普遍常見，如台北烏來和觀音山、東北角海岸、北橫公路、新竹北埔、台中谷關、花蓮富源、南投埔里、嘉義奮起湖、高雄美濃、台東知本及屏東恆春有發現。台灣以外在日本、朝鮮半島、中國東至南部及中南半島北部有分布。

保育等級　普通種

有帶狀排列的白色斑

外緣有白和黑褐色相間的緣毛

♂

1800

0

公尺

咸豐草上訪花的雌蝶

成蟲活動月份：北部 3～12 月，中南部全年	棲所：疏林、林緣	前翅展：2.6～3.2 公分

| 弄蝶科 HESPERIIDAE | 學名：*Pseudocoladenia dan sadakoe* | 命名者：Sonan & Mitono |

黃襟弄蝶（八仙山弄蝶）

　　翅端及前翅中央有數個白色塊斑，翅面黃褐色且外緣及中央有暗色斑帶，腹面呈黑褐色且亞外緣及後翅中央有帶狀排列的黃褐色斑點。雄、雌蝶的斑紋和色澤相似，辨識雄、雌時可依雄蝶翅端尖突而雌蝶翅形較為寬圓，雄蝶後翅面前緣為灰色而雌蝶較不明顯來區別。

生態習性　成蟲主要發生期在夏初至秋季間。雌蝶多將卵產於林蔭的的寄主葉上，幼蟲由卵孵化後即棲於葉面，躲匿於嚙裂葉緣並吐縛絲帶固定折曲的葉片蟲巢中，隨著發育成長會重複造更大的蟲巢，最後並化蛹在巢內。成蟲動作敏捷且快速低飛，偶見於著生寄主植物的林緣及荒地上活動，以天候昏暗時較常觀察到，休憩時會如同蛾類般攤開雙翅，嗜食草花花蜜及葉上露水。

幼生期　卵為灰白色包子形且表面有隆起脈紋，老熟幼蟲為蟲體淡綠色背側中央有1條暗紅色縱紋而頭部黑褐色，蛹為淡藍色而腹部呈淡灰綠色的細長圓筒形。幼蟲以莧科之紫莖牛膝（*Achyranthes aspera* var. *rubrofusca*）為食。

分布　台灣僅於中部低地偶有發現，如台中谷關。台灣以外在中國南部至中南半島、印度及婆羅洲等地亦有分布。

保育等級　稀有種

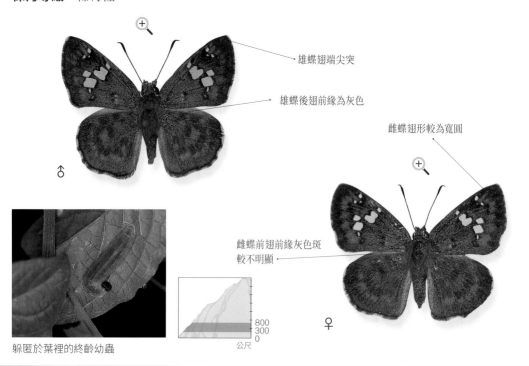

雄蝶翅端尖突

雄蝶後翅前緣為灰色

雌蝶翅形較為寬圓

雌蝶前翅前緣灰色斑較不明顯

800
300
0
公尺

躲匿於葉裡的終齡幼蟲

| 成蟲活動月份：全年 | 棲所：林緣 | 前翅展：2.4～2.7公分 |

弄蝶科 HESPERIIDAE	學名：*Satarupa formosibia*	命名者：Strand

台灣颯弄蝶（台灣大白裙弄蝶）特有種

　　翅為黑褐色，後翅亞外緣有暗色斑點，翅端和前翅中央的數個塊斑（其中有1個特別小型）以及後翅中央和外緣鋸齒形斑紋呈白色。雌蝶翅形較雄蝶明顯大型且前翅寬大，辨識時可依此來區別。

生態習性　一年一世代，成蟲主要發生期在夏季期間。雌蝶多將卵產於向陽林緣的寄主葉片先端，幼蟲由卵孵化後即棲於葉面，躲匿於嚙裂反折的葉片中，並吐縛絲帶固定，隨著發育成長會重複造更大的蟲巢，冬季時會吐縛細絲固定小葉柄和葉柄，避免枯捲的蟲巢墜落，最後並化蛹在巢內。成蟲動作敏捷且常沿著林緣樹冠飛行，嗜食草花花蜜及葉上露水覓食和休憩時會如同蛾類般攤開雙翅，雄蝶則常飛降於溼地或溼壁上吸食水份。

幼生期　卵為灰黃色扁球形且表面有隆起脈紋，老熟幼蟲為蟲體紫灰色散生有暗黃色點紋而頭部黑色，蛹為灰黃褐色在胸背側有一對黑色點紋而表面有灰白色的蠟質分泌物包覆。幼蟲以芸香科之食茱萸（*Zanthoxylum ailanthoides*）、賊仔樹（*Tetradium glabrifolium*）為食。

分布　廣布於台灣各低地至山區，數量上並不多。如台北福山、宜蘭的太平山、北橫公路、中橫公路及南橫公路沿線較為常見。台灣特有種。

保育等級　稀有種

塊斑為灰白色膜質

本種此塊斑特別小型

前翅後緣中央有白色橫帶

基部至亞外緣為白色

亞外緣內側有黑色斑

♀

♀ △

1800
500
0
公尺

成蟲活動月份：5～10月	棲所：溪畔、林緣、山徑	前翅展：♂約 4.8 公分，♀約 5.6 公分

弄蝶科 HESPERIIDAE	學名：*Satarupa majasra*	命名者：Fruhstorfer

小紋颯弄蝶（大白裙弄蝶） 特有種

　　翅為黑褐色，後翅亞外緣有暗色斑點，翅端和前翅中央的數個大小相仿且筆直排列的塊斑（台灣颯弄蝶其中有1個塊斑特別小型）以及後翅中央和外緣鋸齒形斑紋呈白色。雌蝶前翅的白色塊斑與翅形較雄蝶明顯寬大許多，辨識時可依此來區別。

生態習性　一年一世代，成蟲主要發生期在夏季期間。本種生態習性與前述台灣颯弄蝶相似。

幼生期　卵為暗紅色扁球形且表面有隆起脈紋，老熟幼蟲為蟲體橙灰色體側有灰黃色斑紋而頭部黑色，蛹為黃褐色而表面有灰白色的蠟質分泌物包覆。幼蟲食性與台灣颯弄蝶一致。

分布　廣布於台灣各低地至山區，數量上較台灣颯弄蝶為多。如宜蘭的太平山、北橫公路、中橫公路、南橫公路沿線及嘉義阿里山較為常見。台灣特有種。

保育等級　普通種

中室內側有一個小型斑塊

本種塊斑為筆直排列

♀

前翅腹面色澤較翅面略淡色

♀ △

亞外緣內側有黑色斑帶

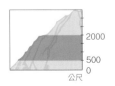

2000
500
0
公尺

成蟲活動月份：5～9月	棲所：溪畔、林緣	前翅展：♂約 4.8 公分，♀約 5.6 公分

弄蝶科 HESPERIIDAE	學名：*Seseria formosana*	命名者：Fruhstorfer

台灣瑟弄蝶（大黑星弄蝶）特有種

　　後翅外緣有灰白和暗褐色相間的緣毛。翅為暗褐色，前翅中央至翅端有帶狀排列的灰白色斑，後翅中央有帶狀排列的黑色斑。腹面的色澤較翅面淡色。雌、雄蝶外形頗為類似，雌蝶翅形較寬大且前翅的灰白色斑較大型，辨別雄雌最好直接比較腹部末端的生殖器形態。

生態習性　成蟲全年出現，主要發生期在春末至夏季期間，雌蝶通常將卵產於溪流沿岸或向陽林緣的寄主低處葉上，孵化後幼蟲棲於葉面，並嚙裂蟲體兩側葉片呈溝槽狀，再吐縛綴結2～3條絲帶來固定折曲葉片造袋狀蟲巢，以天候昏暗時離巢攝食較頻繁，隨著蟲體成長會造更大的蟲巢，老熟幼蟲甚至會吐絲綴結數片葉片造巢，最後並化蛹於蟲巢裡。成蟲警戒性不高且快速低飛，常見於林緣、溪畔濕地及山區路旁花叢間活動，嗜食花蜜及鳥類排遺，雄蝶有濕地吸食水分的習性。

幼生期　卵為白色半球形且表面通常會沾覆淡橙色長毛。老熟幼蟲為灰白色而頭部暗褐色。蛹為黃褐色而胸部背側有1對板狀凸出。幼蟲以樟科之樟樹（*Cinnamomum camphora*）、山胡椒（*Litsea cubeba*）等多種樟科植物為食。

分布　各地市郊公園至低山區普遍常見，如台北烏來和陽明山、東北角海岸、北橫公路、新竹北埔、台中谷關、花蓮富源、南投埔里、嘉義奮起湖、高雄六龜、台東知本及屏東雙流和恆春有發現。台灣特有種。

保育等級　普通種

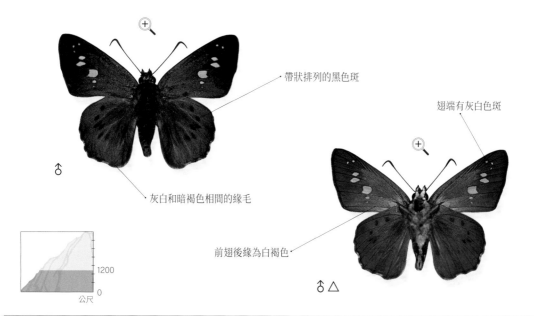

帶狀排列的黑色斑

翅端有灰白色斑

灰白和暗褐色相間的緣毛

前翅後緣為白褐色

♂

♂△

1200

0

公尺

成蟲活動月份：北部 3 ～ 12 月，中南部全年	棲所：市郊公園、林緣、溪流沿岸	前翅展：3.2 ～ 3.6 公分

弄蝶科 HESPERIIDAE	學名：*Celaenorrhinus ratna*	命名者：Fruhstorfer

小星弄蝶（白鬚黃紋弄蝶）

　　後翅外緣有灰黃和黑褐色相間的緣毛，前翅翅端下方有大型及翅端有灰白色斑，後翅散生有灰黃色斑。翅面為黑褐色，腹面的色澤較翅面淡色。雌、雄蝶外形頗為類似，雌蝶翅形較寬大且前翅的灰白色斑較大型，辨別雄雌最好直接比較腹部末端的生殖器形態。

生態習性　成蟲在春至秋季出現，主要發生期在夏季期間。成蟲警戒性高且低飛，多躲匿在山區林緣、林間的草叢葉裡，偶見於山區路旁花叢間覓食，有訪花及吸食葉上露水的習性。

幼生期　尚待查明，目前已知幼蟲以爵床科之蘭崁馬藍（*Strobilanthes rankanensis*）為食。

分布　各地低地至低山區局部性分布，如北橫公路、宜蘭太平山和思源埡口、桃園拉拉山、新竹觀霧、台中梨山、新中橫公路、嘉義奮起湖及南橫公路有發現。台灣以外在喜馬拉雅山區有分布。

保育等級　稀有種

翅端中央有白色斑點

前翅面外半部為黑褐色

雌蝶斑點為灰白色

緣毛灰橙色

前翅面中央有一個
灰黃色斑點

♂

♀

1800
800

公尺

後翅中央有數個
灰黃色斑點

寄主植物─蘭崁馬藍

成蟲活動月份：4～11月	棲所：森林、林緣	前翅展：3.4～3.6公分

| 弄蝶科 HESPERIIDAE | 學名：*Celaenorrhinus kurosawai* | 命名者：Shirôzu |

黑澤星弄蝶（姬黃紋弄蝶）特有種

　　後翅外緣有灰黃和黑褐色相間的緣毛，前翅中央有大型及翅端有灰白色斑。翅面為黑褐色，腹面的色澤較翅面淡色，後翅密佈灰橙色斑點。雌蝶翅形較寬大且前翅的灰白色斑較大型及後翅面散生灰橙色斑點。雄蝶僅在後翅亞外緣佈有灰橙色斑點。

生態習性　成蟲在夏至秋季間出現，主要發生期在夏季期間。成蟲警戒性高且低飛，多躲匿在山區林緣、林間的半日照的草叢葉裡，晴天時偶見於山區路旁草花叢間覓食，有訪花及吸食葉上露水的習性。

幼生期　尚待查明，目前已知幼蟲以爵床科之蘭崁馬藍（*Strobilanthes rankanensis*）為食。

分布　各地山區局部性分布，如宜蘭太平山和思源埡口、新竹觀霧、台中梨山、新中橫塔塔加及嘉義阿里山有發現。台灣特有種。

保育等級　稀有種

本種有矩形的
灰白色斑點

翅端尖突

亞外緣有灰橙色斑點

♂

翅面為黑褐色

2500
1500
0
公尺

| 成蟲活動月份：5～9月 | 棲所：森林、林緣 | 前翅展：3.1～3.4公分 |

弄蝶科 HESPERIIDAE	學名：*Coladenia pinsbukana*	命名者：Shimonoya & Murayama

台灣窗弄蝶（黃後翅弄蝶） 特有種

　　翅為暗黃褐色，後翅腹面中央至外緣色澤較淡。前翅三角形而後翅呈扇方形，且翅緣略呈波浪狀，翅中央有多個白色略透明的大或小斑塊，翅端有3個白色斑點。雄蝶後足脛節有毛叢，雌蝶腹部末端密生鱗毛簇，可依此鑑別雄雌。

生態習性　一年一世代蝶種，成蟲在春季出現，飛行快速且動作敏捷，通常出現在全日照溪畔、果園或山徑等環境活動，嗜食花蜜和動物排遺。

幼生期　尚未知悉，已知其他地區近似種以薔薇科植物為食。

分布　北橫公路和南投縣仁愛鄉低山區有採集記錄，知名產地如北橫榮華。台灣特有種。

保育等級　稀有種

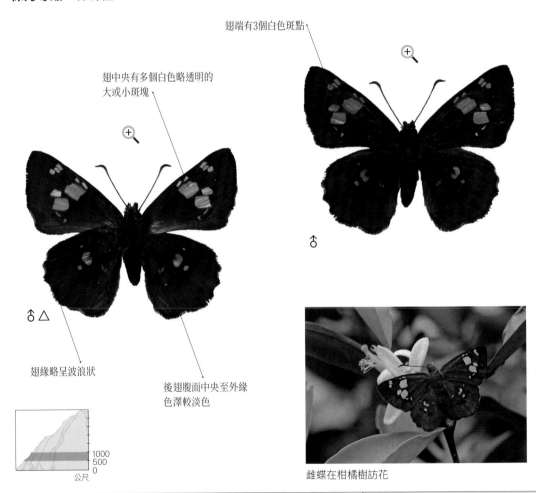

翅端有3個白色斑點

翅中央有多個白色略透明的
大或小斑塊

♂

♂ △

翅緣略呈波浪狀

後翅腹面中央至外緣
色澤較淡色

1000
500
0
公尺

雌蝶在柑橘樹訪花

成蟲活動月份：3、4月	棲所：山徑、溪流沿岸	前翅展：3.5～3.9公分

名詞釋義

生活史	從卵受精開始發育成長直至成蟲衰老死亡等整個生活歷程。
幼生期	由卵、各齡期幼蟲及蛹等階段的發育生長時期,而不包括成蟲期。
幼齡幼蟲	通常指1、2齡期的幼蟲。
老熟幼蟲	終 (末) 齡幼蟲,再次蛻皮即成為蛹。
蟲 (絲) 座	幼蟲為了防止由樹上墜地,通常會在所棲附的位置表面吐佈一片細絲,讓幼蟲的蟲足得以牢固地攀附而不致於滑落。
絲帶	係指幼蟲吐縛的細絲所纏繞綴結成的粗帶
前蛹	即指老熟幼蟲標定化蛹位置直到蛻皮化蛹完成之前
臀棘	在蛹期時第10腹節末端所特化著生的數十個細小圓鉤突,用來掛附於化蛹前所吐縛在枝上的絲墊。
垂蛹	僅以臀棘來掛附於化蛹前所吐縛在枝上的絲墊,呈頭部朝下的倒吊模樣。以此型式化蛹者有蛺蝶科。
帶蛹	除了以尾端之臀棘固定蛹體外,另於第 2、3 腹節間以絲帶圈繞來掛附蛹體,使得蛹體呈頭部朝上模樣。以此型式化蛹者有鳳蝶、粉蝶、灰蝶及弄蝶科。
交尾器	位於腹部末端,雄蝶外部形態為 1 對左、右對稱的抱器瓣及中央有陽莖,雌蝶為1對微凸的左、右對稱之產卵瓣,且腹部內有1個交尾孔及稍下方有產卵孔。
前翅展	前翅兩側翅緣間的直線長度
前翅長	係指由蟲體前翅基部至翅端頂角間的直線長度
蟲巢	常見到弄蝶和蛺蝶幼蟲有吐縛絲帶以黏附並綴結葉片造巢的習性,躲匿於蟲巢中的幼蟲或蛹,有如人類居住在房子般效用,不單可避免曝露行蹤,亦可遮雨避寒。
假死	通常灰蝶或蛺蝶幼蟲遭到攻擊時,有蜷曲蟲體直接墜地且一動也不動地假死之習性。
臭角	鳳蝶科幼蟲特有的腺體,受驚擾時會散發出該幼蟲攝食物的濃縮氣味,以此來禦敵。
動物排遺	主要包括鳥類、貓犬及人類等動物所排泄的尿液及糞便。
天敵	通常指以蝴蝶成蟲或幼生期等對象為食物來源者
眼紋 (假眼)	在翅膀或蟲體上擬態有如大型動物的眼睛模樣斑紋,藉以嚇退其它想捕食的天敵。
頭尾顛倒	多數灰蝶科蝶種其後翅的肛角附近佈有眼紋,且後翅緣至少有 1 對擬態觸角的帶狀尾突,讓天敵捕食其後翅眼紋而達到欺敵並趁機得以逃逸。
尾突	蝴蝶後翅緣突出或延伸的1或數對尾狀突起

聚產	大多數蝶種的雌蝶通常將卵單獨產在寄主植物上，藉以分散天敵為害的風險和擴大生存空間，而少部份種類的習性會如同一般蛾類將卵全數或分批產於同處者，此即為聚產。
領域性	雄蝶在林緣高枝或寄主群落附近守候雌蝶前來交尾時，會對於侵入其認定領域範圍內的其它雄蝶則一概予以驅趕逐離。
特有（遺存）種	為該地區特有的種類，其它地區並未見分布。
偶發性	由外地移入的蝴蝶，當地一時間能夠提供牠們賴以生存的條件與空間，當這些因素不再具備或欠缺時，旋即絕跡而不見蹤影。
擬態	蝴蝶為了躲避天敵的危害，在外形、習性上維妙維肖的模擬生物或非生物形態，以達到欺敵存活的方法。
吸水活動	大多數雄蝶有飛降於溼地吸水的習性，雄蝶一方面吸取溼地水份中的無機鹽類，並同時由肛門排出水份，目前已知這與雄、雌蝶所需獲取養份不同有關聯。
寄主植物	指適合該種幼蟲發育成長所需攝食的植物
寄主	極少數非植食性的肉食性蝶種，其幼蟲成長時所需捕食的對象，通稱為「寄主」。
食餌	極少數非全然為植食性的蝶種，幼蟲成長所需由螞蟻提供餵養的食物。
蜜源植物	一般能夠開花且吸引昆蟲前來訪花的植物即為蜜源植物
蝶類蜜源植物	僅指能夠招引蝴蝶前往覓食的蜜源植物
越冬	在冬季低溫期間蝴蝶為了渡過寒冬，依種類不同以成蟲、卵、幼蟲或蛹等各種不同形態和方式來越冬避寒。
夏眠	一些不適應高溫氣候的溫帶性蝴蝶為了度過盛夏不良環境，通常會躲入樹林暗處靜伏不動且停止進食等一切活動，直到秋季或隔年春季氣候涼爽時才又見到牠們的蹤跡。
日光浴	蝴蝶為外溫動物，需要靠著雙翅張、合或半閉等不同姿勢來照射陽光以調節蟲體各部份體溫。
中肋	由葉柄直接延伸至葉片中央的主脈，若為複葉則每片葉片中央的主脈通稱為中肋，而主脈末端與兩側葉緣交叉處為先端。

中名索引

學名索引

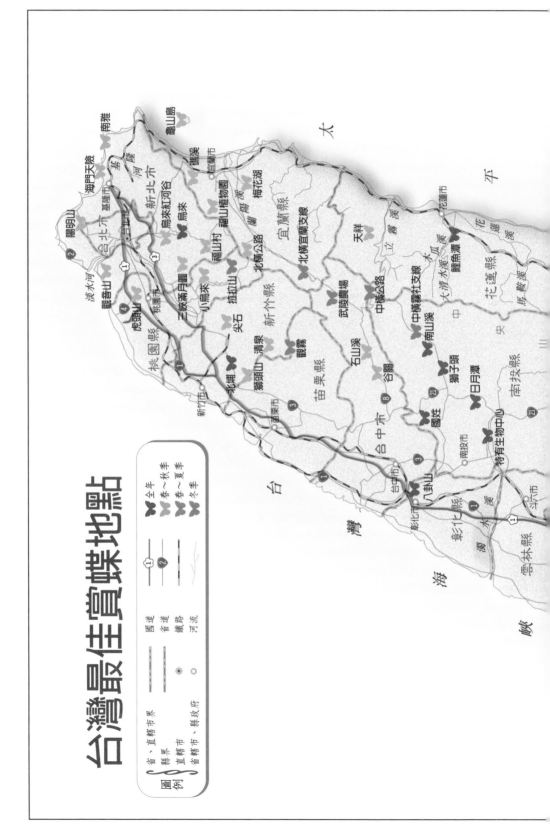

台灣最佳賞蝶地點

圖例

省、直轄市界
縣界
直轄市
省轄市、縣政府

國道
省道
鐵路
河流

① 國道
② 省道

全年
春～秋季
春～夏季
冬季

版面合成/繪製 三和蓁地圖工作室